図解

シーケンス制御の考え方・読み方

第5版

初歩から実際まで

大浜庄司 著

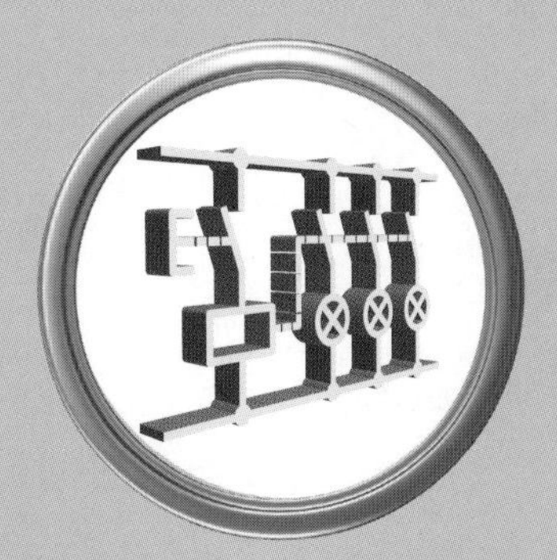

JIS図記号準拠

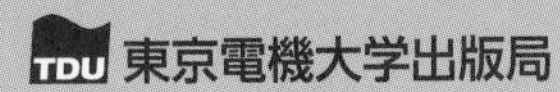

まえがき

本書は，シーケンス制御を初めて学習しようと志す人のために，シーケンス制御の“**初歩から実際まで**”をやさしく解説した実務入門書です。

産業の自動化・省力化が急速に進められている現在，これらに用いられているシーケンス制御の技術は，技術者にとってこれからはぜひとも身につけておかなくてはならないものとなっております。

これまでのシーケンス制御技術の習得は，長年にわたる経験の積み重ねと，多くの先輩からの伝承とによってなされていたのが実情であります。

そのため，産業界に入って初めてシーケンス制御にたずさわり，大いに戸惑い，むずかしいもの，そして取っ付きにくいものと感じている人々が多いのではないかと思われます。

そこで，本書はこれらの悩みを解決するため，理解しやすいようにシーケンス図は2色刷りとし，その動作順序の説明については独特の解説を試みております。また，本書の内容もシーケンス制御に関する基礎的な知識から実際の設備，装置における具体的な制御に至るまでを系統立てて詳細に解説してあります。

したがって，数多くの人々が本書を学ぶことによって，すみやかにシーケンス制御技術を習得して，これからの技術者に課せられた重大な任務の遂行に際し，その一助となれば，著者の最も喜びとするところであります。

終わりに，本書を執筆するにあたり，先輩諸賢が諸書に寄稿された貴重な文献・資料を参考にさせていただいたことに厚く御礼申し上げます。また，本書の出版にあたり，なみなみならぬ御指導と御尽力を下された東京電機大学出版局の方々に，心から謝意をあらわすものであります。

大浜庄司

改訂第5版にあたって

本書は，1976年5月に第1版が発行されて以来，その後の制御技術の進歩と共に改訂を重ね歩みつづけております。

前回，第4版としての改訂は，2002年9月に行っております。この改訂は，日本工業規格 JIS C 0617（電気用図記号）が，国際規格 IEC 60617（Graphical Symbols for Diagrams）との整合性をはかり改正されたことによるもので，開閉接点の呼称をメーク接点，ブレーク接点，切換接点と改めております。

以来，現在まで長年にわたり，現場技術者など多くの皆様方にご愛読をいただいております。

この度，2002年以来の制御技術の革新に伴い，本書の内容を細部にわたり全面的に見直し，充実をはかると共に，図・文字の拡大・外枠取りを含め，紙面のデザインを一新するなど，装を新しくして「改訂5版」といたしました。

本書を旧版同様，ご愛読いただければ幸いです。

2020年3月

オーエス総合技術研究所・所長　大 浜 庄 司

本書の特徴と読み方

本書は，初めてシーケンス制御を学ぶ人が，体系的に順序よく学習できるように編集してあり，次のような3編と付録から構成されている。

第1編 電気用図記号の表し方，シーケンス図の書き方および無接点リレーと論理回路など，シーケンス制御を理解するのに必要な基礎的知識がわかりやすく解説してある。

第2編 シーケンス制御の定石ともいえる基本制御回路とその回路を用いた応用例について，その動作機構をくわしく解説してある。

第3編 実際の設備や装置におけるシーケンス制御とその回路の考え方および読み方を，その初歩から実際までを具体的に解説してある。

付 録 JIS C 0617と旧JIS C 0301系列2の図記号を対比して示してある。

また，それぞれの内容については，制御動作が一目でわかるように，次のような工夫をほどこしてある。

❶ シーケンス制御動作の時間的経過を説明するために，スライド写真のように各動作ごとにいくつものシーケンス図に分解し，シーケンス動作が連続的に理解できる。

❷ シーケンス図には動作の順序に従って 順1，順2，…というように番号が記載してあるので，本文の番号と対比しながらこの番号を順に追っていくと，おのずとシーケンス制御の動作順序が理解できる。

❸ シーケンス図における制御機器の動作により形成される回路は，他と区別するために太い線で示すとともに，その形成された回路ごとに色別した矢印（—·—▬▬▶—·—）で示してあるので，同じ色の矢印の回路を順にたどっていくと，動作した回路が理解できる。

❹ 開閉接点は，動作の過程がわかるように，動作後の図記号を色線で明示してある。

目　次

第１編　シーケンス制御の表し方・読み方

第4章　シーケンス制御記号の読み方

第5章　制御器具番号の読み方

第6章　シーケンス図の表し方

第７章　無接点リレーと論理回路の読み方

第８章　論理代数のシーケンス回路への応用

第 11 章　手動・自動切換回路とコンプレッサの手動・自動切換制御

第 12 章　限時回路と電動機の間隔運転制御

第 13 章　優先回路と温風器の順序始動・順序停止制御

第16章　回り込み回路と逆流阻止回路

第17章　表示灯回路と電動機の運転・停止表示灯回路

第3編　実用設備のシーケンス回路の読み方

第18章　温度リレーによる恒温室の温度制御

第22章　電動ファンの繰り返し運転制御

第23章　常用電源と非常用電源の自動切換制御

第24章　遮断器の投入・引外し制御

第25章　直列コンベヤの順序始動・順序停止制御

付録　JISと旧JISの図記号の対比

第1編　シーケンス制御の表し方・読み方

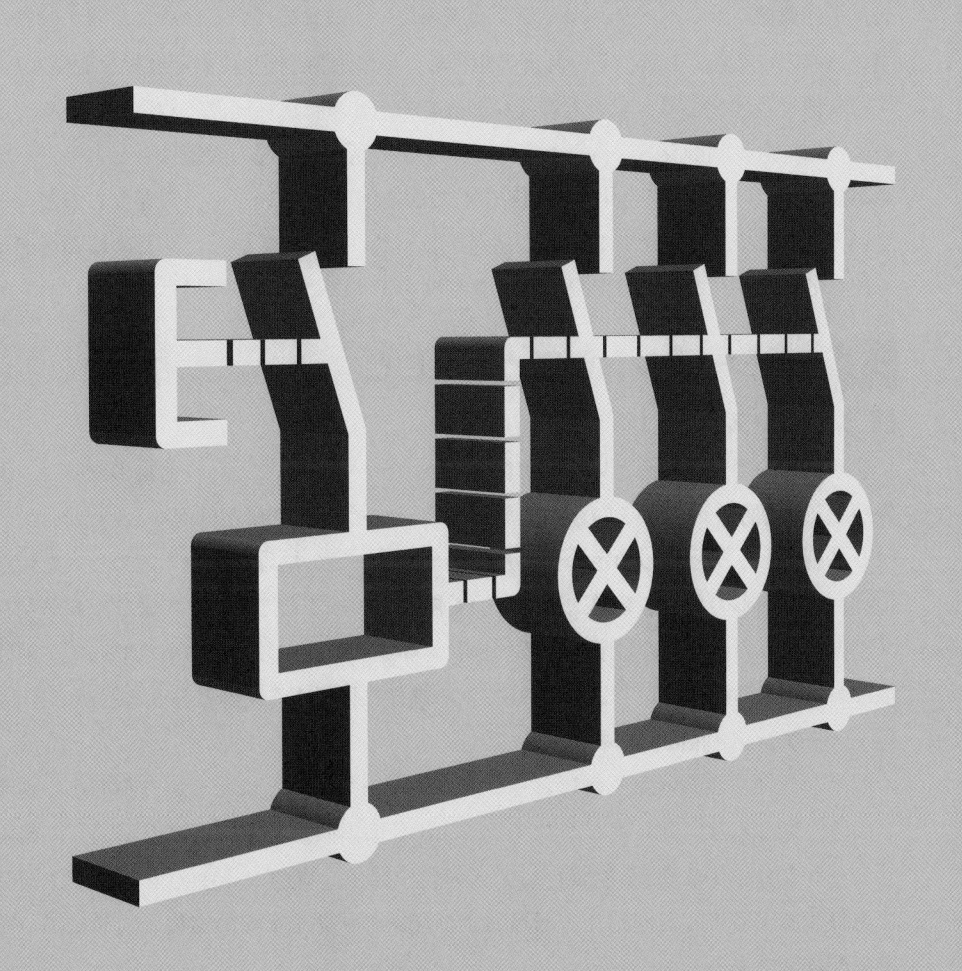

第1章 シーケンス制御を表す図

シーケンス制御は，電気洗濯機，電気冷蔵庫などの家庭用電気器具から，自動販売機，工作機械，エレベータ，ボイラ，変電所にいたるまで，いろいろな装置・設備に用いられている。そして，その制御の規模も，単に始動，停止に限る簡単な制御から，複雑な信号処理を必要とする大規模な制御まで，非常に広い範囲にわたっている。このように，自動制御システムとしてのシーケンス制御は，電力設備はもとより，一般産業設備においても，省力化，自動化の要求の増大により，いっそう重要なものとなっている。そこで，シーケンス制御の基礎をしっかり理解していただくために順を追って述べていくが，本章では，シーケンス制御を表す図について説明しよう。

1・1 シーケンス制御ということ

1 シーケンス制御とは

まず，シーケンス制御ということであるが“**シーケンス**”という言葉の意味は“**現象が起こる順序**”のことをいう。したがって，**シーケンス制御**とは何かというと，シーケンス制御とは**あらかじめ定められた順序または一定の論理によって定められた順序に従って，制御の各段階を遂次進めていく制御**ということである。つまり，シーケンス制御というのは，次の段階で行うべき制御動作があらかじめ定められていて，前段階における制御動作が完了したのちに，次の動作に移行する制御ということができる。

2 シーケンス制御の具体例

簡単なランプ点滅回路を例にとって，シーケンス制御とはどういう制御かを説明しよう。図1.1は，押しボタンスイッチ（3・2節参照）を押すと接点が閉じ，電磁リレーが動作（3・3節 1 参照）して，赤色，緑色，青色の3色のランプが，同時に点灯するようにした回路を，器具および配線の状態を実際の実物と同じに描いた実際配線図である。

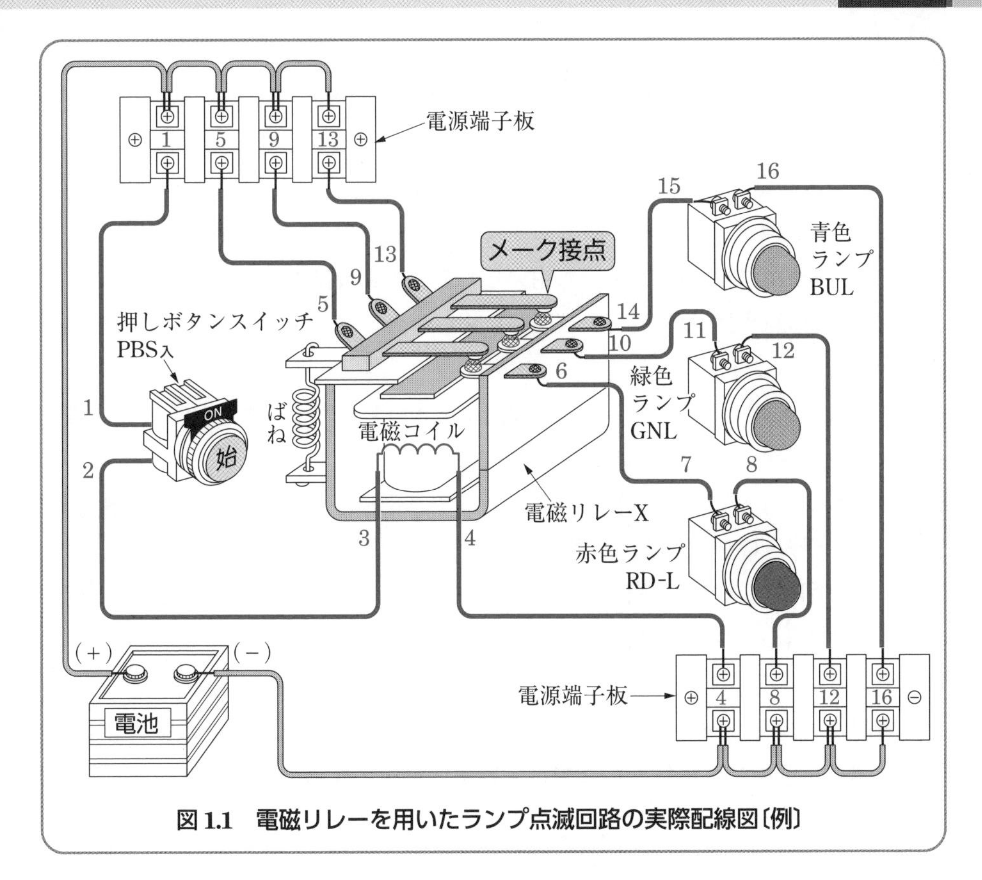

図 1.1　電磁リレーを用いたランプ点滅回路の実際配線図〔例〕

図 1.1 に示す実際配線図において，ランプが点灯する場合は，押しボタンスイッチを押し，その動作が完了すると，次に電磁リレーが動作する。この電磁リレーの**接点**が閉じる動作を完了すると，次に赤色，緑色，青色の 3 色のランプが同時に点灯し，制御動作は完了する。

用語　**接点**とは，電磁リレー，スイッチなどにあって，開閉動作を行う接触部分をいう

また，ランプを消灯する場合も押しボタンスイッチを押す手を離しその接点が開く動作が完了すると，次に電磁リレーが**復帰**（3･3 節 **1** 参照）しその接点が開く。

用語　**復帰**とは，動作以前の状態にもどすことをいう

この電磁リレーの接点が開くという動作が完了すると，各ランプが同時に消え制御動作は完了する。このように，前段階の制御動作が完了したのちに次の動作に移行し，遂次，制御の各段階を進めていく制御がシーケンス制御である。

1·2　機能を展開して示すシーケンス図

1　実体配線図

ランプ点滅回路の実際配線図として示した図1.1は，図というより，むしろ絵であるから，説明するにはよいが少し複雑な回路を表すには非常に手数がかかる。

そこで，一般の電気機器回路にも用いられているように実物を模写し，できるだけ実物に近い形で回路の接続および回路に用いられる機器を図に表現したのが**実体配線図**である。

図1.2は，ランプ点滅回路を実体配線図に書き直した図で，電磁リレーの**電磁コイル**と3個の接点との機構的関連を具体的に表示した図である。

用語　**電磁コイル**とは，電線を環状に巻いたものを**コイル**といい，このコイルに電流を流すと電磁石になるものをいう

実体配線図において，電磁コイルは押しボタンスイッチの回路に接続し，また，3個の接点は各ランプ回路とにそれぞれ異なった回路に接続する。

このように，実体配線図には，機器の構造，配線などが正確に記載されているので，実際に装置を製作したり，あるいは保守点検に際しては便利である。しかし，機構的関連を重視した実体配線図では，電気回路を示す線の折れ曲りが多くなり，

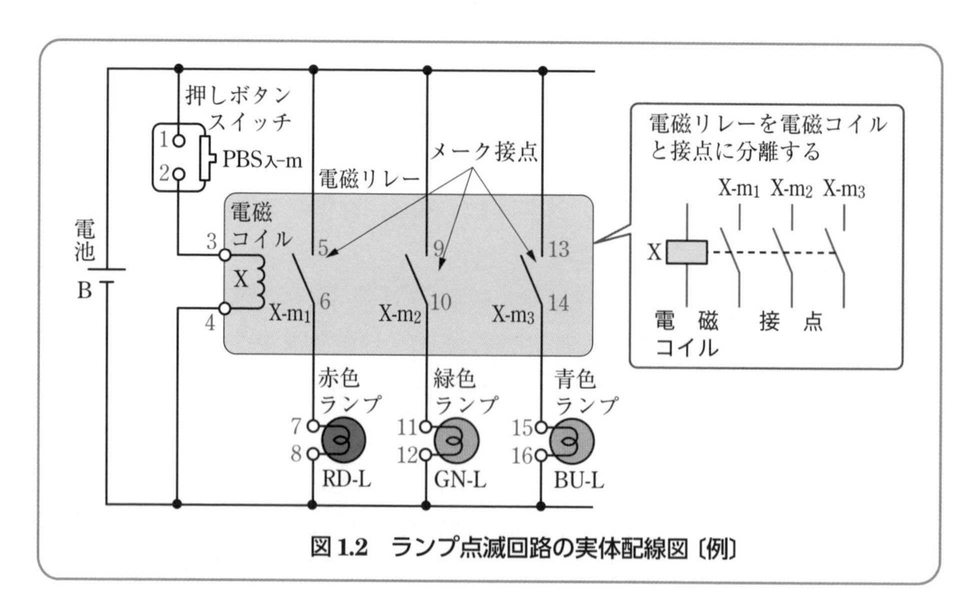

図1.2　ランプ点滅回路の実体配線図〔例〕

系統の動作原理や動作順序などが多少わかりにくくなる欠点がある。

2 シーケンス図

シーケンス図とは，電気設備の装置，配電盤およびこれらに関連する機器，器具の動作・機能を中心に展開して示した図で，**シーケンスダイヤグラム**または**展開接続図**ともいう。すなわち，シーケンス図は多くの回路を，その動作の順序に従って配列し，動作の内容を理解しやすくした接続図といえる。

そこで，図1.2の実体配線図をシーケンス図に直したのが図1.3である。回路動作を説明することが目的であるシーケンス図では，電磁リレーXを電磁コイルXと3個の接点X-m_1，X-m_2，X-m_3とに分離するなど機構的関連を無視し，省略するのが原則である。

また，直流電源はいちいち詳細に示さず，図1.3のように，上側はP（正極：Positive），下側はN（負極：Negative）の横線（これを**電源母線**いう）で示し，その間にボタンスイッチ$PBS_{入}$のメーク接点$PBS_{入}$-mと電磁リレーの電磁コイルXおよび各接点とランプをそれぞれ一直線に縦方向に接続し，また，これらの各制御回路を動作の順序に左から右への順に並べて書くようにする。したがって，$PBS_{入}$-mとコイルXの回路を一番左側に書き，次に3組の接点とランプの回路がつづくことになる。このシーケンス図の書き方については，第6章を参照されたい。

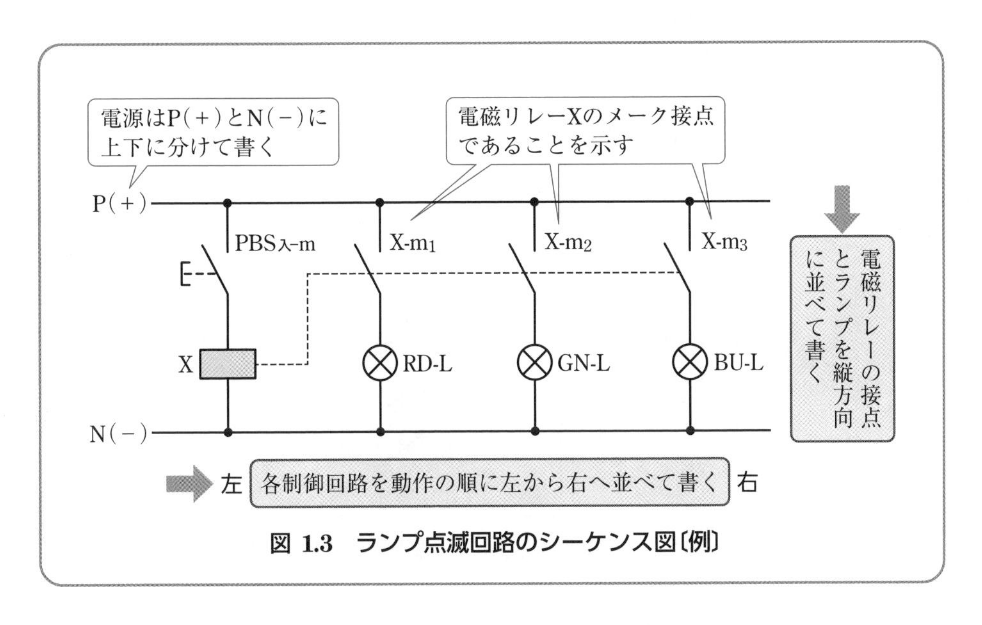

図 1.3　ランプ点滅回路のシーケンス図〔例〕

3 シーケンス図による動作説明

シーケンス図によって，ランプ点滅回路のシーケンス動作を説明しよう。

回路の動作を説明する 順1，順2，順3，…は，シーケンス図中の動作順序（順1，順2，順3，…）を説明した番号であるから，シーケンス図中と本文における説明文の動作順序番号とを対比しながら回路の動作を理解してほしい。なお，以後このような回路の動作順序の説明についても同様に扱っている。

ランプ点滅回路の動作について，次に記す。

(1) ランプ点灯回路の動作

順 1　図 1.4 のように，押しボタンスイッチを押す。

押しボタンスイッチ $PBS_{入}$ のボタンを押すと，押しボタンスイッチの可動接点（ボタンの操作により動く接点）は，固定接点（ボタンの操作により動かない接点）と接触して，メーク接点 $PBS_{入}$-m が閉じる。

順 2　電磁リレー X が動作する。

押しボタンスイッチ $PBS_{入}$ のメーク接点 $PBS_{入}$-m（3.2 節 1 参照）が閉じると，

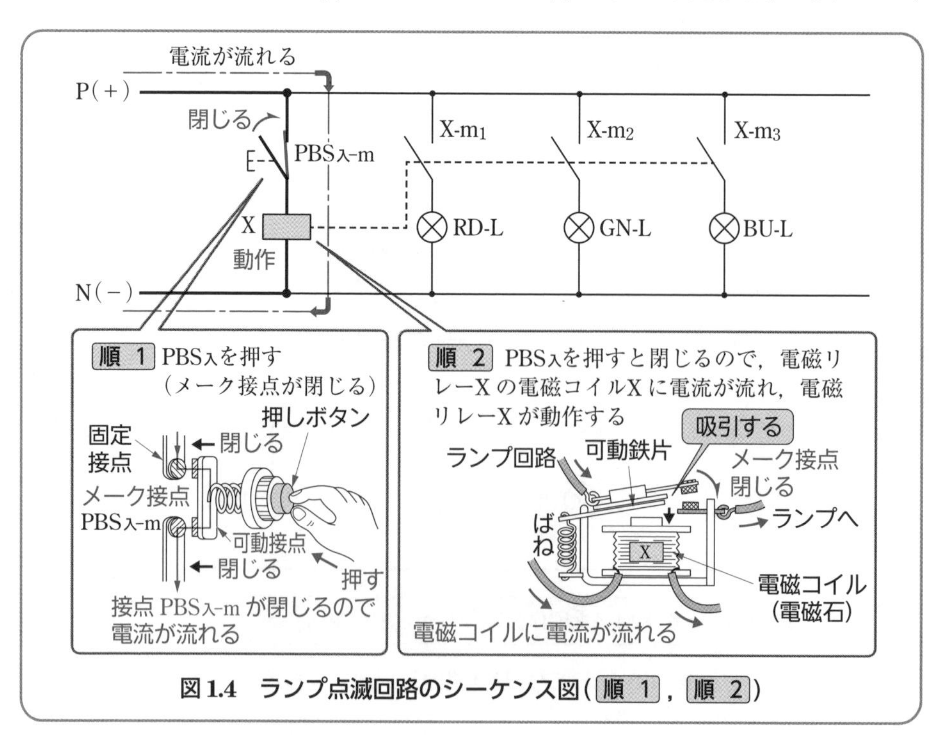

図 1.4　ランプ点滅回路のシーケンス図（順 1，順 2）

電磁リレーXの電磁コイルXに電流が流れるので電磁石となり，可動鉄片を吸引して電磁リレーXが動作する。

順3 **図1.5のように，電磁リレーのメーク接点X（3·3節3参照）が閉じる。**

電磁リレーXが動作すると，電磁リレーXのメーク接点X-m_1，X-m_2，X-m_3の可動接点は，3組とも固定接点に同時に接触し，各々のランプ回路を閉じる。

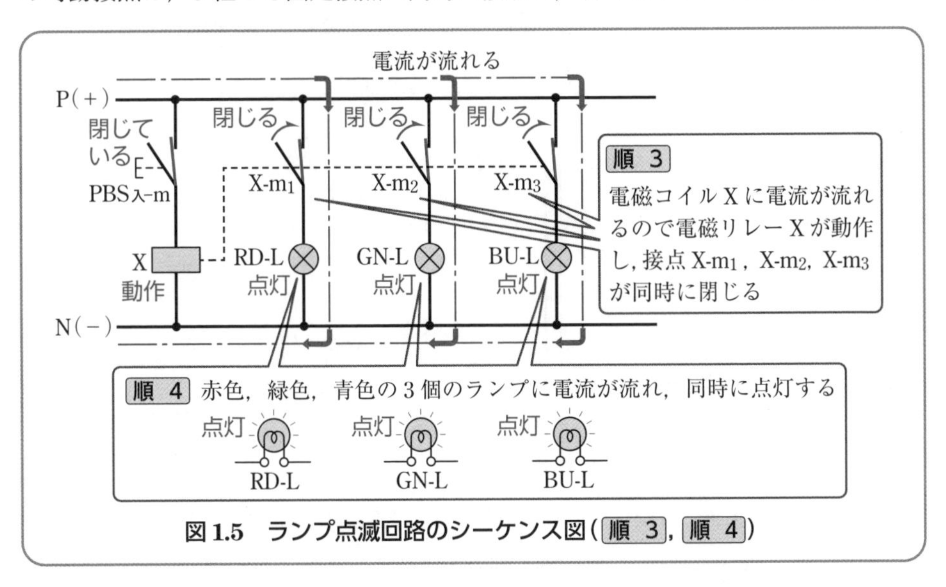

図1.5 ランプ点滅回路のシーケンス図（順3，順4）

順4 **ランプが点灯する。**

電磁リレーXのメーク接点X-m_1，X-m_2，X-m_3が閉じると，赤色ランプRD-L⊗，緑色ランプGN-L⊗，青色ランプBU-L⊗に電流が流れ点灯する。

(2) ランプ消灯回路の動作

順5 **図1.6のように，押しボタンスイッチPBS入を押す手を離すと，そのメーク接点PBS入-mが開く。**

押しボタンスイッチPBS入を押す手を離すと，ばねの力で可動接点と固定接点とが離れて，メーク接点PBS入-mが開く。

順6 **電磁リレーXが復帰する。**

押しボタンスイッチPBS入のメーク接点PBS入-mが開くと，電磁リレーXの電磁コイルXに電流が流れなくなり，電磁コイルXの電磁石は可動鉄片を吸引する力がなくなって，電磁リレーXは復帰する。

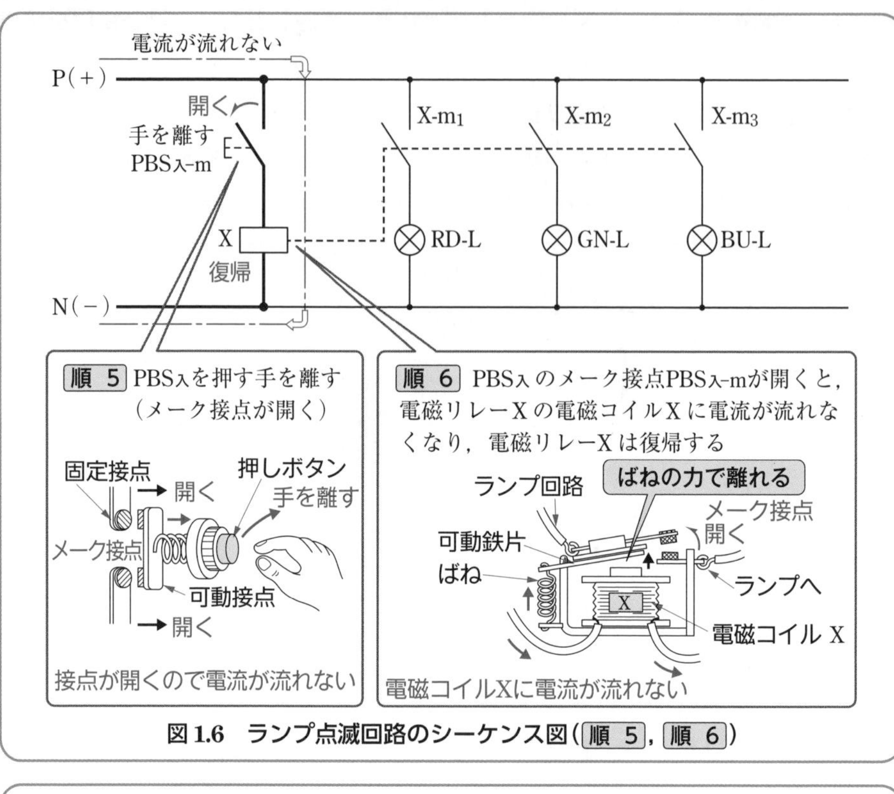

図 1.6　ランプ点滅回路のシーケンス図（順 5，順 6）

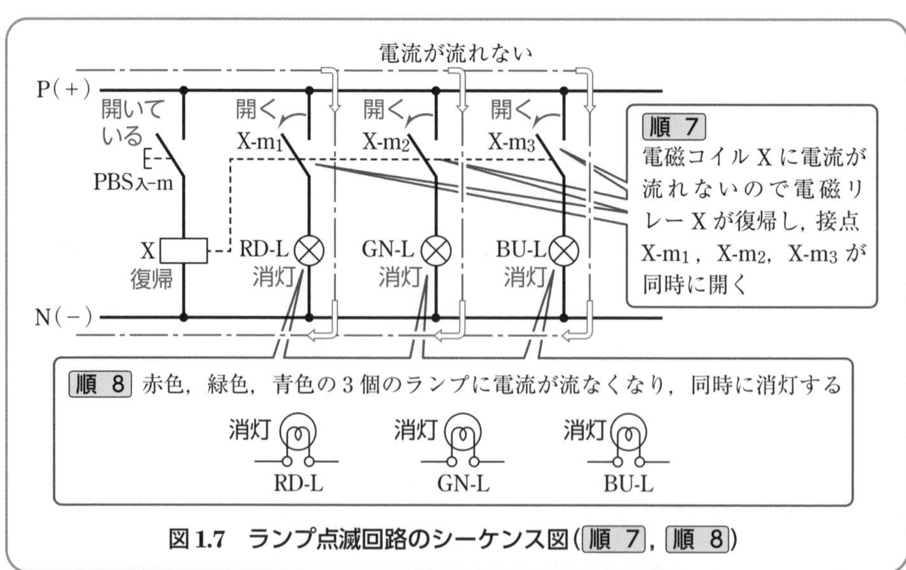

図 1.7　ランプ点滅回路のシーケンス図（順 7，順 8）

順 7　図 1.7 のように，電磁リレー X のメーク接点 X が開く。

電磁リレー X が復帰すると，電磁リレー X のメーク接点 X-m_1，X-m_2，X-m_3 の可動接点は，3 組とも固定接点から同時に離れて開く。

順 8　ランプが消灯する。

電磁リレー X のメーク接点 X-m_1，X-m_2，X-m_3 が開くと，赤色ランプ RD-L，緑色ランプ GN-L，青色ランプ BU-L に電流が流れなくなって消灯する。

1・3　動作の順序を示すフローチャート

シーケンス制御系の装置は，種々の機器が組み合わされて複雑な回路を構成している場合が多い。そこで，各構成機器の動作順序を詳細に書くと，かえって全体の動作が理解しにくくなるような場合に，全体の関連動作を順序立てて，箱形（長方形）の図記号と矢印で，簡単に示すことを目的とした図を**フローチャート**という。

図 1.8 は，ランプ点滅回路において，ランプを点灯させる場合の各構成機器の動作順序を，フローチャートで示した図である。また図 1.9 は，ランプを消灯させる場合の動作順序を示したフローチャートである。

一般の接続図では，機器の図記号の相互間を結ぶ線は導線を示し，全体として電気回路をかたちづくるのが普通である。これに対し，フローチャートでは箱形の図記号を結ぶ線は，相互間が連絡されているという関係を示すだけなので，その内容

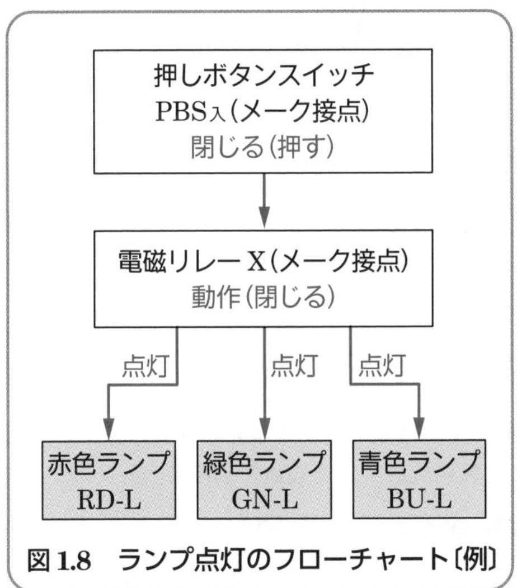

図 1.8　ランプ点灯のフローチャート〔例〕

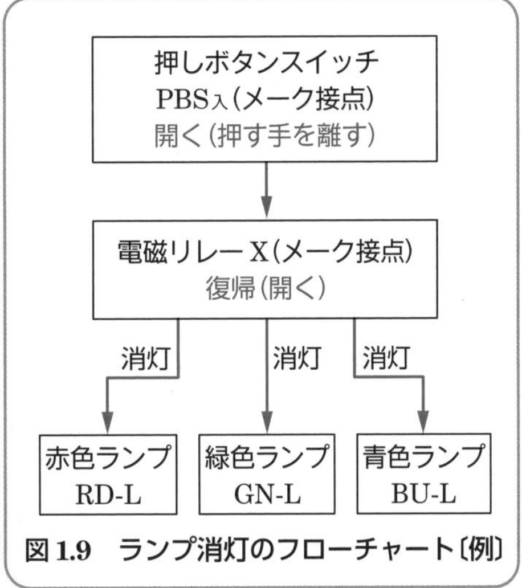

図 1.9　ランプ消灯のフローチャート〔例〕

を容易に理解することができる。しかし，単に動作の流れだけを示しているので厳密さに欠ける場合もあるが，制御系の動作の流れを概略的に理解したり，説明したりするのに用いられる。

1・4　動作順序の時間的な変化を示すタイムチャート

シーケンス制御系において，その動作順序の時間的な変化を，わかりやすく示した図を**タイムチャート**という。図 1.10 は，ランプ点滅回路の点灯および消灯のタイムチャートを示した図である。

タイムチャートでは，縦軸に制御機器をおおよそ“**制御の動作順序**”に並べて書き，横軸にそれらの“**時間的な変化**”を枠線で示すようにする。また，電源入，電源切，始動，停止などで動作が異なるが，これらの動作区分はタイムチャートの上，または下に書き，どの動作が次の動作と関係するかといった，動作の関連性は実線矢印で示すようにする。

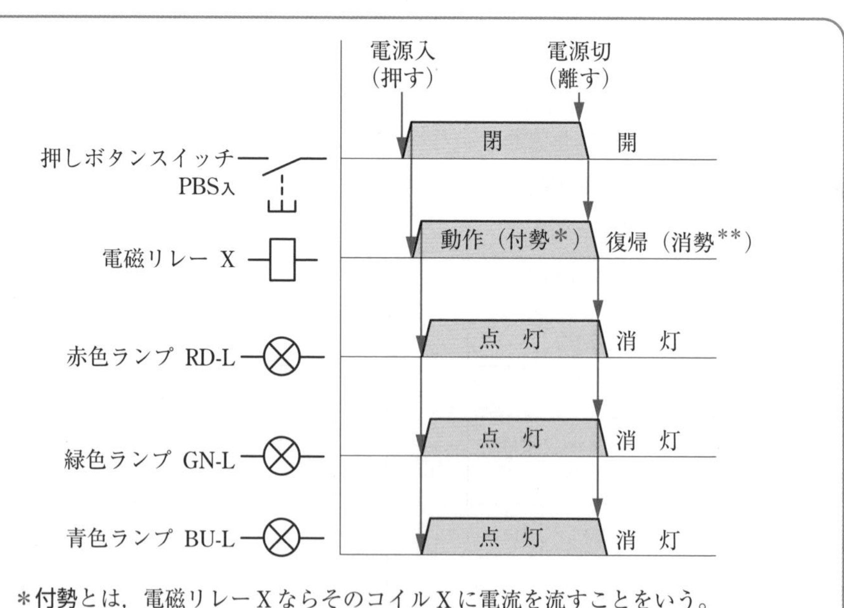

＊付勢とは，電磁リレーXならそのコイルXに電流を流すことをいう。
＊＊消勢とは，電磁リレーXならそのコイルXに流れている電流を切ることをいう。

図 1.10　ランプ点滅回路のタイムチャート〔例〕

第2章 シーケンス制御系の構成のしかた

シーケンス制御は，第1章でも記したように，電気洗濯機，自動販売機，交通信号，ネオンサイン，エレベータなど，日常生活に関係が深い身近なものから，コンベヤ，工作機械，発電所，変電所などにおいて重要な役割を果たしている。そこで，実際のシーケンス制御系が，どのような機能的要素から構成されているかを説明しよう。

2・1 シーケンス制御系の一般構成

一般に，シーケンス制御系は図2.1のように，命令処理部，操作部，制御対象，表示警報部，検出部などから構成されている。実際の制御系が，これらの機能をすべて備えていなければならないというのではなく，むしろ，これらのうちのいくつかの機能を欠いても十分な場合がはるかに多い。

しかし，一般的には，図2.1のフローチャートをもとにして考えていくのがよいといえる。

図2.1において，長方形の枠はシーケンス制御系の各構成要素を示し，矢印のついた線は信号とその方向を示す。

これらの構成要素および信号について説明すると，次のとおりである。

(1) **作業命令**とは，制御系に外部から与えられる概括的な命令信号をいう。

(2) **命令処理部**とは，作業命令，検出信号などから制御信号をつくり，発令する部分をいう。

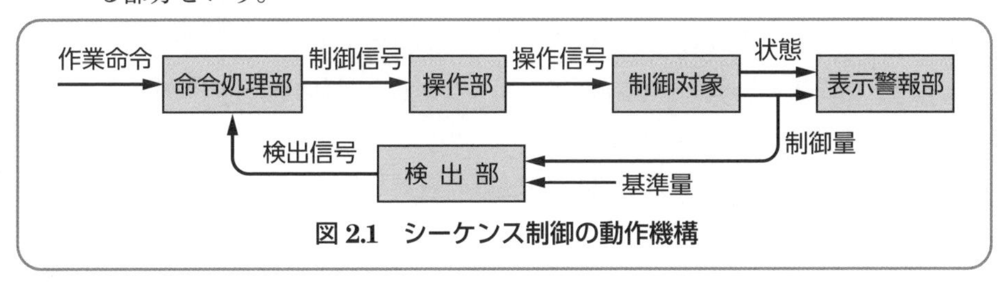

図2.1 シーケンス制御の動作機構

(3) **制御信号**とは，制御対象をどのように制御するかを示す信号をいう。

(4) **操作部**とは，制御信号を増幅し，直接に制御対象を制御できるようにする部分をいう。

(5) **操作信号**とは，制御対象を操作する信号をいう。

(6) **制御対象**とは，制御しようとする目的の装置または機械をいう。

(7) **表示警報部**とは，制御対象の状態を表示したり，警報を発信したりする部分をいう。

(8) **制御量**とは，制御しようとする目的の状態をいう。

(9) **基準量**とは，検出の基準を示す信号をいう。

(10) **検出部**とは，制御量の値が所定の状態にあるかどうかに応じた信号を発生する部分をいう。

(11) **検出信号**とは，制御量が所定の条件を満足しているか指示する信号をいう。

上記の命令処理部，操作部，表示警報部，検出部を総称して**制御部**という。

2・2　自動給水装置の制御系の構成

実際のシーケンス制御系は，その目的および規模によって異なるが，どのような機能的要素から構成されているかを，自動給水装置を例にとって説明しよう。

1 自動給水装置の動作のしかた

図2.2は，電動ポンプによって給水源である水道本管より貯水した受水槽から水を給水槽にくみ上げ，各所に配水する自動給水装置の実際配線図の一例を示した図である。この自動給水装置は，給水槽の水位が下限になると，自動的に電動ポンプを運転し，上限水位になると停止して，そのまま下限水位になるまで休止させておく装置である。したがって，給水槽の水が使用されても自動的に受水槽から給水されるため，常にある一定量の水を蓄えておくことができるようになっている。

2 自動給水装置の動作機構

図2.3は，自動給水装置の動作機構をフローチャートで示した図である。

そこで，図2.1の一般動作機構図と対比しながら，具体的にその機能的要素および信号を示すと，次のとおりである。

(1) **作業命令**　スイッチS_0の開閉が装置の運転・停止を指示する作業命令の信号となる。

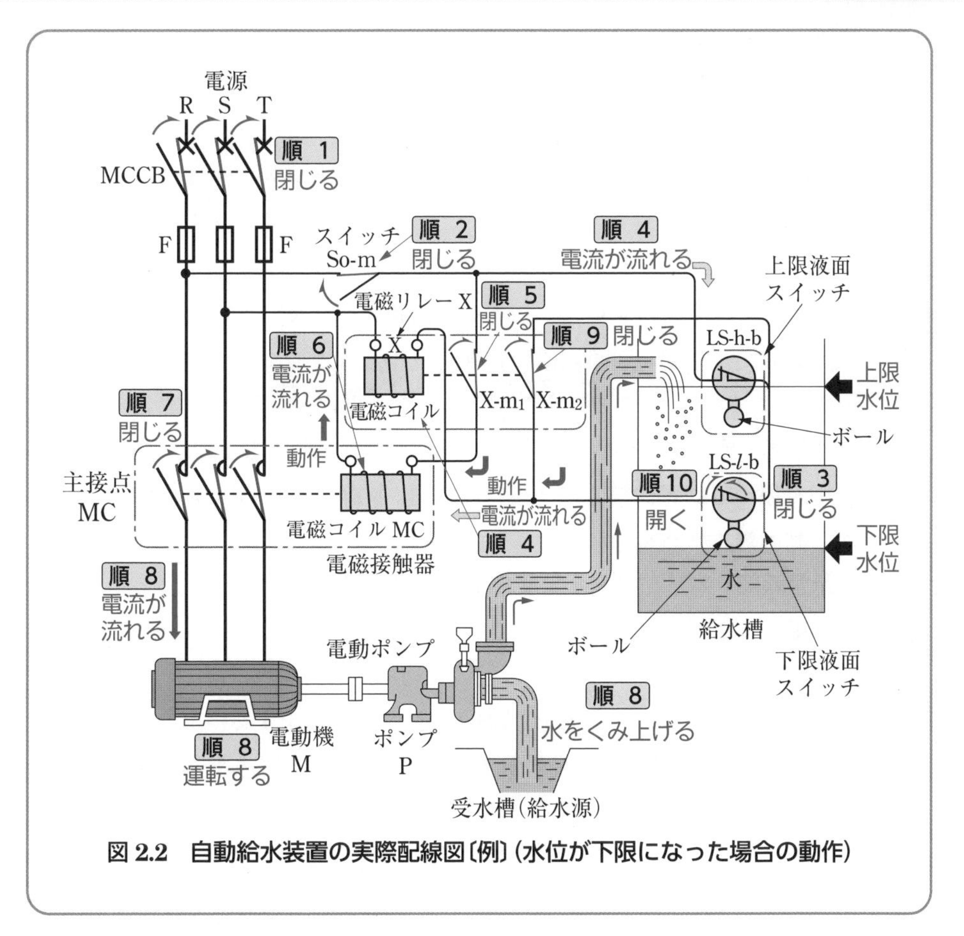

図 2.2　自動給水装置の実際配線図〔例〕(水位が下限になった場合の動作)

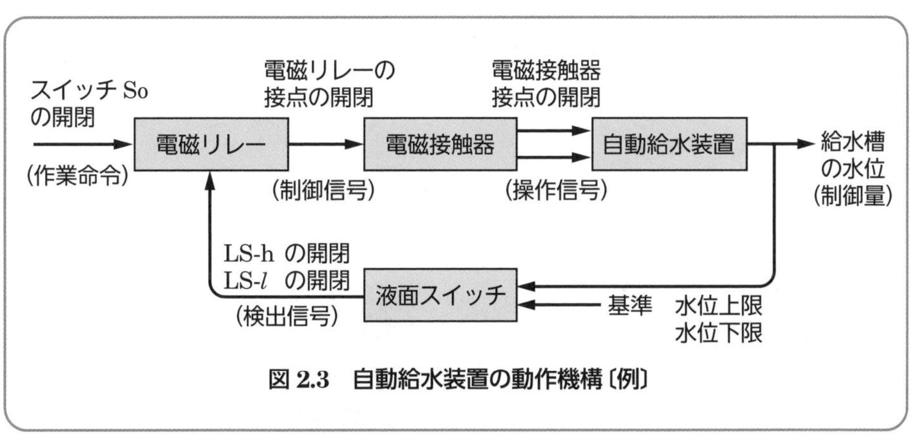

図 2.3　自動給水装置の動作機構〔例〕

(2) **命令処理部**　液面スイッチの検出信号によって電磁リレーXの接点が開閉して水位を制御するので，この電磁リレーXが命令処理部となる。

用語 **液面スイッチ**とは，いろいろな物質の表面と基準面（基準値）との距離（差分）を検出することを**レベルの検出**といい，主として液体のレベルを検出するスイッチをいう

(3) **制御信号**　電磁リレーXの接点の開閉が制御信号となる。

(4) **操作部**　電磁接触器MCが，装置を直接制御する操作部である。

用語 **電磁接触器**とは，電磁石の動作によって，電路を頻繁に開閉する接触器をいい，電磁リレーよりも大きな電流を開閉することができる

(5) **操作信号**　電磁接触器MCの接点の開閉が操作信号となる。

(6) **制御対象**　電動ポンプ，受水槽および給水槽などからなる自動給水装置が，制御対象である。

(7) **表示警報部**　本例には表示警報部に相当する部分はない。

(8) **制御量**　給水槽の水位が制御量である。

(9) **基準量**　液面スイッチの整定値高さが，水位の基準量である。

(10) **検出部**　液面スイッチLS-h，LS-lが，水位を検出する検出部である。

(11) **検出信号**　液面スイッチによって水位の上限，下限を検出する二つの信号が検出信号となる。

この自動給水装置の例では，検出信号を除いて作業命令，制御信号，操作信号，制御量の値がすべて一つずつであるが，複雑なシーケンス制御では，それぞれ信号が数個あるいは，それ以上になることもある。

3 給水槽の水位が下限の場合のシーケンス動作

自動給水装置の給水槽の水位が下限になると，電動ポンプは始動・運転され，水を給水槽にくみ上げる。

また，その動作順序を実際配線図に示したのが図2.2で，これをシーケンス図に書きかえると図2.4のようになる。

図2.2・図2.4の動作順序

順1　**配線用遮断器MCCBを投入すると閉じる。**

順2　**スイッチS_oを入れると，メーク接点S_o-mが閉じる。**

順3　**給水槽の水位が低下して，下限水位になると，下限用液面スイッチ**

LS-*l* のボールの浮力がなくなり，ブレーク接点 LS-*l*-b（3·1 2 節参照）は復帰して閉路する。

用語 **閉路**とは，電気回路の一部を電磁リレー，スイッチなどの接点で“閉じる”ことをいう

順4　**LS-*l*-b が閉じ電磁リレー X の電磁コイル X に電流が流れ動作する。**

順5　**電磁リレー X が動作すると，メーク接点 X-m1 が閉じる。**

順6　**電磁リレー X のメーク接点 X-m1 が閉じると，電磁接触器 MC の電磁コイル MC に電流が流れ，動作する。**

順7　**電磁接触器 MC が動作すると，主接点 MC が閉じる。**

順8　**主接点 MC が閉じると，電動機 M に電流が流れて回転し，ポンプ P は給水槽に水をくみ上げる。**

順9　**電磁リレー X が動作すると，メーク接点 X-m2 も閉じ，自己保持回路（第9章参照）を形成する。**

順10　**電動ポンプの運転によって，給水槽の水位が上昇すると，液面スイッチ LS-*l* のボールの浮力により，ブレーク接点 LS-*l*-b が動作して開く。**

LS-*l*-b が開いても，自己保持回路のメーク接点 X-m2 を通って電磁コイル X に電流が流れるので，電動ポンプは連続して運転しつづけることになる。

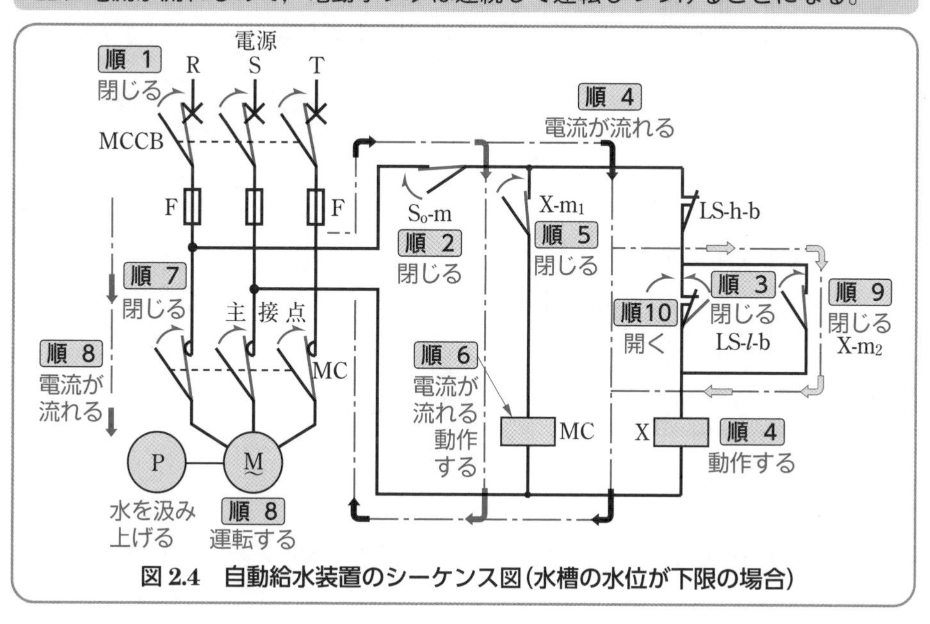

図 2.4　自動給水装置のシーケンス図（水槽の水位が下限の場合）

4 給水槽の水位が上限になった場合のシーケンス動作

自動給水装置の給水槽の水位が上限になると，電動ポンプは運転を停止し，給水槽に水をくみ上げなくなる。その動作順序を実際配線図に示したのが図 2.5 で，これをシーケンス図に書きかえると，図 2.6 のようになる。

図 2.5・図 2.6 の動作順序

順1　電動ポンプの運転によって給水槽の水位が上昇し，上限水位に達すると，上限用液面スイッチ **LS-h** のボールの浮力によって，ブレーク接点 **LS-h-b** が動作し，開路する。

順2　ブレーク接点 **LS-h-b** が開くと，電磁リレー **X** の電磁コイル **X** に電流が流れなくなり，復帰する。

順3　電磁リレー **X** が復帰すると，メーク接点 **X-m**$_1$ が開く。

順4　電磁リレー **X** のメーク接点 **X-m**$_1$ が開くと，電磁接触器 **MC** の電磁コイル **MC** に電流が流れなくなり，復帰する。

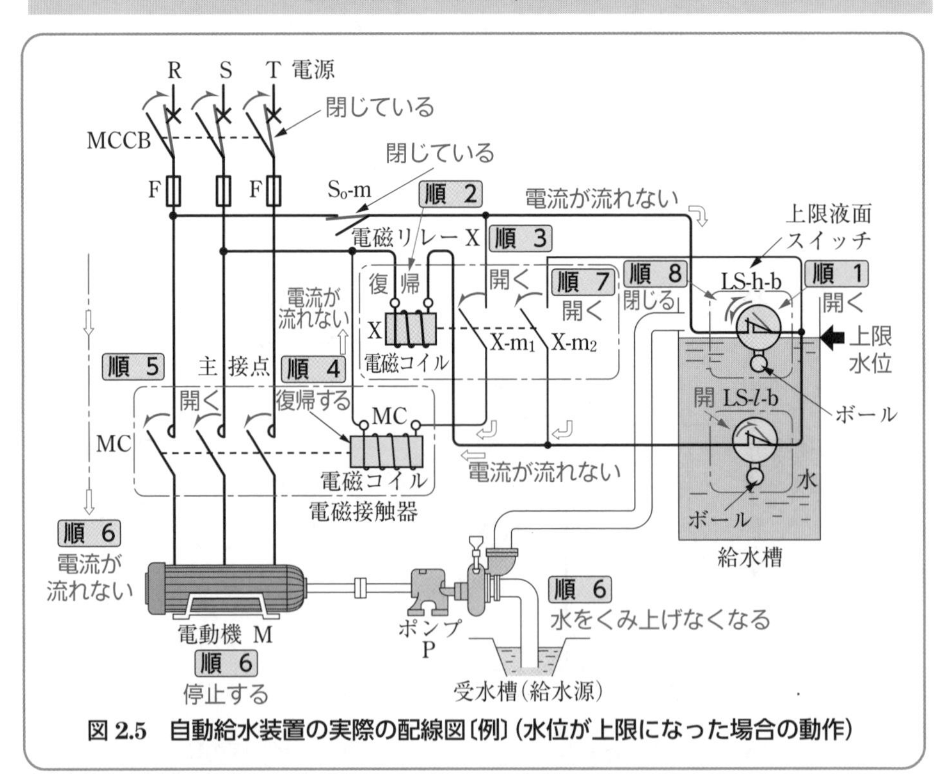

図 2.5　自動給水装置の実際の配線図〔例〕(水位が上限になった場合の動作)

順 5　**電磁接触器 MC が復帰すると，主接点 MC が開く。**

順 6　**主接点 MC が開くと，電動機 M に電流が流れなくなるので停止し，ポンプ P は給水槽に水をくみ上げなくなる。**

順 7　**電磁リレー X の復帰によって，メーク接点 X-m$_2$ が開路し，自己保持回路が解放される（9·2 節参照）。**

用語　**開路**とは，電気回路の一部を電磁リレー，スイッチなどの接点で“開く”ことをいう

順 8　**給水槽の水を使用して水位が下がると，上限用液面スイッチ LS-h のボールの浮力がなくなりブレーク接点 LS-h-b は復帰し，閉じる。**

LS-h-b が閉じても，LS-l-b およびメーク接点 X-m$_2$ が開いているので，電磁コイル X に電流が流れないから，電磁リレー X は動作しないので，電動機 M は始動せず，水位が下限に達するまで停止したままとなる。

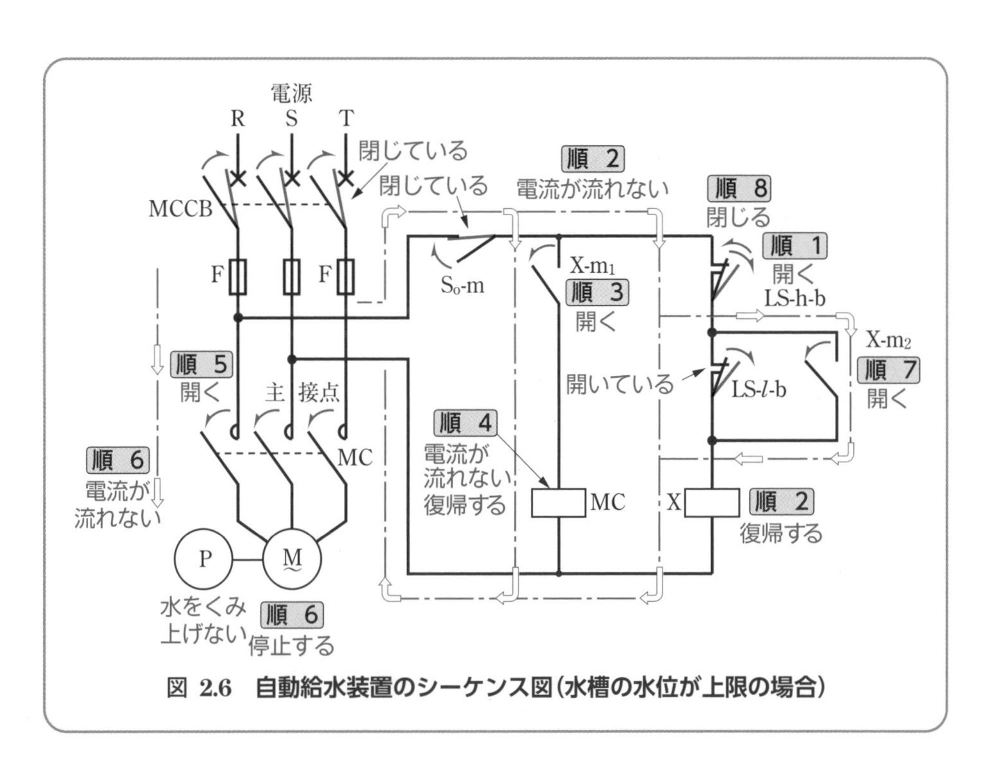

図 2.6　自動給水装置のシーケンス図（水槽の水位が上限の場合）

第3章 電気用図記号の表し方

一般に，電気機器の電気回路をシーケンス図に表示するには，国際規格である **IEC 規格**（IEC60617：Graphical symbols for diagrams）に準拠した JIS C 0617（電気用図記号）に規定された電気用図記号が用いられる。

用語 **IEC** とは，International Electrotechnical Comission（国際電気標準会議）と呼ばれる機関の略称である

電気用図記号は，通称**シンボル**ともいい，電気機器の機構関係を省略し電気回路の一部の要素を簡略化して，その動作状態がすぐ理解できるようにした図記号である。

ここでは，シーケンス図で使用頻度の多い開閉接点と，主な電気機器・器具の電気用図記号の表し方について説明することにする。

3・1 メーク接点，ブレーク接点，切換接点とは，どういうものか

制御機器の開閉接点は，その接点部が手動によって操作される接点では，操作部に手を触れない状態で表し，また，接点部が電気的または機械的エネルギーによって駆動される接点では，駆動部の電源その他のエネルギー源をすべて切り離した状態で表す。

スイッチ，電磁リレーなどの開閉接点の基本となる接点である，メーク接点，ブレーク接点，切換接点について，以下に説明する。

1 メーク接点

メーク接点とは，入力信号を与えない状態で**開いている接点**（make（メーク） contact（コンタクト）：“**動作すると回路を作る接点**”という意味）をいう。また，別名**常開接点**（normally（ノーマリー） open（オープン） contact（コンタクト）：“**いつも開いている接点**”という意味）ともいう。なお，旧 JIS C 0301：電気用図記号（以下旧 JIS という）では **a 接点**（arbeit（アルバイト） contact（コンタクト）：“**働く接点**”という意味で，a は arbeit の頭文字）と呼ばれていた。

2 ブレーク接点

ブレーク接点とは，入力信号を与えない状態で**閉じている接点**（break contact：“**動作すると途切れる接点**”という意味）をいう。また，別名**常閉接点**（normally closed contact：“**いつも閉じている接点**”という意味）ともいう。なお，旧JISでは，**b接点**（**b**はbreakの頭文字）と呼ばれていた。

3 切換接点

切換接点とは，メーク接点とブレーク接点とが，一方の可動接点部を共有したような形式の接点（change-over contact：“**動作すると切り換わる接点**”という意味）をいう。また，別名**トランスファー接点**（transfer contact：“**移る接点**”という意味）ともいう。なお，旧JISでは，**c接点**（**c**はchangeの頭文字）と呼ばれていた。

3・2 ボタンスイッチと手動操作自動復帰接点の図記号

手動操作自動復帰接点とは，手動で操作を行っているときだけ接点は閉路または開路するが，手を離すとばねなどの力で自動的にもとの状態にもどる接点をいう。そこで，ボタンを手動操作によって開閉する押しボタンスイッチを例にとって説明しよう。

用語　**手動操作**とは，人が機器に直接取り付けられている“操作取っ手”などに力を加えて，所定の運動を行わせることをいう

1 押しボタンスイッチのメーク接点

（1）**メーク接点の動作**　押しボタンスイッチのメーク接点とは，図3.1のような構造となっており，ボタンを押しているときだけ接点が閉路し，手を離すとばねの力で，直ちに開路してもとの状態にもどる接点をいう。

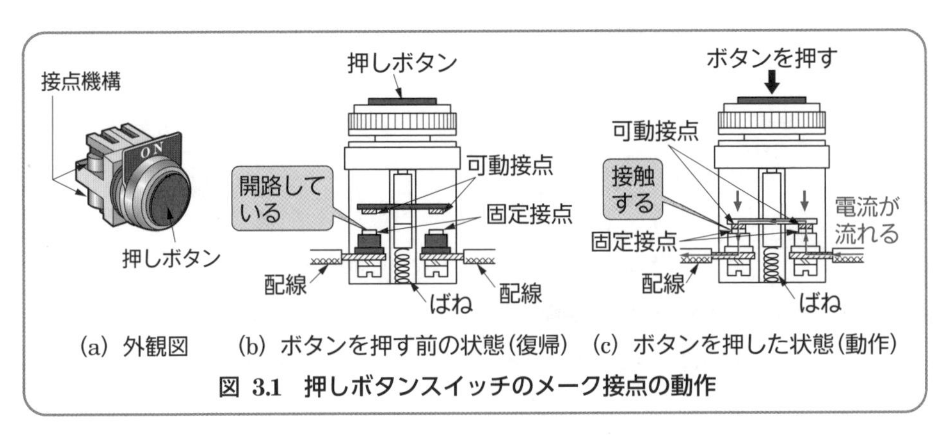

(a) 外観図　(b) ボタンを押す前の状態（復帰）　(c) ボタンを押した状態（動作）

図 3.1　押しボタンスイッチのメーク接点の動作

(2) メーク接点の図記号　図3.2のように，押しボタンスイッチのメーク接点の図記号は，開閉接点のメーク接点図記号と押し操作を示す操作機構図記号（付録1·1節参照）とを組み合わせて表し，その他の機構部分は省略する。

押しボタンスイッチの可動接点は，下側（横書き）または左側（縦書き）に斜めの線分で，固定接点を示す線分に対して，開いた状態に表す。

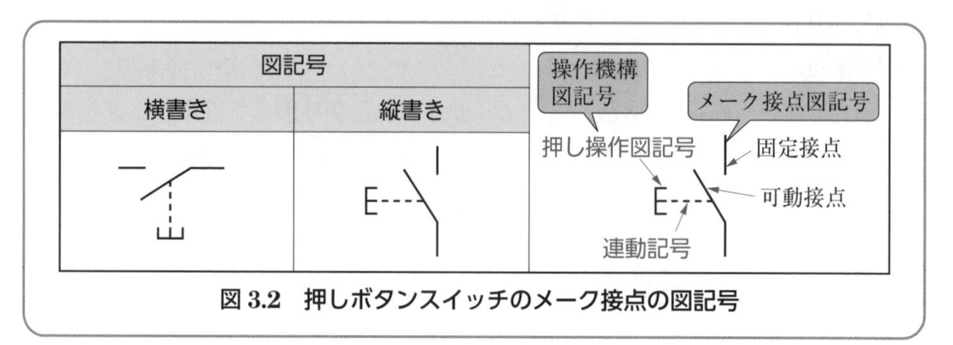

図3.2　押しボタンスイッチのメーク接点の図記号

また，押し操作を示す操作機構図記号は，ローマ字のEに似た記号で，可動接点を示す斜めの線分に対し，下側（横書き）または左側（縦書き）に書き，可動接点を示す斜めの線分に連動記号である破線で結ぶ。

2 押しボタンスイッチのブレーク接点

(1) ブレーク接点の動作　押しボタンスイッチのブレーク接点とは，図3.3のような構造となっており，ボタンを押しているときだけ接点が開路し，手を離すと，ばねの力で直ちに閉路してもとの状態にもどる接点をいう。

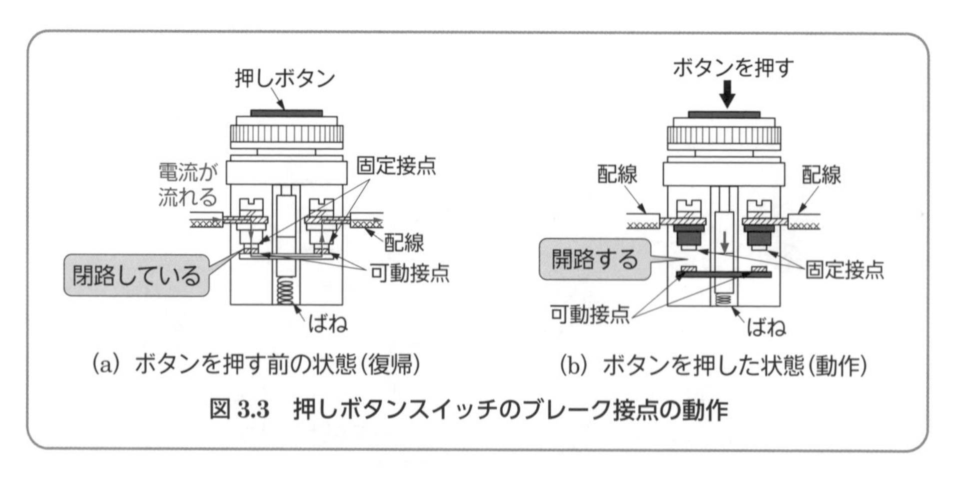

(a) ボタンを押す前の状態(復帰)　(b) ボタンを押した状態(動作)

図3.3　押しボタンスイッチのブレーク接点の動作

(2) ブレーク接点の図記号　図3.4のように，押しボタンスイッチのブレーク接点の図記号は，開閉接点のブレーク接点図記号と押し操作を示す操作機構図記号とを組み合わせて表す。

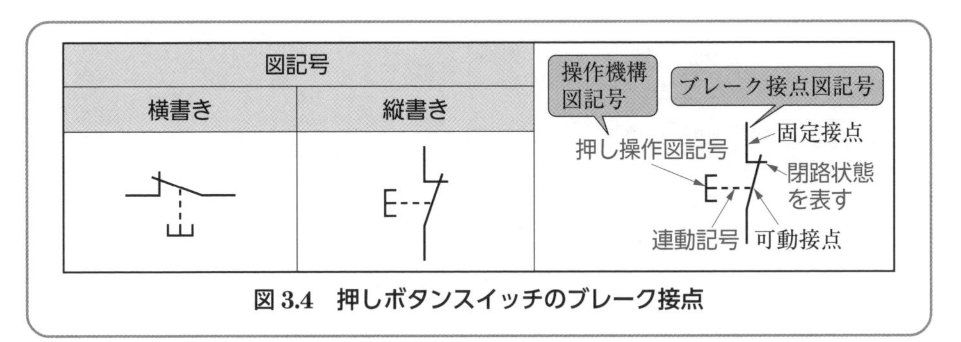

図3.4　押しボタンスイッチのブレーク接点

押しボタンスイッチの可動接点は，上側（横書き）または右側（縦書き）に斜めの線分で，固定接点を示す線分の先端 **"L"**（鉤(かぎ)状）と交わらせ，閉じた状態で表す。押し操作を示す操作機構図記号は，メーク接点と同様に可動接点を示す斜めの線分に連動記号である破線で結ぶ。

また，固定接点の **"L"**（鉤状）は，ボタンスイッチのブレーク接点であることを示すのではなく，その接点が閉路状態にあることを示す図記号である。

3 押しボタンスイッチの切換接点

(1) 切換接点の動作　押しボタンスイッチの切換接点とは，図3.5のようにメーク接点とブレーク接点とが可動接点を共有しているような構造で，ボタンを押したときだけメーク接点部が閉路し，ブレーク接点部が開路する接点をいう。

また，押す手を離すと，ばねの力で，直ちにメーク接点が開路し，ブレーク接点が閉路してもとの状態にもどる。

(2) 切換接点の図記号　切換接点の図記号では，具体的な接続を示す種類の接続図では，図3.6の（ア），（イ）のように図記号を忠実に示すべきであるが，動作順序を示すシーケンス図では表現を簡単にわかりやすくするため，これを（ウ）や（エ）のように，別個のメーク接点，ブレーク接点の図記号として示す場合が多い。

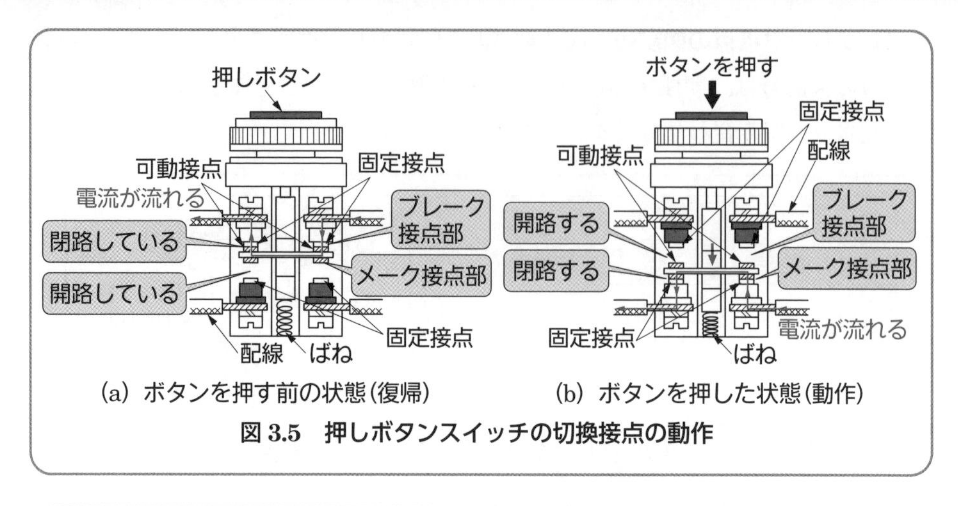

(a) ボタンを押す前の状態(復帰)　(b) ボタンを押した状態(動作)

図 3.5　押しボタンスイッチの切換接点の動作

図記号		図記号	
横書き	縦書き	横書き	縦書き
(ア)	(イ)	(ウ)	(エ)

図 3.6　ボタンスイッチの切換接点の図記号

3・3　電磁リレーと自動復帰接点の図記号

1 電磁リレーとは

一般に，電磁リレーは，鉄心に巻かれた電磁コイルと数組の可動接点および固定接点，そして，それらを連結構成する機構からなっている。図 3.7 は，電磁リレーの外観構造の一例を示した図である。

電磁リレーは電磁コイルに電流が流れると電磁石となり，その電磁力によって可動鉄片を吸引し，これに連動して可動接点部が動作して接点を閉じ，あるいは開くようになっている。これを電磁リレーが**動作する**という。

また，電磁コイルに流れる電流が断たれると電磁力を失って，電磁リレーの可動接点はばねの力によってもとの状態にもどる。これを電磁リレーが**復帰する**という。

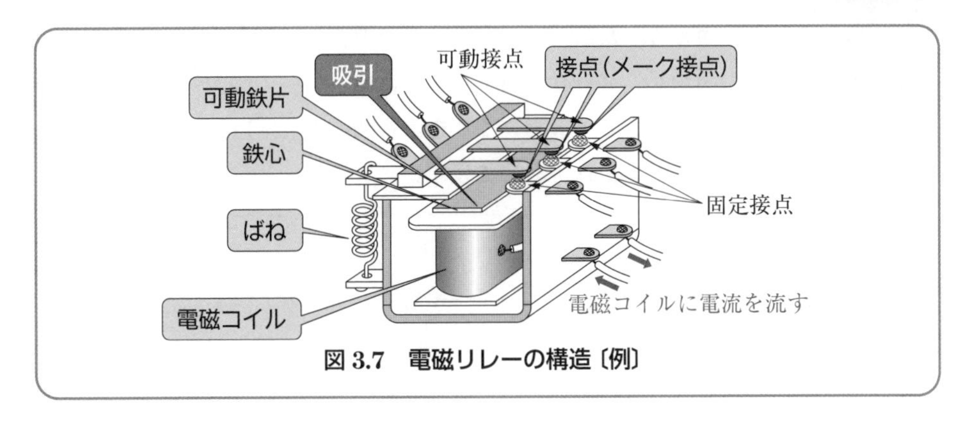

図 3.7 電磁リレーの構造〔例〕

2 自動復帰接点とは

自動復帰接点とは，電磁リレー接点のように電磁コイルを励磁している間だけ動作し，消磁するとばねなどの力によってもとの状態に復帰する接点をいう。

用語 **励磁**とは，コイルに電流を流して磁束を発生させることをいう

用語 **消磁**とは，コイルに流れている電流を切って，磁束が発生しないようにすることをいう

3 電磁リレーのメーク接点の図記号

（**1**）**メーク接点の動作**　電磁リレーのメーク接点は，図 3.8 のように電磁コイルに通電しない状態では“開路”しており，電磁コイルに通電すると“閉路”す

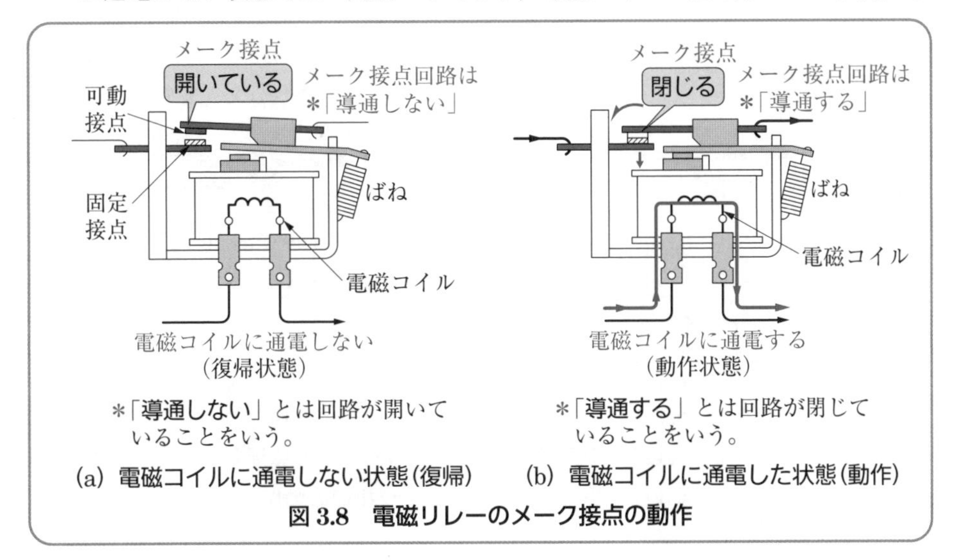

(a) 電磁コイルに通電しない状態(復帰)　(b) 電磁コイルに通電した状態(動作)

図 3.8 電磁リレーのメーク接点の動作

る接点をいう。つまり，電磁リレーが動作したとき“**閉じる接点**”をいう。

（**2**）**メーク接点の図記号**　メーク接点を有する電磁リレーの図記号は，図3.9のように，機構部を省略して，電磁コイルを示す図記号と，自動復帰接点のメーク接点を示す図記号とを組み合わせて表す。

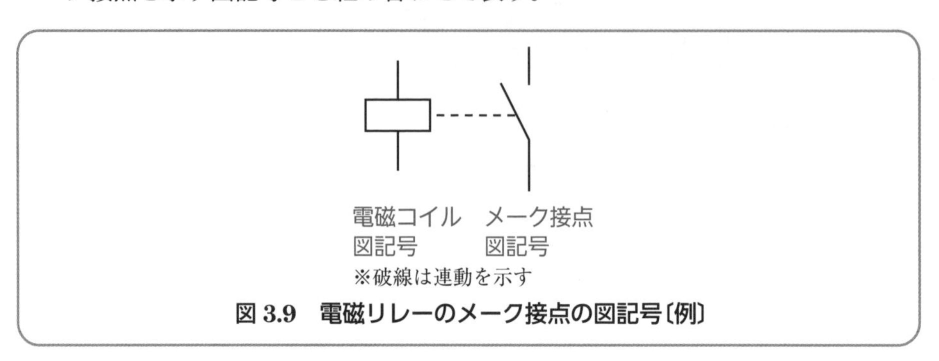

図3.9　電磁リレーのメーク接点の図記号〔例〕

4 電磁リレーのブレーク接点の図記号

（**1**）**ブレーク接点の動作**　電磁リレーのブレーク接点は，図3.10のように電磁コイルに通電しない状態では“閉路”しており，電磁コイルに通電すると“開路”する接点をいう。つまり，電磁リレーが動作したとき“**開く接点**”がブレーク接点である。

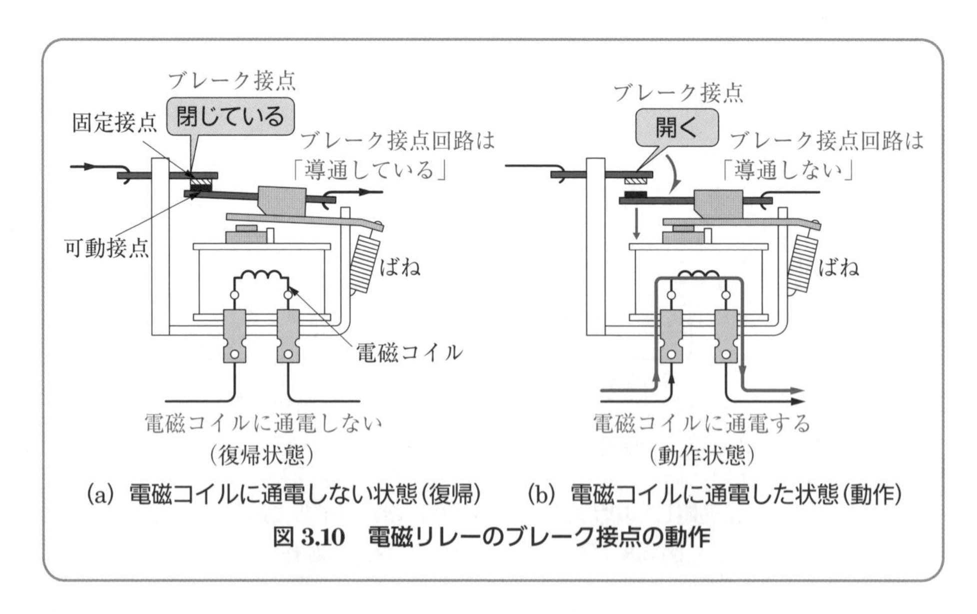

(a) 電磁コイルに通電しない状態（復帰）　(b) 電磁コイルに通電した状態（動作）

図3.10　電磁リレーのブレーク接点の動作

(2) ブレーク接点の図記号　ブレーク接点を有する電磁リレーの図記号は，図3.11のように，機構部を省略して，電磁コイルを示す図記号と自動復帰接点のブレーク接点の図記号を組み合わせて表す。

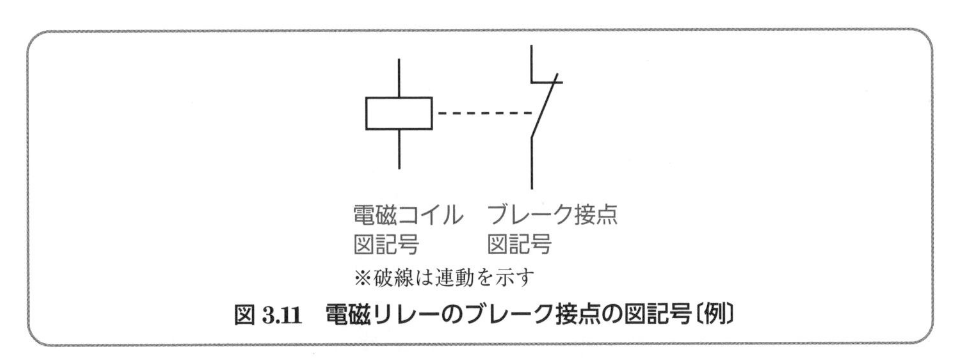

図 3.11　電磁リレーのブレーク接点の図記号〔例〕

5 電磁リレーの切換接点の図記号

(1) 切換接点の動作　電磁リレーの切換接点は，図3.12 (a) のように，電磁コイルに通電しない状態ではメーク接点部は“開路”しており，ブレーク接点部は“閉路”している。電磁コイルに通電すると，図 (b) のように相互に共通な可動接点が動いて，メーク接点部が“閉路”し，ブレーク接点部が“開路”する接点をいう。

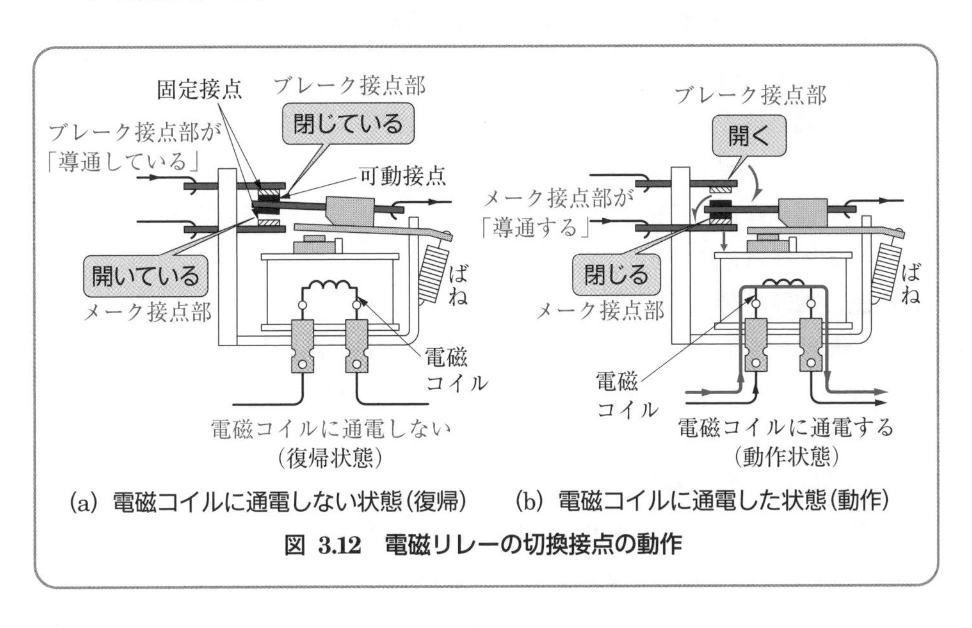

(a) 電磁コイルに通電しない状態(復帰)　(b) 電磁コイルに通電した状態(動作)

図 3.12　電磁リレーの切換接点の動作

(2) 切換接点の図記号　切換接点を有する電磁リレーの図記号は，図 3.13 のように，機構部を省略して，電磁コイルを示す図記号と，自動復帰接点の切換接点の図記号とを組み合わせて表す。この場合，具体的な接続を示す種類の接続図では切換接点の図記号を図（a）のように忠実に示すべきであるが，動作の順序を示すシーケンス図では，表現を簡単にわかりやすくするため，これを図（b）のように，別個のメーク接点，ブレーク接点として示す場合が多い。

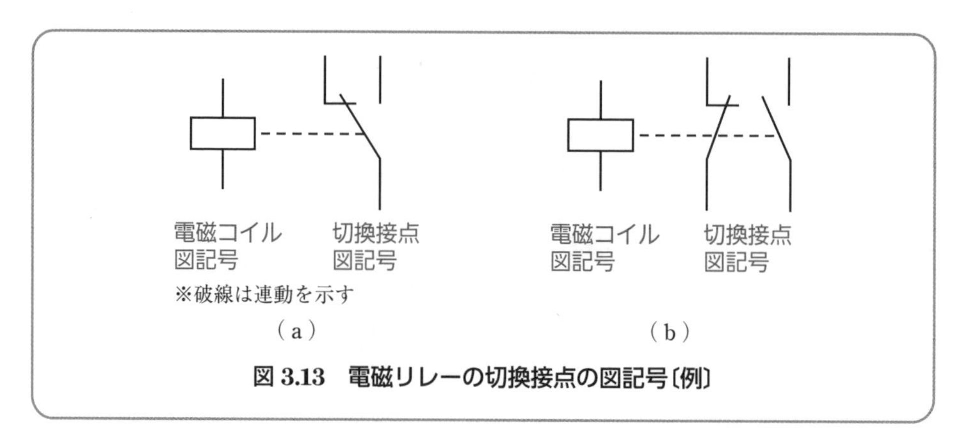

図 3.13　電磁リレーの切換接点の図記号〔例〕

3・4　電磁接触器とその接点の図記号

1 電磁接触器とは

電磁接触器とは，図 3.14 のように，電磁石の動作によって電路を開閉する接触器をいい，動作原理は電磁リレーと同じであるが，おもに電力回路の開閉に用いる。

電磁接触器には，電流容量の大きい主接点と，電磁リレーと同じように電流容量の小さい補助接点とがある。

2 電磁接触器の動作

電磁接触器の電磁コイルに電流が流れると，固定鉄心が電磁石となって可動鉄心を吸引する。この可動鉄心に連動して，主接点および補助接点が図 3.14（b）に示すように下方に力を受けて，主接点が閉じるとともに補助接点も同時に開閉動作する。

3 電磁接触器の図記号

電磁接触器の図記号は，その機構支持部分などの機械的関連を省略して，図 3.15 のように，主接点，補助接点および電磁コイルの図記号を組み合わせて表す。

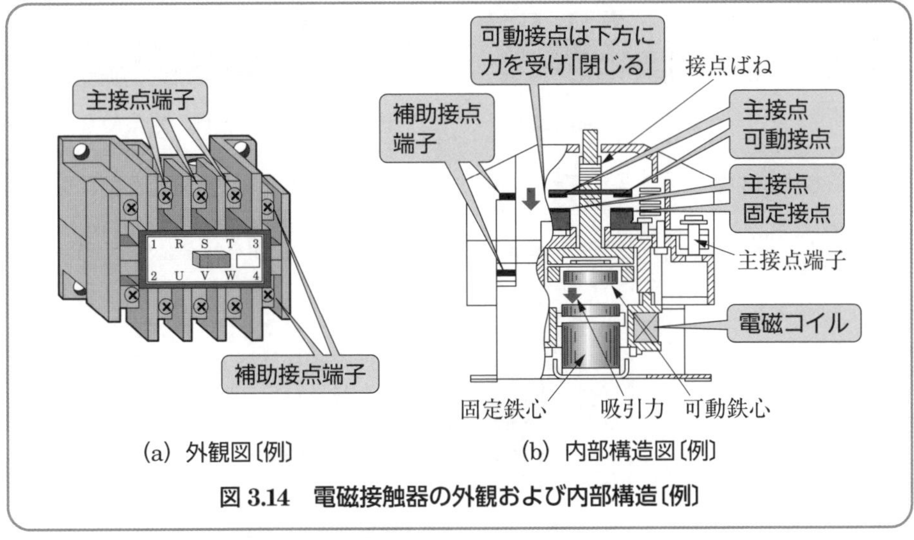

(a) 外観図〔例〕　(b) 内部構造図〔例〕

図 3.14　電磁接触器の外観および内部構造〔例〕

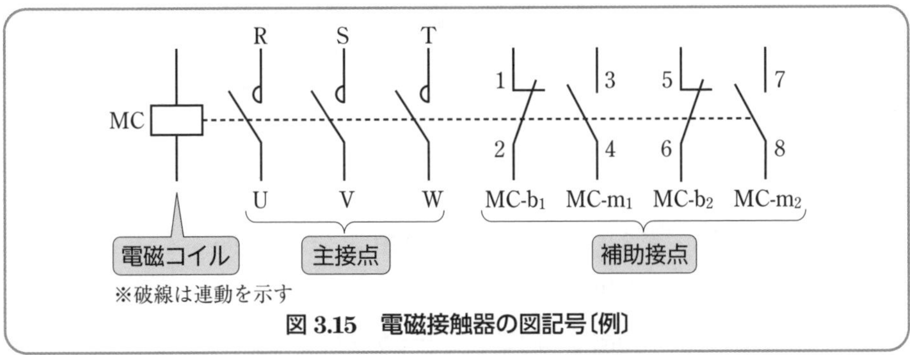

図 3.15　電磁接触器の図記号〔例〕

3・5 タイマと限時接点の図記号

1 タイマとは

タイマとは，電気的または機械的な入力を与えると，あらかじめ定められた時限を経過したのちに，回路を電気的に“閉”または“開”するような接点をもったリレーをいう。

用語 **時限**とは，時間を区切ることをいう

2 タイマの種類

タイマは，その動作原理によって，表 3.1 のように，**モータ式タイマ**，**電子式タイマ**，**制動式タイマ**に分けることができる。

表 3.1　おもなタイマの種類〔例〕

種　類	動　作　原　理
モータ式タイマ	整定指針　つまみ　限時目盛板　モータ式タイマとは，電気的な入力信号により，電動機（モータ）を回転させ，その機械的な動きを利用して，所定の時限遅れをとり，出力接点の開閉を行うものをいう。
電子式タイマ	整定指針　つまみ　限時目盛板　50/60Hz SOLID STATE TIMER　電子式タイマとは，コンデンサと抵抗の組み合わせによる充放電特性を利用して，所定の時限遅れをとり，電磁リレーの出力接点の開閉を行うものをいう。
制動式タイマ (空気式タイマ)	操作コイル　限時接点端子　制動式タイマとは，空気，油などの流体による制動を利用して，所定の時限遅れをとり，これと電磁コイルを組み合わせて，出力接点の開閉を行うものをいう。

3 タイマの図記号

タイマの図記号は，表 3.2 に示すように，作動部（TLR：Time-Lag Relay）とその出力接点の図記号とを組み合わせて表す。タイマの作動部は，作動装置図記号である一般電磁コイルの図記号と同じ ─┤├─ が使用される。

表 3.2　タイマと限時接点の図記号

出力接点名	出力接点図記号		作　動　部
	メーク接点	ブレーク接点	
限時動作 瞬時復帰 接　　点			TLR TLR： Time-Lag Relay
瞬時動作 限時復帰 接　　点			

4 限時接点の動作のしかた

タイマの出力接点である限時接点には，限時動作瞬時復帰接点と瞬時動作限時復帰接点とがある。

用語 **限時**とは，装置または機器の応動時間が遅くなるよう考慮された応動をいう

限時接点の図記号は，図 3.16 に示すように電磁リレー接点に遅延機能を示す接点機能図記号（限定図記号：付録 1·1 節参照）とを 2 本の線で結び，組み合わせて表す。限時動作，限時復帰の図記号の区別は，遅延機能図記号である半円の向きにより表示する。

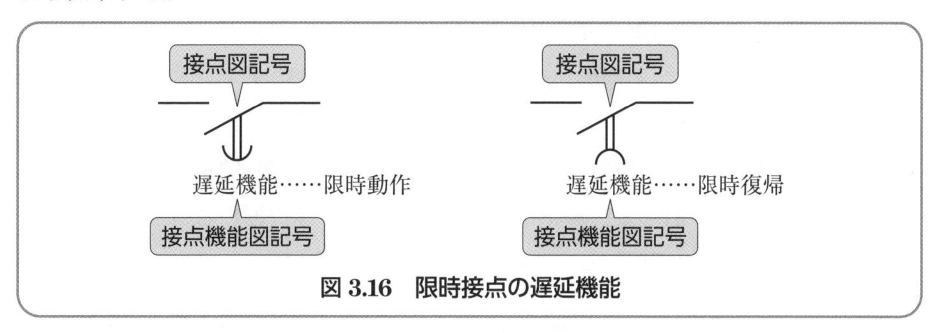

図 3.16　限時接点の遅延機能

（1）**限時動作瞬時復帰接点**　限時動作瞬時復帰接点を有するタイマは，動作するときに時限遅れがあり，復帰するときは瞬時に行われる接点である。そのタイムチャートを示したのが図 3.17 である。

（a）**限時動作瞬時復帰のメーク接点**　これは，図 3.17 のように作動部 TLR

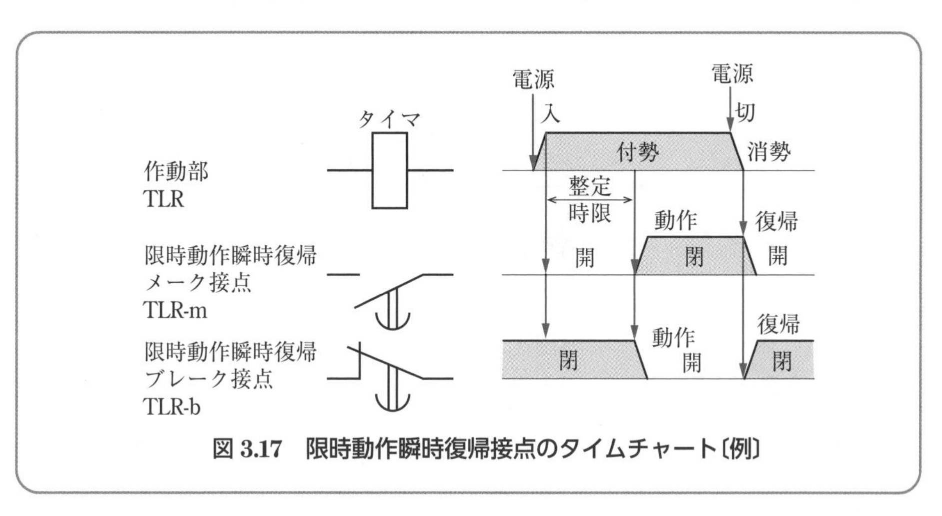

図 3.17　限時動作瞬時復帰接点のタイムチャート〔例〕

が付勢されると，タイマの整定時限経過後に動作して“閉じ”，消勢されると瞬間的に復帰して“開く”接点である。

(b) 限時動作瞬時復帰のブレーク接点　これは，図 3.17 のように作動部 TLR が付勢されると，タイマの整定時限経過後に動作して“開き”，消勢されると瞬間的に復帰して“閉じる”接点である。

(2) 瞬時動作限時復帰接点　瞬時動作限時復帰接点をもつタイマは，動作するときは瞬間的に行われ，復帰するときは時限遅れがある接点である。そのタイムチャートを示したのが図 3.18 である。

(a) 瞬時動作限時復帰のメーク接点　これは，図 3.18 のように作動部 TLR が付勢されると，瞬間的に動作して“閉じ”，消勢されるとタイマの整定時限経過後に復帰して“開く”接点である。

(b) 瞬時動作限時復帰のブレーク接点　これは，図 3.18 のように作動部 TLR が付勢されると，瞬間的に動作して“開き”，消勢されるとタイマの整定時限経過後に復帰して“閉じる”接点である。

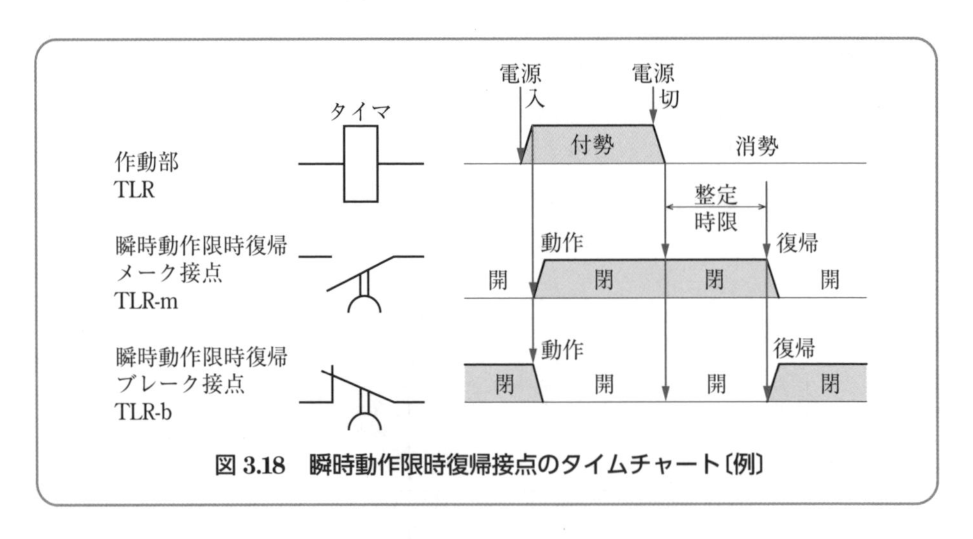

図 3.18　瞬時動作限時復帰接点のタイムチャート〔例〕

表 3.3 は，本書に用いている JIS C 0617 の開閉接点図記号と，それに対応する従来から我が国で使用されていた図記号である旧 JIS C 0301 系列 2 の図記号を，対比して参考に示した表である。

表 3.3　おもな開閉接点の図記号〔例〕

開閉接点名称	JIS C 0617		旧 JIS C 0301（系列 2）	
	メーク接点	ブレーク接点	メーク（a）接点	ブレーク（b）接点
電力用接点				
手動操作自動復帰接点（押し形）	※	※		
自動復帰しない接点				
電磁リレー接点				
電磁接触器接点				
限時動作瞬時復帰接点				
瞬時動作限時復帰接点				

※押しボタンスイッチの接点は，一般に自動復帰するので，特に自動復帰の表示をしなくてもよい（ ）。

3・6　シーケンス制御によく用いられる機器の図記号

表 3.4 は，シーケンス制御によく用いられる機器の図記号を示した表である。

表 3.4　おもな電気機器の図記号〔例〕　注：旧 JIS：旧 JIS C 0301

★配線用遮断器 （ア）　（イ） （複線図用）	★抵抗器 （ア）　（イ）（旧 JIS）	★電動機 （ア）　（イ） M　M （交流機）　（直流機）
★ナイフスイッチ （ア）　（イ） （3 極）	★コンデンサ （ア）　（イ）（旧 JIS） （電解コンデンサ）	★変圧器 （ア）　（イ）
★リミットスイッチ （ア）　（イ） （メーク接点）（ブレーク接点）	★電池または直流電源 （ア）　（イ）（旧 JIS） （3 極の場合）	★ベル （ア）　（イ） （複線図用）
★圧力スイッチ （ア）　（イ） P>　P> （メーク接点）（ブレーク接点）	★整流器 （ア）　（イ）（旧 JIS）	★ブザー （ア）　（イ） （複線図用）
★熱動過電流リレー （ブレーク接点）（ヒータ）	★ヒューズ （ア）　（イ）（旧 JIS）	★ランプ　〔例〕 RD：赤色 GN：緑色 BU：青色
★タイマ　〔例〕 （作動部）（限時動作接点）	★制御用電磁コイル （ア）　（イ）（旧 JIS）	★ヒータ〔例〕 （ア）　（イ） （三相）

第4章

シーケンス制御記号の読み方

A AUT AUX B C CL CO DE D EC EM F FW H HL ICH IL

4・1 シーケンス制御記号とは

シーケンス制御系を表示するシーケンス図には，構成する機器とその動作を示すために，電気用図記号が用いられるが，さらに，これに文字記号を併記して，シーケンス動作をより理解しやすくする。その文字記号としては，英語名からとったアルファベットを組み合わせて，機器および機能を表示する**シーケンス制御記号**（英文字記号）と 1 ～ 99 の数字を主体とした**制御器具番号**（数字記号）とがある。

シーケンス制御記号は，一般産業用シーケンス制御系の機能および機器，装置の記号として，また，制御器具番号（第 5 章参照）は，電力用設備の器具記号として従来から用いられている。しかし，ビル・工場内電気設備などでは，必ずしも，一概に電力用と一般産業用とを明確に区別できにくい場合があるので，ともにその読み方を十分に理解しておく必要がある。

4・2 シーケンス制御記号の構成のしかた

シーケンス制御記号としては，日本電機工業会規格 JEM1115（配電盤・制御盤・制御装置の用語および文字記号）がある。

JEM1115 による文字記号には，機器，装置を表す機器記号と，その果たす機能を表示する機能記号の 2 種類がある。図 4.1 の例に示すように，文字記号は，**機能記号－機器記号**の順序に書き，その間に －（ハイフン）を入れることを原則としている。しかし，シーケンス図などの中で，図記号とともに用いる場合など，機器種別が明らかなときは，機器記号を省略してもよいことになっている。

そこで，シーケンス制御記号を用いて，電動機の正逆転制御のシーケンス図を表したのが，図 4.2 である。

なお，この電動機の正逆転制御の動作については，10･3節に詳しく説明してある。

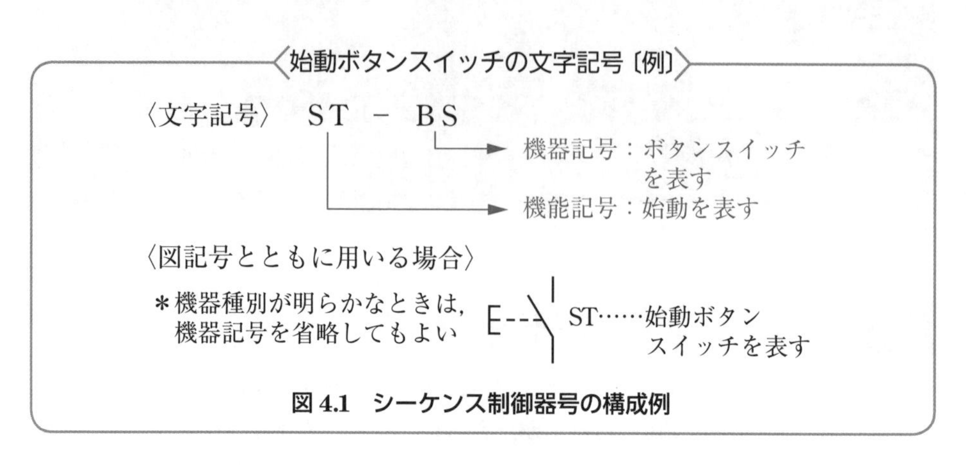

図 4.1　シーケンス制御器号の構成例

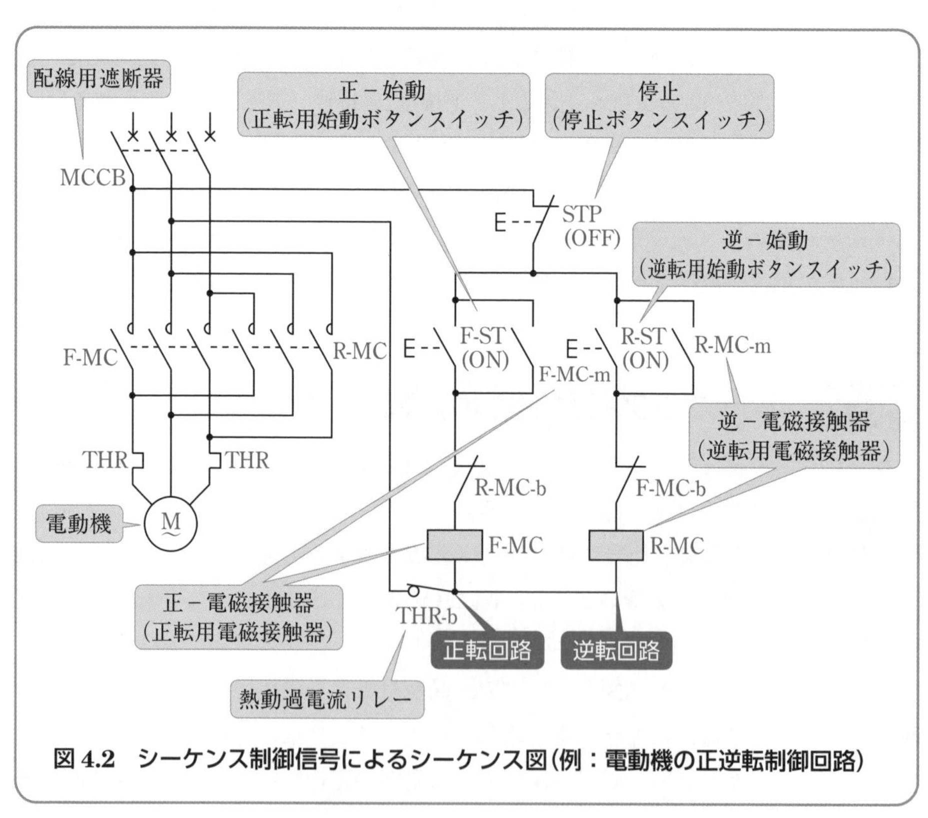

図 4.2　シーケンス制御信号によるシーケンス図（例：電動機の正逆転制御回路）

4・3　機能を表す文字記号

シーケンス制御記号としての文字記号は，英語名の頭文字を大文字で列記するのを原則としているが，他と混同しやすい場合には，英語名の第2，第3文字まで用いるようにしている。表4.1に，おもな機能を表す文字記号を示す。

表4.1　おもな機能を表す文字記号

用語	文字記号	英語名	用語	文字記号	英語名
加　速	ACC	Accelerating	インタロック	IL	Inter-Locking
自　動	AUT	Automatic	増	INC	Increase
補　助	AUX	Auxiliary	瞬　時	INS	Instant
制　動	B	Braking	左	L	Left
後	BW	Back ward	低	L	Low
制　御	C	Control	手　動	MAN	Manual
閉	CL	Close	開路（切）	OFF	Off
切　換	CO	Change-Over	閉路（入）	ON	On
減　速	DE	Decelerating	開	OP	Open
下　降	D	Down	逆	R	Reverse
減	DEC	Decrease	右	R	Right
非　常	EM	Emergency	運　転	RUN	Run
正	F	Forward	復　帰	RST	Reset
前	FW	Forward	始　動	ST	Start
高	H	High	停　止	STP	Stop
保　持	HL	Holding	セット	SET	Set
寸　動	ICH	Inching	上　昇	U	Up

4・4　機器を表す文字記号

1　スイッチ類の文字記号

（JEM1115）

用　語	文字記号	英語名	機器の説明
スイッチ	S	Switch	電気回路の開閉または接続の変更を行う器具をいう。
制御スイッチ	CS	Control Switch	制御回路および操作回路の制御，インタロック，表示などに使用されるスイッチの総称をいう。
ナイフスイッチ	KS	Knife Switch	刃と刃受けとによって開閉を行うスイッチをいう。
ボタンスイッチ	BS	Button Switch	ボタンの操作によって開路または閉路される接触部を有する制御用操作スイッチをいい，ボタンの操作方法の違いによって押しボタンスイッチと引きボタンスイッチとに分けられる。
足踏スイッチ	FTS	Foot Switch	足の操作によって開路または閉路する接触部をもつスイッチをいう。
タンブラスイッチ	TS	Tumbler Switch	翻転形の操作部を有するスイッチをいう。
ロータリスイッチ	RS	Rotary Switch	回転操作によって，連動して開路または閉路する接触部をもつスイッチをいう。
切換スイッチ	COS	Change-Over Switch	二つ以上の回路の切換を行う制御スイッチをいう。
電流計 切換スイッチ	AS	Ammeter Change-Over Switch	三相回路の電流を１個の電流計で回路を切り換えて測定するスイッチをいう。
電圧計 切換スイッチ	VS	Voltmeter Change-Over Switch	三相回路の電圧を１個の電圧計で回路を切り換えて測定するスイッチをいう。
非常スイッチ	EMS	Emergency Switch	非常の場合に機器または装置を停止させるための制御用操作スイッチをいう。
リミットスイッチ	LS	Limit Switch	機器の運動行程中の定められた位置で動作する検出スイッチをいう。
フロートスイッチ	FLTS	Float Switch	液体の表面に設置したフロートにより液位の予定位置で動作する検出スイッチをいう。
近接スイッチ	PROS	Proximity Switch	物体が接近したことを無接触で検出するスイッチをいう。
レベルスイッチ	LVS	Level Switch	対象物の定められた位置を検出するスイッチをいう。

2 リレー類の文字記号

(JEM1115)

用　語	文字記号	英語名	機器の説明
継　電　器	R	Relay	あらかじめ規定した電気量または物理量に応動して，電気回路を制御する機能を有する機器をいう。
補助継電器	AXR	Auxiliary Relay	保護継電器や制御継電器などの補助として使用し，接点容量の増加，接点数の増加または限時を与えるなどを目的とする継電器をいう。
熱動継電器	THR	Thermal Relay	主要素が熱動形機構である継電器をいう。
限時継電器	TLR	Time-Lag Relay	予定の時限遅れをもって応動することを目的とし，特に誤差が小さくなるように考慮された継電器をいう。
時延継電器	TDR	Time-Delay Relay	予定の時限遅れをもって応動することを目的とし，誤差に対して特別の考慮をしていない継電器をいう。

3 開閉器類および遮断器類の文字記号

(JEM1115)

用　語	文字記号	英語名	機器の説明
断路器	DS	Disconnecting Switch	単に充電された電路の開閉をするために用いられるもので，負荷電流の開閉をたてまえとしない機器をいう。
ヒューズ	F	Fuse	回路に過電流，特に短絡電流が流れたとき，ヒューズエレメントが溶断することによって電流を遮断し，回路を開放する機器をいう。
電力ヒューズ	PF	Power Fuse	電力回路に使用されるヒューズをいう。
電磁接触器	MC	Electro Magnetic Contactor	電磁石の動作によって，負荷電路を頻繁に開閉する接続器をいう。
電磁開閉器	MS	Electro Magnetic Switch	過電流継電器を備えた電磁接触器の総称をいう。
油開閉器	OS	Oil Switch	電路の開閉を油中で行う開閉器をいう。
遮断器	CB	Circuit-Breaker	通常状態の電路のほか異常状態，特に短絡状態における電路をも開閉しうる機器をいう。
配線用遮断器	MCCB	Molded Case Circuit-Breaker	開閉機構，引きはずし装置などを絶縁物の容器内に一体に組み立てた気中遮断器をいう。
油遮断器	OCB	Oil Circuit-Breaker	電路の開閉を油中で行う遮断器をいう。

4 回転機類の文字記号

(JEM1115)

用　語	文字記号	英語名	機器の説明
発電機	G	Generator	機械動力を受けて電力を発生する回転機をいう。
電動機	M	Motor	電力を受けて機械動力を発生する回転機をいう。
誘導電動機	IM	Induction Motor	交流電力を受けて機械動力を発生し，定常状態において，あるすべりをもった速度で回転する交流電動機をいう。

5 計器類の文字記号

(JEM1115)

用　語	文字記号	英語名	用　語	文字記号	英語名
電流計	AM	Ammeter	温度計	THM	Thermometer
電圧計	VM	Voltmeter	圧力計	PG	Pressure Gauge
電力計	WM	Wattmeter	時間計	HM	Hour meter
力率計	PFM	Power-Factor meter	周波数計	FM	Frequency meter

6 その他の機器類の文字記号

(JEM1115)

用　語	文字記号	英語名	機器の説明
整流器	RF	Rectifier	交流を直流に変換する静止形変換器をいう。
ベル	BL	Bell	電磁石で振動する振動錘にりん（鈴）を打たせる音響器具をいう。
ブザー	BZ	Buzzer	電磁石で発音体を振動させる音響器具をいう。
電磁ブレーキ	MB	Electro Magnetic Brake	電磁力で操作される摩擦ブレーキをいう。
電磁クラッチ	MCL	Electro Magnetic Clutch	電磁力で操作されるクラッチをいう。
電磁弁	SV	Solenoid Valve	電磁石と弁機構とを組み合わせ，電磁石の動作によって，流体の通路を開閉する弁をいう。
電動弁	MOV	Motor Operated Valve	電動機によって開閉される弁をいう。
表示灯	SL	Signal Lamp Pilot Lamp Pilot Light	電灯の点灯または消灯により機器，回路などの状態を表示する器具をいう。 青色（Blue）：B，緑色（Green）：G 黄色（Yellow）：Y，赤色（Red）：R 白色（White）：W 〈参考〉JIS C0617 の表示 赤色：RD（Red）　緑色：GN（Green） 黄色：YE（Yellow）　青色：BU（Blue） 白色：WH（White）

第5章 制御器具番号の読み方

1 7 13 A
2 8 14 B
3 9 45 C
4 10 16 D
5 11 17 E
6 12 18 F

5･1 制御器具番号とその構成のしかた

制御器具番号とは，日本電機工業会規格 JEM 1090（制御器具番号）を基本とし，発電，送電，変電，配電，受電など，おもに電力用設備における電気系統の機器，装置およびそれらの機能を示す数字記号として用いられる番号で，その歴史も古く，かつ電力分野において利用範囲も広い。

制御器具番号は，基本番号，補助記号，および補助番号からなり，これらを適宜に組み合わせて用いる。

(**1**) **基本番号**　これは，表 5.1（5･2 節参照）に示すように，1 ～ 99 までの数字を使って，機器および装置の種類，用途，性質などの意味を表した記号である。このように，数字記号は対応する機器および装置の名称となんらの関係をもたないが，一種の専門用語として通用しているため，おもなものについては，これを記憶する必要がある。

(**2**) **補助記号**　これは，基本番号だけでは機器および装置の種類，用途，性質などを表すのに不十分なときに用いる。原則として，表 5.2（5･2 節参照）のように，電気用語の英文の頭文字をとったアルファベットで示す。

(**3**) **補助番号**　同一装置内で同一のものが 2 個以上あるときは，区別するため補助番号 1，2，3，……をつける。

(**4**) **構成のしかた**　制御器具番号は，基本番号，補助記号，補助番号からなり，図 5.1 の例のように構成するものとする。しかし，基本番号，補助記号，補助番号がすべて整っていなくてはならないというものではなく，必要に応じて基本番号だけ，あるいは基本番号と補助記号だけで構成してもよい。

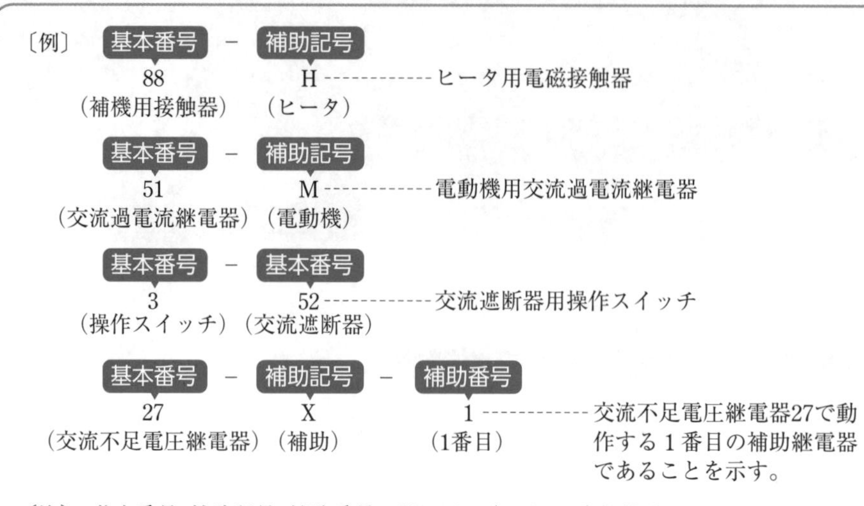

図 5.1 制御器具番号の構成例

(5) 基本番号の百位の付けかた 基本番号は, 1 ～ 99 まであるが, 特に, 号, 回線, 電圧階級別を示す必要がある場合には。基本番号に 100 および 100 の倍数を付して使用するものとする。図 5.2 に交流遮断器の例を示す。

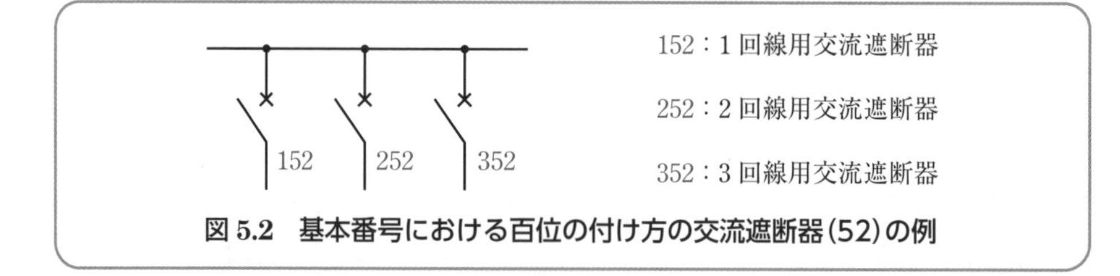

図 5.2 基本番号における百位の付け方の交流遮断器(52)の例

5・2 基本番号と補助記号

表 5.1 は, 制御器具番号を正しく適用するために, その基本番号に対する器具名称を示した表であり, 表 5.2 は基本番号に付記する補助記号と, その内容を示す。

表 5.1　制御器具番号の基本番号と器具名称

基本番号	器具名称	基本番号	器具名称
1	主幹制御器またはスイッチ	26	静止器温度スイッチまたは継電器
2	始動または閉路限時継電器	27	交流不足電圧継電器
3	操作スイッチ	28	警報装置
4	主制御回路用制御器または継電器	29	消火装置
5	停止スイッチまたは継電器	30	機器の状態または故障表示装置
6	始動遮断器，接触器，スイッチまたは継電器	31	界磁変更遮断器，スイッチ，接触器または継電器
7	調整スイッチ	32	直流逆流継電器
8	制御電源スイッチ	33	位置検出スイッチまたは装置
9	界磁転極スイッチ，接触器または継電器	34	電動順序制御器
10	順序スイッチまたはプログラム制御器	35	ブラシ操作装置またはスリップリング短絡装置
11	試験スイッチまたは継電器	36	極性継電器
12	過速度スイッチまたは継電器	37	不足電流継電器
13	同期速度スイッチまたは継電器	38	軸受温度スイッチまたは継電器
14	低速度スイッチまたは継電器	39	機械的異常監視装置または検出スイッチ
15	速度調整装置	40	界磁電流継電器または界極喪失継電器
16	表示線監視継電器	41	界磁遮断器，接触器またはスイッチ
17	表示線継電器	42	運転遮断器，接触器またはスイッチ
18	加速もしくは減速接触器または継電器	43	制御回路切換接触器，スイッチまたは継電器
19	始動，運転切換接触器，継電器	44	距離継電器
20	補機弁	45	直流過電圧継電器
21	主機弁	46	逆相または相不平衡電流継電器
22	漏電遮断器，接触器または継電器	47	欠相または逆相電圧継電器
23	温度調整装置または継電器	48	渋滞検出継電器
24	タップ切換装置	49	回転機温度継電器または過負荷継電器
25	同期検出装置	50	短絡選択継電器または地絡選択継電器

表 5.1　制御器具番号の基本番号と器具名称（つづき）

基本番号	器具名称	基本番号	器具名称
51	交流過電流継電器または 地絡過電流継電器	76	直流過電流継電器
52	交流遮断器または接触器	77	負荷調整装置
53	励磁継電器または励弧継電器	78	搬送保護位相比較継電器
54	高速度遮断器	79	交流再閉路継電器
55	自動力率調整器または力率継電器	80	直流不足電圧継電器
56	すべり検出器または脱調継電器	81	調速機駆動装置
57	自動電流調整器または電流継電器	82	直流再閉路継電器
58	（予備番号）	83	選択接触器，スイッチまたは継電器
59	交流過電圧継電器	84	電圧継電器
60	自動電圧平衡調整器または 電圧平衡継電器	85	信号継電器
61	自動電流平衡調整器または 電流平衡継電器	86	ロックアウト継電器
62	停止または開路限時継電器	87	差動継電器
63	圧力継電器またはスイッチ	88	補機用遮断器，継電器または接触器
64	地絡過電圧継電器	89	断路器または負荷開閉器
65	調速装置	90	自動電圧調整器または 自動電圧調整継電器
66	断続継電器	91	自動電力調整器または電力継電器
67	交流電力方向継電器または 地絡方向継電器	92	とびらまたはダンパ
68	混入検出器	93	（予備番号）
69	流量継電器またはスイッチ	94	引外し自由接触器または継電器
70	加減抵抗器	95	自動周波数調整器または周波数継電器
71	整流素子故障検出装置	96	静止器内部故障検出装置
72	直流遮断器または接触器	97	ランナ
73	短絡用遮断器または接触器	98	連結装置
74	調整弁	99	自動記録装置
75	制動装置	—	—

表 5.2　制御器具番号の補助記号とその内容

記号	内　容	記号	内　容
A	交流，自動，空気，陽極，増幅，電流，アクチュエータ	N	窒素，中性，負極，ノズル
B	断線，側路，平衡，ベル，母線，制動，軸受，ベルト，電池	O	外部，オーム素子，開
C	共通，冷却，搬送，操作，調和機，閉，投入コイル，クラッチ，コンデンサ，補償器，制御	P	一次，正極，電力，圧力，プログラム，位置，ポンプ，電圧変成器
D	直流，放出，差動，劣化，デフレクタ，吸出管，調定率（垂下率），ダイヤル	R	復帰，上げ，調整，遠方，受電，受信，室内，抵抗，回転子，逆，リアクトル
E	非常，励磁，励弧	S	同期，短絡，二次，速度，送信，副，集油槽，同期機，固定子，ソレノイド，ストレーナ
F	火災，フロート，ヒューズ，フリッカ，故障，フィーダ，周波数，ファン，故障点標定器	T	温度，限時，転送，変圧器，放水路，引はずし，タービン
G	重力，地絡，格子，ガス，案内羽根，グリース，発電機	U	使用
H	所内，高周波，高，電熱，保持	V	電圧，真空，電子管，弁
I	内部，点弧	W	水，井戸
J	結合，ジェット	X	補助
K	陰極，三次側，ケーシング	Y	補助
L	漏れ，下げ，鎖錠，線路，負荷，底，ランプ	Z	ブザー，インピーダンス，補助
M	計器，動力，モー，マイクロ波，主，電動機	Φ	相

第6章 シーケンス図の表し方

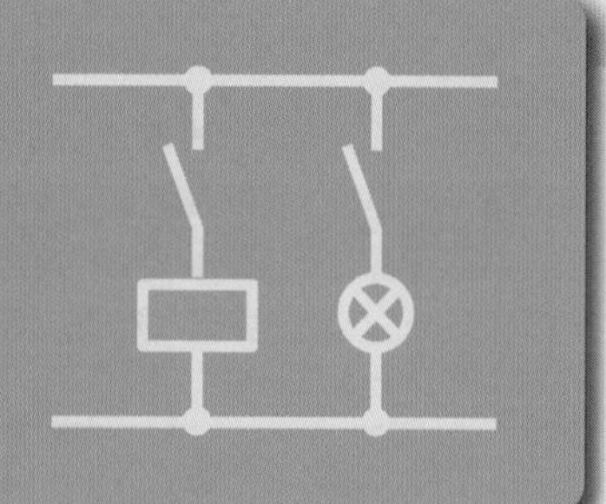

6・1 シーケンス図の表し方の基本

シーケンス図は，制御装置およびこれに関連する機器・器具の動作・機能を中心に展開して示した接続図であるから，その表現方法は，通常の接続図と大いに異なる。そこで，その表し方の基本を次に示す。

基本事項

❶ 制御電源母線は，図の上下に横線で示すか，または左右に縦線で示す。

❷ 制御機器を結ぶ接続線は，上下の制御電源母線の間に，まっすぐな縦線で示すか，または左右の制御電源母線の間に，まっすぐな横線で示す。

❸ 接続線は，実際の機器・器具の配置に関係なく，上から下へまたは左から右へ，その動作の順序に従って並べて書く。

❹ 接続線に接続される機器・器具は，電気用図記号を用いて表示し，すべて電源を切り離した休止状態で示す。

❺ 機器・器具は，それらの機械的構造や関連を省略して，別個のコイル，接点などの図記号に分離して示し，分離した各部分には，その制御機器名を示すシーケンス制御記号（文字記号）または制御器具番号（数字記号）を添記して，所属，関連を明らかにする。

6・2 シーケンス図における機器の表し方

1 開閉接点を有する機器の図記号

図 6.1(a) に示すような電磁リレーや，電磁接触器，タイマなど開閉接点を有する機器の図記号は，その機器の構造部分を省略して，図 6.1(b) のように単独の接点および電磁コイルの図記号で表し，各々の接続線に分離して示す。

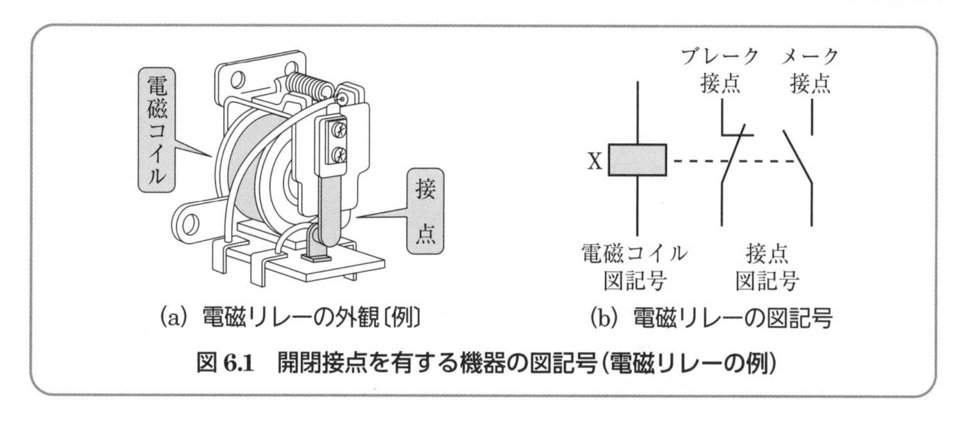

(a) 電磁リレーの外観〔例〕　(b) 電磁リレーの図記号

図 6.1 開閉接点を有する機器の図記号（電磁リレーの例）

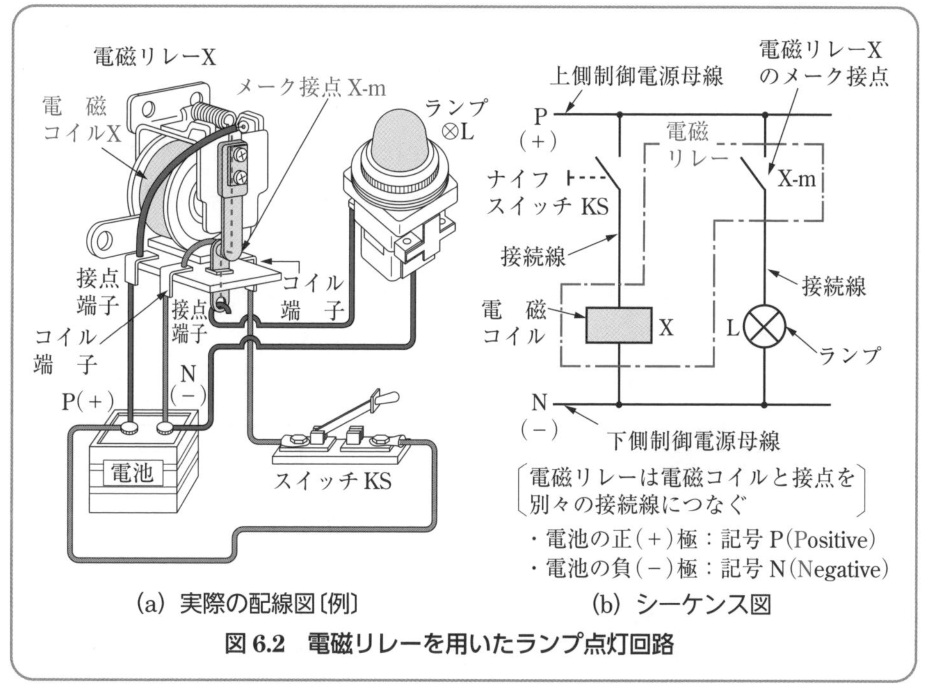

(a) 実際の配線図〔例〕　(b) シーケンス図

図 6.2 電磁リレーを用いたランプ点灯回路

各々の接続線に分離した接点，コイルには，その機器名を示すシーケンス制御記号（4·4 節参照）または制御器具番号（5·2 節参照）を添記してその関連を示す。

たとえば，図 6.2(a) のように，電磁リレー X によってランプ L を点滅する制御回路を，シーケンス図で示すには図 6.2(b) のように，電磁リレー X の電磁コイル X と接点 X-m とを別々の接続線に分離して制御電源母線に接続する。

2 シーケンス図における機器の状態

シーケンス図における開閉接点を有する機器・器具の図記号は，次に示すように機器・器具および電気回路が休止状態で，しかもすべての電気的エネルギー，機械的エネルギーを切り離した状態を示す。

❶ 電磁リレー，電磁接触器など，その接点部が電気エネルギーによって駆動される機器は，電源をすべて切り離した状態で示す。

❷ ボタンスイッチなど，手動操作の器具は手を離した状態で示す。

❸ 手動復帰の熱動過電流リレーなど復帰を要する機器は，復帰した状態で示す。

用語 **手動復帰**とは，人が直接操作して動作以前の状態にもどすことをいう

❹ 複数の状態を人為的に選択できる器具では，通常あるべき状態で示す。たとえば，“常用－予備切換開閉器”では，常用側の状態で示す。

一般に，シーケンス図において，特にその示す状態を指定していないときは，図6.3のように電源が接続されているように書かれている場合でも，開閉接点の図記号は休止状態とし，メーク接点は“**開いている**”ように，ブレーク接点は“**閉じている**”ように示す。

また，動作の過程を説明する場合は，どのような動作の状態を示すものかをその図面に明記するとよい。

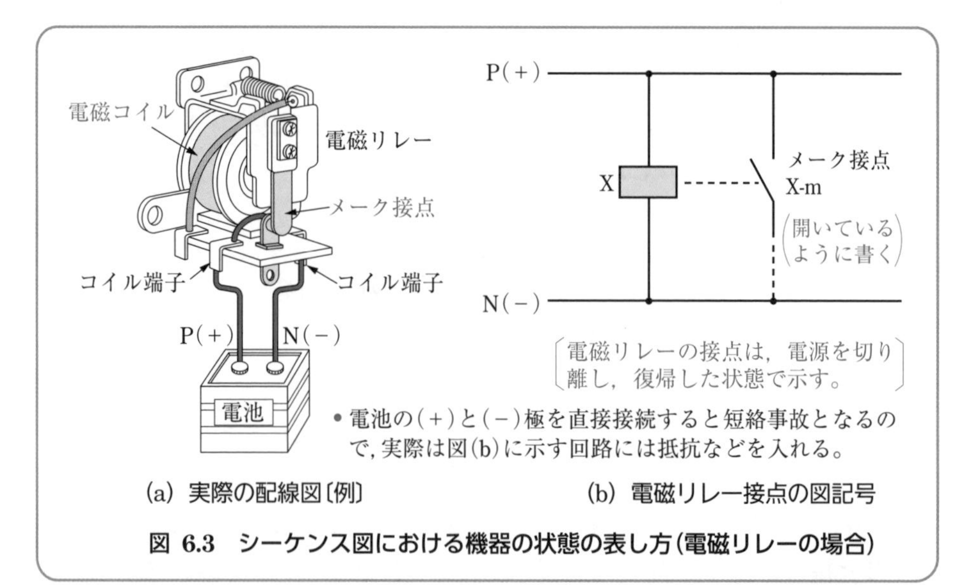

(a) 実際の配線図〔例〕　(b) 電磁リレー接点の図記号

図 6.3　シーケンス図における機器の状態の表し方（電磁リレーの場合）

6・3　シーケンス図の縦書きと横書き

シーケンス図には，その接続線および母線の方向（母線基準）あるいは制御動作信号の流れ方向（信号の流れ基準）などによって，それぞれ**縦書き**と**横書き**とがある。信号の流れ基準では，シーケンス図に記載されている要素およびこれを結ぶ接続線内の信号，またはエネルギーの流れの方向を基準とする。母線基準では，制御電源母線が縦書きか，横書きかを基準とする。したがって，信号の流れ基準と母線基準では，縦書き，横書きが逆になるので，注意を要する。

本書では，シーケンス図を信号の流れ基準により示す。

1　縦書きシーケンス図の表し方

信号の流れ基準による縦書きシーケンス図とは，接続線内の信号またはエネルギーの大部分の流れが，上下方向に縦に図示されたものをいう。

❶ 制御電源母線は，上下２本あるいは数本の横線で示す。

❷ 接続線は，動作の順序に左から右に並べて書き，制御電源母線の間に縦線で示す。

図 6.4 は，三相ヒータの自動定時始動・定時停止制御のシーケンス図を信号の流

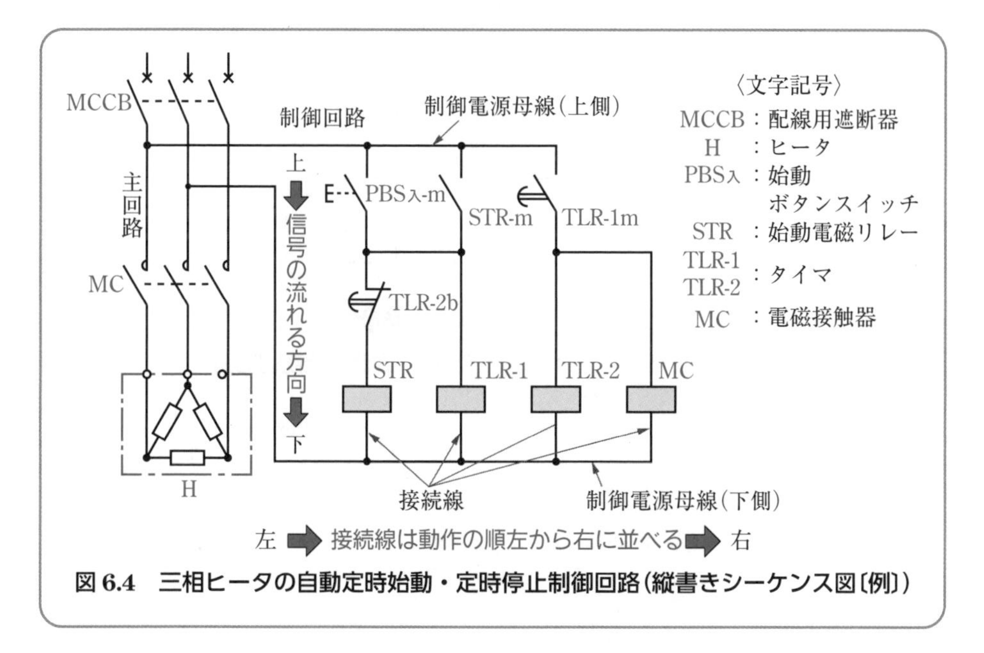

図 6.4　三相ヒータの自動定時始動・定時停止制御回路（縦書きシーケンス図〔例〕）

れ基準による縦書きによって図示したものである。なお，この動作順序については，21·1節に説明してある。

2 横書きシーケンス図の表し方

信号の流れ基準による横書きシーケンス図とは，接続線内の信号またはエネルギーの大部分の流れが，左右方向に横に図示されたものをいう。

❶ 制御電源母線は，左右2本あるいは数本の縦線で示す。

❷ 接続線は，動作の順序に上から下に並べて書き，制御電源母線の間に横線で示す。

図6.5は，図6.4と同じ三相ヒータの自動定時始動・定時停止制御（第21章参照）のシーケンス図を信号の流れ基準による横書きで図示したものである。

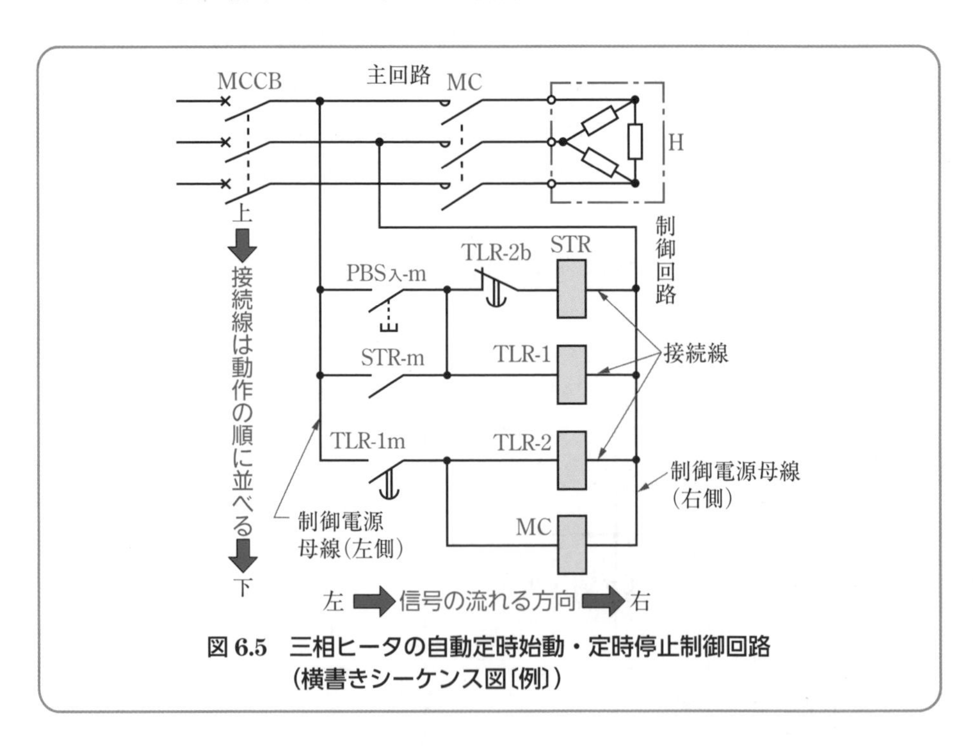

図6.5 三相ヒータの自動定時始動・定時停止制御回路（横書きシーケンス図〔例〕）

6・4 シーケンス図における接続線の書き方

図 6.6 は，シーケンス図における接続線および接続線内の機器の配列の例として，交流制御電源母線と直流制御電源母線がある場合を示した図である。

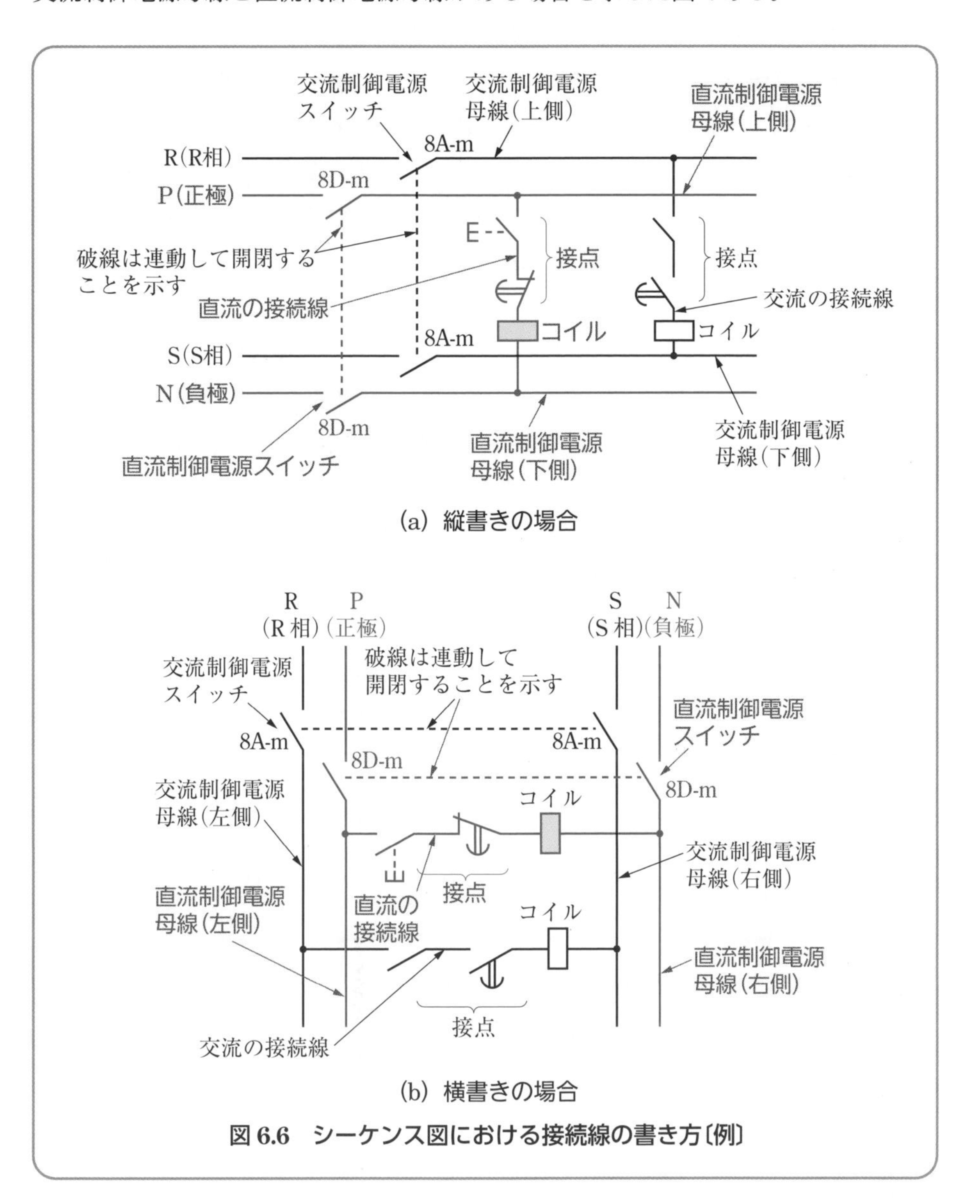

図 6.6 シーケンス図における接続線の書き方〔例〕

シーケンス図における接続線の書き方については，次のことがらを考慮しなければならない。

(1) 制御電源母線用の開閉器　制御電源母線の開閉器（器具番号 8A，8D）は，図 6.6（a）のように信号の流れ基準の縦書きでは母線の左側に書き，また横書きでは図（b）のように上側にまとめて書く。

(2) 接続線の書き方　信号の流れ基準の接続線は制御電源母線の間を極力まっすぐな縦線または横線とし，図 6.6（a）または（b）のように書く。

(3) 接点の位置　接続線内において，切換スイッチ，操作スイッチ，電磁リレーなどの接点（図記号）を書く位置は，信号の流れ基準の縦書きの場合は上側（図 6.6（a）参照），また，横書きの場合は左側（図（b）参照）の制御電源母線につながるようにする。

(4) コイルの位置　接続線内において，電磁リレー，電磁接触器の電磁コイル，およびタイマの作動部を電磁コイルの図記号で書く位置は，信号の流れ基準の縦書きの場合は図 6.6（a）のように下側，横書きの場合は図（b）のように右側の制御電源母線に直接つながるようにする。

(5) リレーの異極配線　リレー類の接点および電磁コイルは，図 6.7 のように各接続線において，それぞれ異なる極に接続せず，図 6.8 のように接点は上側，電磁コイルは下側の制御電源母線に配線する。

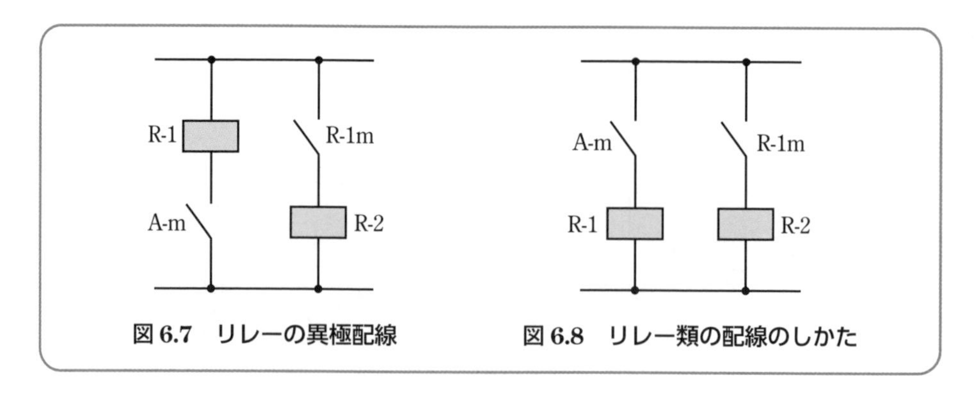

図 6.7　リレーの異極配線　　**図 6.8　リレー類の配線のしかた**

第7章 無接点リレーと論理回路の読み方

7・1 無接点リレーの動作のしかた

1 無接点リレーとは

ダイオード，トランジスタ，サイリスタなどを用いて，基本的な制御回路の機能をもたせた素子を**半導体論理素子**という。この半導体論理素子のように，接点や可動部分のない論理素子を，接点式の電磁リレーなどの**有接点リレー**に対して**無接点リレー**という。

2 ダイオードの動作

ダイオードとは，p 形半導体と n 形半導体を接合（pn 接合という）した半導体で，図 7.1 のように，順方向の電圧を加えると電流が流れるが，逆方向の電圧に対しては，電流がほとんど流れない。すなわち，整流作用を有する。

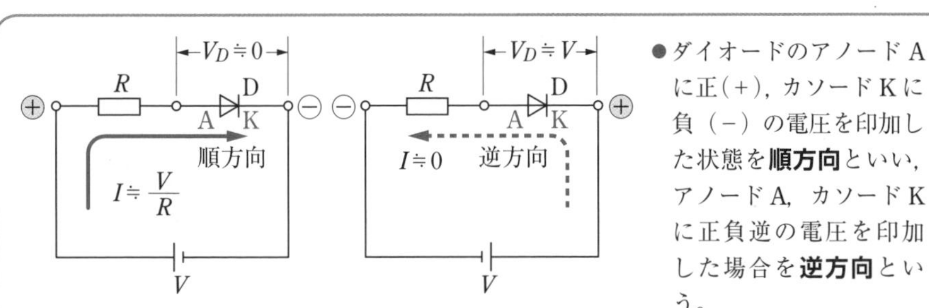

(a) 順方向に電圧を加える　(b) 逆方向に電圧を加える

図 7.1　ダイオードの動作

●ダイオードのアノード A に正（+），カソード K に負（−）の電圧を印加した状態を**順方向**といい，アノード A，カソード K に正負逆の電圧を印加した場合を**逆方向**という。

3 トランジスタの動作

トランジスタとは，図 7.2 (a) に示すように，pn 接合にさらに n 形半導体をつけて，二つの接合面をもたせ，npn 接合（pn 接合に p 形半導体をつけて，pnp 接

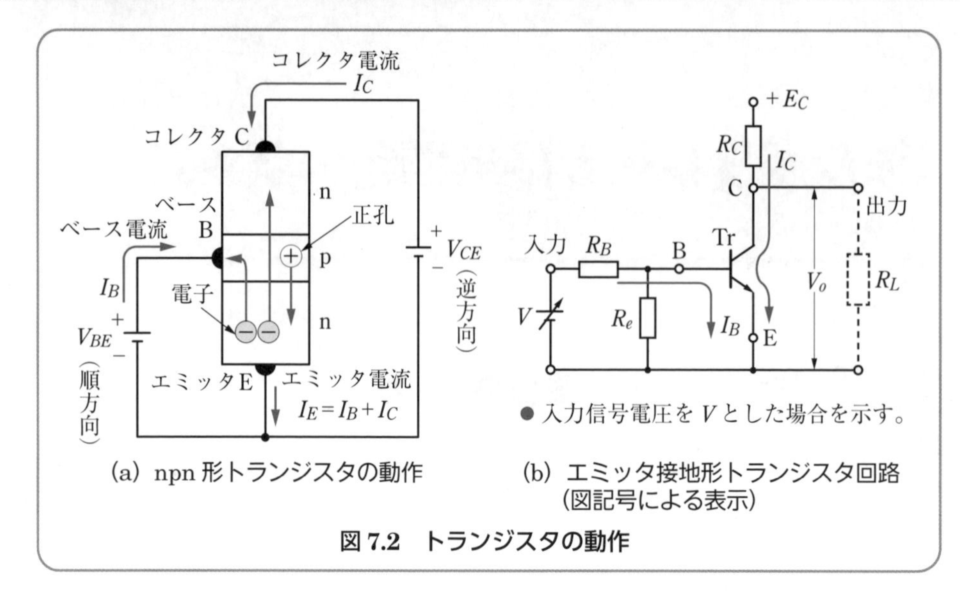

(a) npn形トランジスタの動作

(b) エミッタ接地形トランジスタ回路（図記号による表示）

図7.2　トランジスタの動作

合としたのもある）とした半導体で，それぞれの半導体部から電極を出し，コレクタC，ベースB，エミッタEとする。

(**a**) 図7.2 (b) において，入力信号電圧Vを0〔V〕にすると，ベース電流I_Bが流れないため，コレクタ電流I_Cも流れない。したがって，コレクタ‐エミッタ間は高抵抗を示し，遮断（OFF）状態となり，出力端子の電圧V_oは，コレクタ電圧E_Cをコレクタ抵抗R_Cと負荷R_Lによって分圧され次式のようになる。

$$V_o = E_C \times \frac{R_L}{R_C + R_L}$$

(**b**) 図7.2 (b) のように，入力信号電圧Vとして，ベースに正の電圧を加えると，ベース電流I_Bが流れるためコネクタ電流I_Cも流れる。したがって，コレクタ‐エミッタ間は低抵抗を示し，導通（ON）状態となり，出力端子の電圧V_oはほとんど零になる。

(**c**) このように，トランジスタはベースに入力信号として電圧を加えるか，加えないかによって，コレクタ電流，つまり出力電圧を“ON”“OFF”することができる。これがトランジスタのスイッチング素子としての基本動作であり，あとで述べる“**論理否定**”（7.6節**3**参照）の機能である。

7・2　無接点リレーの論理図記号と文字記号

(a) 本書では，論理図記号は，一般にMIL論理図記号として親しまれているANSI規格（ANSI Y32. 14）で表示する（表7.1）。

表7.1　無接点リレーのおもな論理図記号（MIL論理図記号）と文字記号〔例〕

用　語	文字記号	論理図記号	用　語	文字記号	論理図記号
論理積	AND		論理積否定	NAND	
論理和	OR		論理和否定	NOR	
論理否定	NOT		動作時遅延	TDE	

(b) 無接点リレーの入出力を明確にする必要があるときは，表7.2の文字記号が用いられる。

表7.2　無接点リレーのおもな入出力文字記号

用　語	文字記号	用　語	文字記号
ノルマル入力	X	ノルマル出力	A
インバース入力	Y	インバース出力	B
補　助　入　力	Z	中　間　入　出　力	F

7・3　論理回路における論理信号「1」「0」記号

無接点リレーの基本的な論理回路としては，論理積（AND）回路，論理和（OR）回路，論理否定（NOT）回路などがあり，これらの機能は電磁リレーなどの有接点回路においてもまったく同じである。

有接点リレーを用いた制御回路でも，あるいは無接点リレーの制御回路でも，制御信号を伝達する基本信号としては，

接点の閉路（ON）　　　　**接点の開路（OFF）**

トランジスタの導通（ON）　　**トランジスタの遮断（OFF）**

などの二つの状態をもとにしている。この二つの状態を表示する記号として，

「1」　　　　　　　　「0」

を用い，これを**論理信号**という。この論理信号は，論理回路の動作の説明に用いられる。

そこで，リレー接点の開閉状態を論理信号で示すと，次のようになる。

A＝1：リレー接点のAが閉じているときは「1」で表す。

A＝0：リレー接点のAが開いているときは「0」で表す。

この「1」と「0」は，二つの異なる状態を表す論理信号であって，ふつうの代数でいう数字の1，0とは意味が異なるものである。

7・4　論理積（AND）回路

1　論理積回路とは

論理積回路とは，入力信号 X_1, X_2 があるとき，X_1 **および** X_2 が両方とも「1」（閉）のとき，出力Aは「1」になる回路をいう。この“**および**（英語：AND）”という条件で，電磁リレーAが動作することから**AND**（アンド）**回路**ともいう。

このような論理積を

$$A = X_1 \cdot X_2$$

で表し，論理積の**論理式**という。　〔**注**〕上式で，“・”印を**論理積の記号**という。

2　有接点リレーによる論理積回路

図7.3のように，電磁リレー X_1 と X_2 のメーク接点 X_1-m と X_2-m を直列に接続した回路が論理積回路である。図7.4は，有接点リレーによる論理積回路の動作例を示した図である。

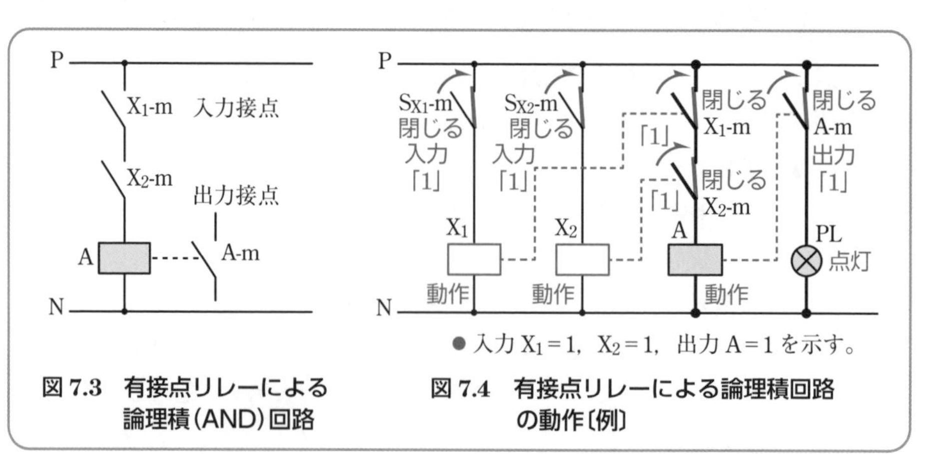

図7.3　有接点リレーによる論理積（AND）回路

図7.4　有接点リレーによる論理積回路の動作〔例〕

図 7.4 の動作説明

❶ 入力信号として，スイッチ S_{X1} と S_{X2} のメーク接点 S_{X1}-m と S_{X2}-m が両方閉じて，電磁リレー X_1 と X_2 が動作すると，メーク接点 X_1-m と X_2-m が両方閉じ，電磁コイル A に電流が流れ，電磁リレー A が動作し，出力信号のメーク接点 A-m が閉じるので，ランプ PL が点灯する。

- 図 7.4 において，入力 $X_1=1$ および $X_2=1$ のとき，出力 $A=1$ となる。

❷ 入力信号として，スイッチ S_{X1} と S_{X2} のメーク接点 S_{X1}-m と S_{X2}-m のどちらか一つ（または両方とも）が開くと，電磁リレー X_1 または X_2 が復帰して，メーク接点 X_1-m または X_2-m が開くので，電磁リレー A は復帰して，出力信号のメーク接点 A-m が開くことから，ランプ PL が消える。

- 図 7.4 において，入力 $X_1=0$ または $X_2=0$ のとき（または X_1，X_2 の両方とも 0 のとき），出力 $A=0$ となる。

3 無接点リレーによる論理積回路

図 7.5 は，ダイオードによる論理積回路の一例を示す図であり，図 7.6 は，ダイオードによる論理積回路の動作例を示した図である。

次に，この動作について説明しよう。

図 7.6 の動作説明

❶ 入力信号として，切換スイッチ S_{X1} と S_{X2} を両方（1）側に入れると，ランプ PL は点灯する。

- 図 7.6 において，端子 X_1 および X_2 に加わる電圧は，ダイオード D_{X1} と

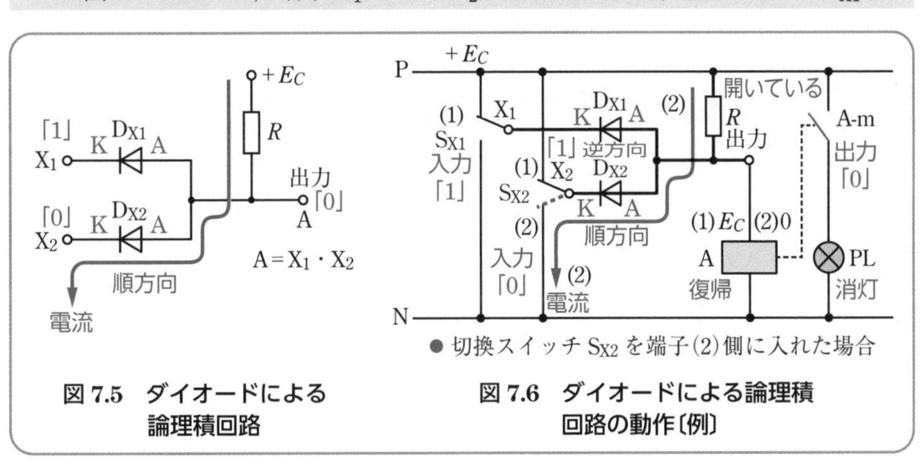

図 7.5　ダイオードによる論理積回路

図 7.6　ダイオードによる論理積回路の動作〔例〕

D_{X2}には逆方向となるため電流が流れない。したがって，抵抗Rの電圧降下がなく出力端子にはE_Cの電圧があらわれるので，電磁リレーAを接続すると動作し，出力信号のメーク接点A-mが閉じ，ランプPLは点灯する。

❷ 入力信号として，切換スイッチS_{X1}とS_{X2}のうち，どちらか一つを（2）側に入れると，ランプPLは消灯する。

● 図7.6において，スイッチS_{X2}を（2）側に入れるとX_2の端子の電圧が零となるので，ダイオードD_{X2}には順方向の電圧が加わるため実線で示すように電流が流れる。したがって，抵抗Rの電圧降下により出力端子の電圧は零になるので，電磁リレーAを接続してもコイルAに電流が流れず復帰状態で，出力信号のメーク接点A-mが開くことから，ランプPLは消灯する。

4 論理積回路の動作表と図記号

表7.3は，論理積回路の入力信号と出力信号の関係を示した表で，このような表を**動作表**または**真理値表**という。この動作表から，入力接点X_1，X_2が両方とも「1」（閉）のときだけ，出力接点Aが「1」（閉）となることがわかる。表の右に論理積の図記号を示す。

表7.3　論理積回路の動作表と図記号

入力		出力	論理積の図記号〔例〕
X_1	X_2	A	
0	0	0	X_1, X_2 → A
1	0	0	
0	1	0	
1	1	1	

7・5 論理和（OR）回路

1 論理和回路とは

論理和回路とは，入力信号X_1, X_2において，X_1**または**X_2のどちらかが「1」（閉）のとき，出力Aが「1」になる回路をいう。この“**または**（英語：OR）”という条件で，電磁リレーAが動作することから**OR**（オア）**回路**ともいう。

このような論理和を

$$A = X_1 + X_2$$

で表し，論理和の論理式という。〔注〕上式で，“＋”印を**論理和の記号**という。

2 有接点リレーによる論理和回路

図 7.7 のように，電磁リレー X_1 と X_2 のメーク接点 X_1-m と X_2-m を並列に接続した回路が論理和回路である。図 7.8 は，有接点リレーによる論理和回路の動作例を示した図である。

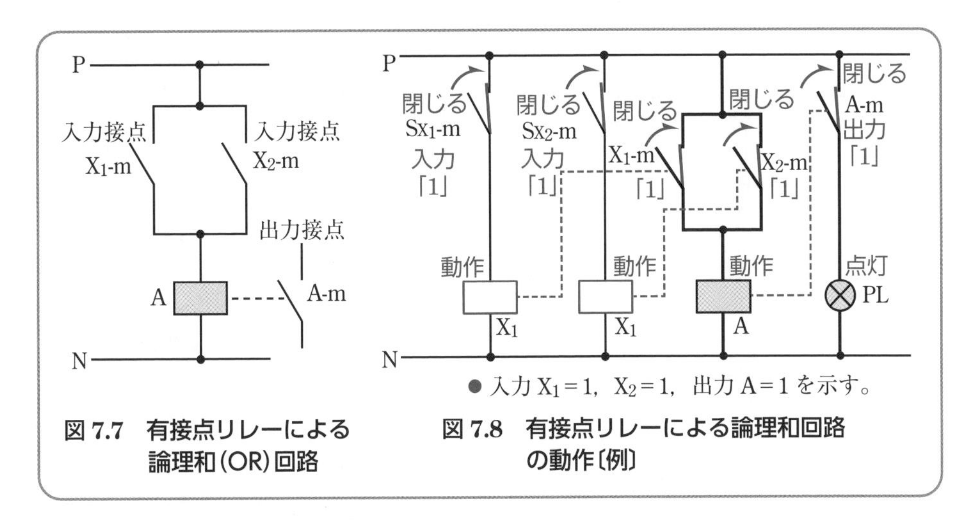

図 7.7 有接点リレーによる論理和（OR）回路

図 7.8 有接点リレーによる論理和回路の動作〔例〕

図 7.8 の動作説明

❶ 入力信号として，スイッチ S_{X1} と S_{X2} のメーク接点 S_{X1}-m，S_{X2}-m のうち，どれか一つ（または両方とも）閉じると，電磁リレー X_1 または X_2 が動作して，メーク接点 X_1-m または X_2-m が閉じて，電磁リレー A を動作させ，出力信号のメーク接点 A-m が閉じるので，ランプ PL は点灯する。

●図 7.8 において，入力 $X_1 = 1$ または $X_2 = 1$ のとき（ならびに X_1，X_2 が両方とも 1 のとき），出力 A = 1 となる。

❷ 入力信号として，スイッチ S_{X1} と S_{X2} のメーク接点 S_{X1}-m，S_{X2}-m が両方とも開くと，電磁リレー X_1 と X_2 が復帰して，メーク接点 X_1-m と X_2-m が両方開くので，電磁リレー A は動作せず，出力信号のメーク接点 A-m は開いていることから，ランプ PL は消灯する。

●図 7.8 において，入力 $X_1 = 0$ および $X_2 = 0$ のとき，出力 A = 0 となる。

3 無接点リレーによる論理和回路

図 7.9 は，ダイオードによる論理和回路の一例を示した図であり，図 7.10 は，ダイオードによる論理和回路の動作例を示した図である。

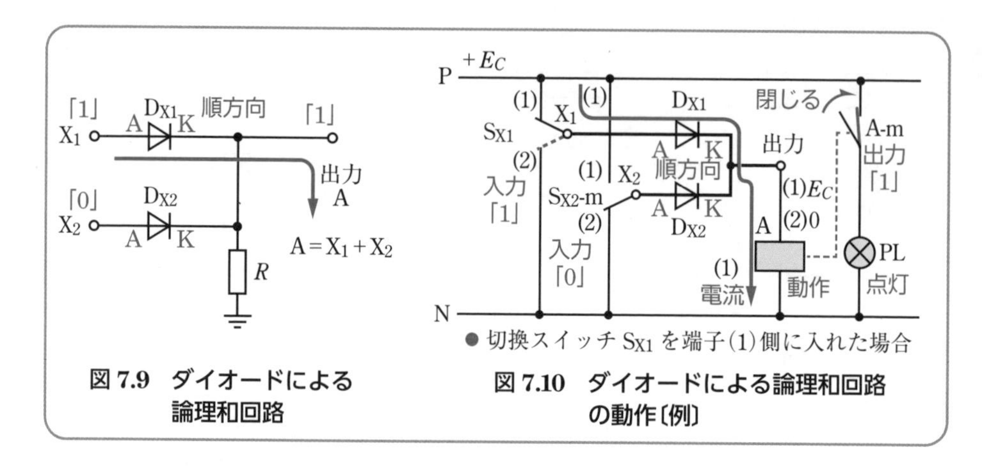

図 7.9 ダイオードによる論理和回路

図 7.10 ダイオードによる論理和回路の動作〔例〕

図 7.10 の動作説明

❶ 入力信号として，切換スイッチ S_{X1} と S_{X2} のうち，どちらか一つを（1）側に入れると，ランプ PL は点灯する。

- 図 7.10 において，切換スイッチ S_{X1} を（1）側に入れると，端子 X_1 に加わる電圧は，ダイオード D_{X1} が順方向となるので，D_{X1} は導通となり出力端子に電圧 E_C があらわれることから，出力端子に電磁リレー A を接続すると電磁コイル A に電流が流れ，電磁リレー A を動作させるので，出力信号のメーク接点 A-m が閉じ，ランプ PL は点灯する。

❷ 入力信号として，切換スイッチ S_{X1} と S_{X2} を両方とも（2）側に入れると，ランプ PL は消灯する。

- 図 7.10 において，切換スイッチ S_{X1} と S_{X2} を両方（2）側に入れると，端子 X_1 と X_2 に電圧が加わらないので，出力端子に電磁リレー A を接続しても電磁コイル A に電流が流れず，電磁リレー A は復帰状態で，出力信号のメーク接点 A-m が開いていることから，ランプ PL は消灯する。

4 論理和回路の動作表と図記号

表7.4は，論理和回路の動作表である。入力接点 X_1 と X_2 の両方が「0」(開)のときだけ，出力接点Aが「0」(開)となる。表の右に論理和の図記号を示す。

表7.4　論理和回路の動作表と図記号

入力		出力	論理和の図記号〔例〕
X_1	X_2	A	
0	0	0	
1	0	1	
0	1	1	
1	1	1	

7・6 論理否定(NOT)回路

1 論理否定回路とは

論理否定回路とは，入力信号が「1」の場合，出力信号は「0」になり，逆に入力信号が「0」の場合，出力信号は「1」になる回路をいう。

これは，入力に対して出力が否定(英語：NOT)されたかたちになるので，**NOT**(ノット)**回路**ともいう。

このような論理否定を

$$A = \overline{X}$$

で表し，論理否定の論理式という。

〔注〕上式で，$\overline{X}$ はエックス・バーと読み，Xの上に付いている"—"印は，Xという条件を否定する意味をもつもので**論理否定の記号**という。

2 有接点リレーによる論理否定回路

図7.11のように，入力接点Xを電磁リレーXのメーク接点X-mとし，電磁リレーAの出力接点をブレーク接点A-bとした回路が論理否定回路である。図7.12は，有接点リレーによる論理否定回路の動作例を示した図である。

図7.12の動作説明

❶ 入力信号として，スイッチ S_X のメーク接点 S_X-m を閉じると，電磁リレーXが動作し，メーク接点X-mが閉じ，電磁リレーAを動作させ，出力信号のブレーク接点A-bが開くので，ランプPLは消灯する。

- 図7.12において，入力X＝1（メーク接点　閉）のとき，出力A＝0（ブレーク接点　開）となる。

❷ 入力信号として，スイッチS_Xのメーク接点S_X-mを開くと，電磁リレーXが復帰し，メーク接点X-mが開き，電磁リレーAを復帰させ，出力信号のブレーク接点A-bが閉じるので，ランプPLは点灯する。

- 図7.12において，入力X＝0（メーク接点　開）のとき，出力A＝1（ブレーク接点　閉）となる。

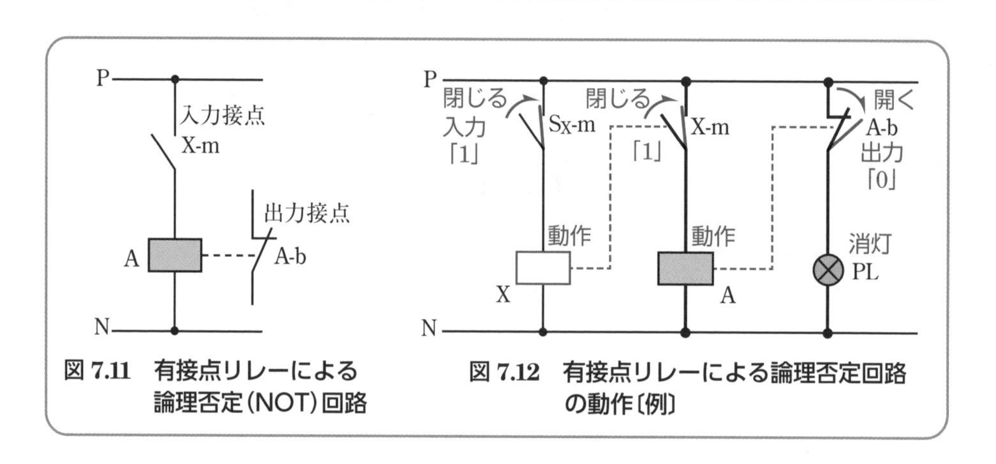

図7.11　有接点リレーによる論理否定(NOT)回路

図7.12　有接点リレーによる論理否定回路の動作〔例〕

3 無接点リレーによる論理否定回路

図7.2（52頁参照）のトランジスタのスイッチング動作は論理否定の機能を有する。また，図7.13は，トランジスタによる論理否定回路の動作例を示した図である。

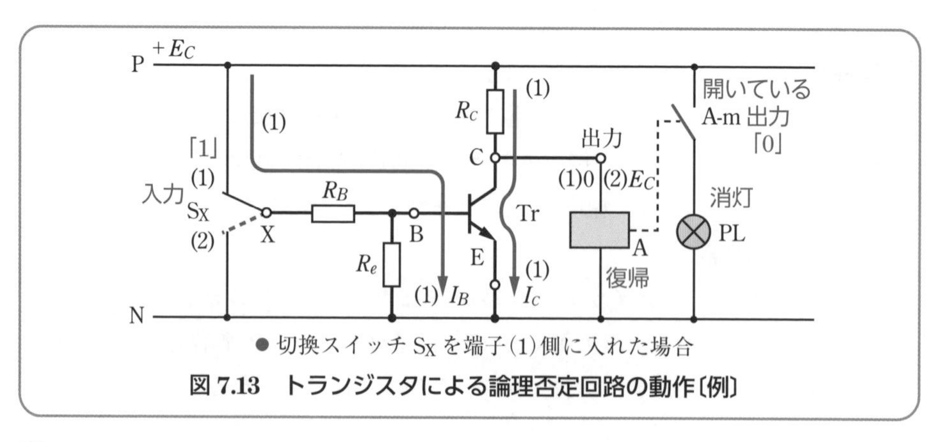

図7.13　トランジスタによる論理否定回路の動作〔例〕

図 7.13 の動作説明

(a) 入力信号として，切換スイッチ S_X を（1）側に入れると，ランプ PL は消灯する。

❶ 切換スイッチ S_X を(1)側に入れると，端子 X には，正の電圧 $+E_C$ が加わるので電流は R_B，R_e を通って流れ，R_e の両端の電圧がトランジスタ Tr の順バイアスとなり，トランジスタ Tr にベース I_B が流れ，それにより，コレクタ電流 I_C が流れる。

用語 **バイアス**とは，トランジスタにおいて，あらかじめ動作基点を決めておくため，与えておく電流または電圧をいう

❷ コレクタ電流 I_C によって，電圧 E_C は抵抗 R_C の電圧降下として，抵抗 R_C の両端にかかり，そのため出力端子の電圧は零となる。

❸ 出力端子の電圧が零のため，出力端子に電磁リレー A を接続しても電磁コイル A に電流が流れず，電磁リレー A は動作しないので，出力信号のメーク接点 A-m が開いていることから，ランプ PL は消灯している。

(b) 入力信号として，切換スイッチ S_X を（2）側に入れると，ランプ PL が点灯する。

❶ S_X を(2)側に入れると，端子 X には電圧が加わらないので，トランジスタ Tr のベース電流 I_B が流れず，そのためコレクタ電流 I_C も流れない。

❷ コレクタ電流 I_C が流れないと，電圧 E_C がそのまま出力端子に加わる。

❸ 出力端子の電圧 E_C によって，出力端子に電磁リレー A を接続すると電磁コイル A に電流が流れ，電磁リレー A は動作するので，出力信号のメーク接点 A-m が閉じ，ランプ PL は点灯する。

4 論理否定回路の動作表と図記号

表 7.5 は，論理否定回路の動作表と，論理否定の図記号を示した表である。

表 7.5　論理否定回路の動作表と図記号

入 力	出 力	論理否定の図記号〔例〕
Y	B	
0	1	Y ─▷○─ B
1	0	

7・7　論理和否定（NOR）回路

1　論理和否定回路とは

論理和否定回路とは，論理和（OR）回路と論理否定（NOT）回路を組み合わせた回路で，**NOR**（ノア）**回路**ともいう。

論理和否定回路は，入力信号X_1とX_2のいずれか一つ（または両方）が「1」のとき，出力Aが「0」となり，また入力信号X_1とX_2が両方とも「0」のとき，出力Aが「1」になる回路をいう。

これを論理式で次のように表す。

$$A = \overline{X_1 + X_2}$$

2　有接点リレーによる論理和否定回路

図7.14のように，入力接点として電磁リレーX_1とX_2のメーク接点X_1-mとX_2-mを並列に接続し，電磁リレーAの出力接点をブレーク接点A-bとした回路が論理和否定回路である。また，図7.15は，有接点リレーによる論理和否定回路の動作例を示した図である。

次に，この動作について説明しよう。

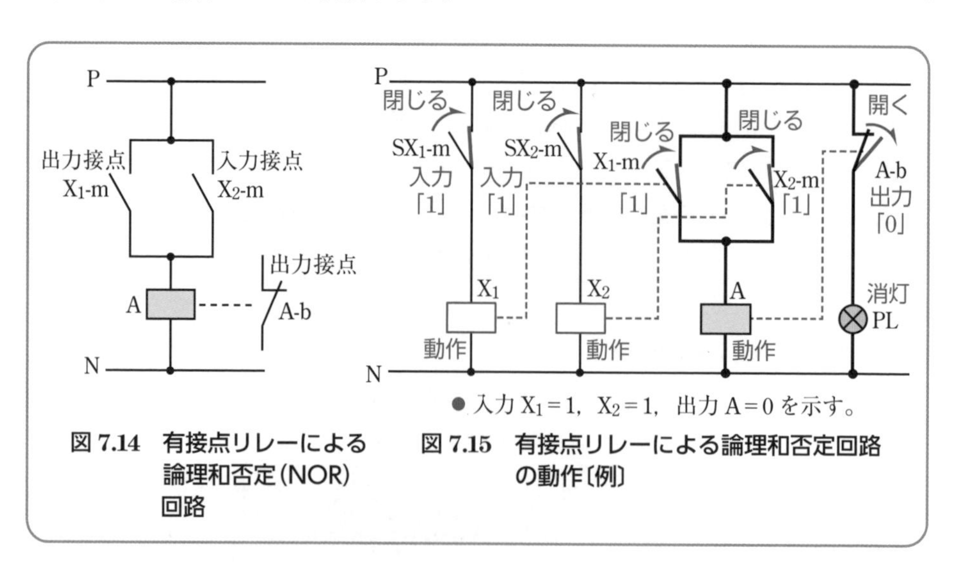

図7.14　有接点リレーによる論理和否定（NOR）回路

図7.15　有接点リレーによる論理和否定回路の動作〔例〕

図 7.15 の動作説明

❶ 入力信号として，スイッチ S_{X1} と S_{X2} のメーク接点 S_{X1}-m と S_{X2}-m のどちらか一つ（または両方）を閉じると，電磁リレー X_1 または X_2 が動作して，メーク接点 X_1-m または X_2-m が閉じて，電磁リレー A を動作し，出力信号のブレーク接点 A-b を開くので，ランプ PL は消灯する。

- 図 7.15 において，$X_1 = 1$ または $X_2 = 1$（メーク接点　閉）のとき（ならびに X_1，X_2 が両方とも 1 のとき），出力 $A = 0$（ブレーク接点　開）となる。

❷ 入力信号として，スイッチ S_{X1} と S_{X2} のメーク接点 S_{X1}-m と S_{X2}-m を両方開くと，電磁リレー X_1 と X_2 が復帰し，メーク接点 X_1-m と X_2-m が両方開き，電磁リレー A は復帰して，出力信号のブレーク接点 A-b が閉じるので，ランプ PL は点灯する。

- 図 7.15 において，入力 $X_1=0$ および $X_2=0$（メーク接点　開）のとき，出力 $A=1$（ブレーク接点　閉）となる。

3 無接点リレーによる論理和否定回路

論理和否定回路は, 図 7.10（58 頁参照）のダイオードによる論理和回路と, 図 7.13（60 頁参照）のトランジスタによる論理否定回路を組み合せた回路である。また，図 7.16 は，無接点リレーによる論理和否定回路の動作例を示した図である。

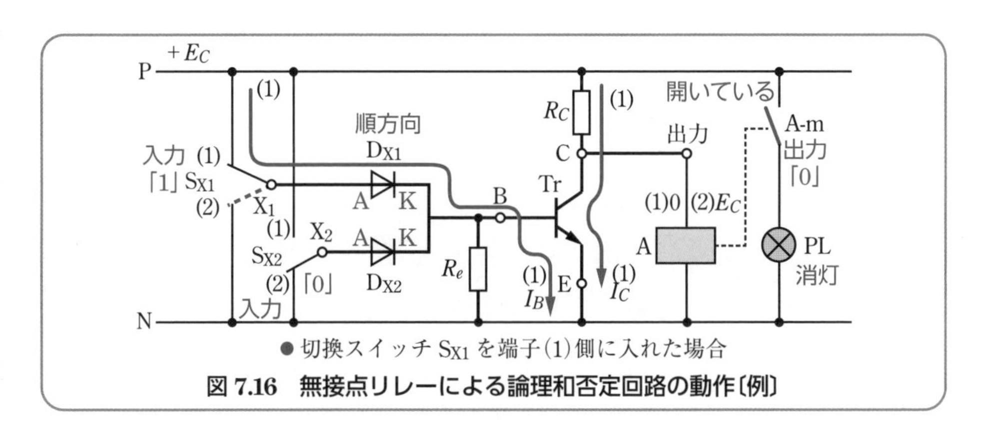

● 切換スイッチ S_{X1} を端子(1)側に入れた場合

図 7.16　無接点リレーによる論理和否定回路の動作〔例〕

図 7.16 の動作説明

(**a**) 入力信号として，切換スイッチ S_{X1} と S_{X2} のうち，どちらか一つ（または両方）を（1）側に入れると，ランプ PL は消灯する。

❶ 切換スイッチ S_{X1} を（1）側に入れると，端子 X_1 に正の電圧 $+E_C$ が加わり，ダイオード D_{X1} が順方向となるため，電流は D_{X1} と R_e を通って流れる。

❷ 電流による抵抗 R_e の電圧降下が，トランジスタ Tr の順バイアスとなってベース電流 I_B が流れ，それにより，コレクタ電流 I_C が流れる。

❸ コレクタ電流 I_C によって，電圧 E_C は抵抗 R_C の電圧降下として，抵抗 R_C の両端にかかり，そのため出力端子の電圧は零となる。

❹ 出力端子の電圧が零になると，出力端子に電磁リレー A を接続しても電磁コイル A に電流が流れず，電磁リレー A は動作しないので，出力信号のメーク接点 A-m が開いていることから，ランプ PL は消灯する。

(**b**) 入力信号として，切換スイッチ S_{X1} と S_{X2} のメーク接点 S_{X1}-m，S_{X2}-m を両方（2）側に入れると，ランプ PL は点灯する。

❶ メーク接点 S_{X1}-m，S_{X2}-m を両方（2）側に入れると，端子 X_1 と X_2 に電圧が加わらないので，トランジスタ Tr のベース電流 I_B が流れない。そのため，コレクタ電流 I_C も流れない。

❷ コレクタ電流 I_C が流れないと，電圧 E_C が出力端子にあらわれ，出力端子に電磁リレー A を接続するとコイル A に電流が流れて，電磁リレー A を動作するので，出力信号のメーク接点 A-m が閉じ，ランプ PL は点灯する。

4 論理和否定回路の動作表と図記号

表 7.6 は，論理和否定回路の動作表と，その図記号を示した表である。

表 7.6　論理和否定回路の動作表と図記号

入力		出力	論理和否定の図記号〔例〕
X_1	X_2	A	
0	0	1	X_1, X_2 → A
1	0	0	
0	1	0	
1	1	0	

7・8 論理積否定（NAND）回路

1 論理積否定回路とは

論理積否定回路とは，論理積（AND）回路と論理否定（NOT）回路を組み合わせた回路で，**NAND**（ナンド）**回路**ともいう。論理積否定回路では，入力信号 X_1 と X_2 が両方「1」のとき，出力 A が「0」となり，また，入力信号 X_1 と X_2 のいずれか一つ（または両方）が「0」のとき，出力 A が「1」となる回路をいう。

これを論理式で表すと次のようになる。

$$A = \overline{X_1 \cdot X_2}$$

2 有接点リレーによる論理積否定回路

図 7.17 のように，入力接点として，電磁リレー X_1 と X_2 のメーク接点 X_1-m と X_2-m を直列に接続し，電磁リレー A の出力接点をブレーク接点 A-b とした回路が論理積否定回路である。また，図 7.18 は，有接点リレーによる論理積否定回路の動作例を示した図である。

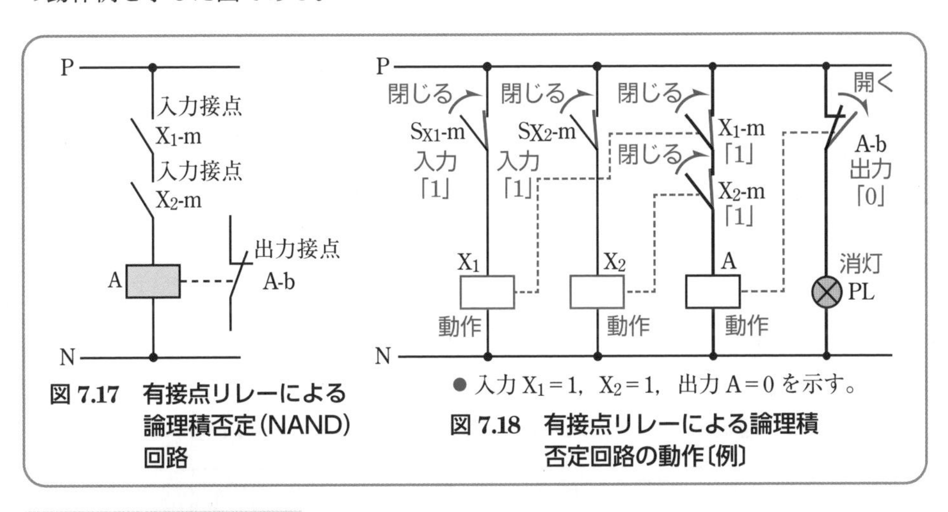

図 7.17　有接点リレーによる論理積否定（NAND）回路

図 7.18　有接点リレーによる論理積否定回路の動作〔例〕

図 7.18 の動作説明

❶ 入力信号として，スイッチ S_{X1} と S_{X2} のメーク接点 S_{X1}-m，S_{X2}-m を両方閉じると，電磁リレー X_1 と X_2 が動作し，メーク接点 X_1-m と X_2-m が両方閉じ，電磁リレー A は動作して，出力信号のブレーク接点 A-b が開くので，ランプ PL は消灯する。

- 図 7.18 において，入力 X_1＝1 および X_2＝1（メーク接点　閉）のとき，出力 A＝0（ブレーク接点　開）となる。

❷ 入力信号として，スイッチ S_{X1} と S_{X2} のメーク接点 S_{X1}-m，S_{X2}-m のうち，どちらか一つ（または両方）が開くと，電磁リレー X_1 または X_2 が復帰し，メーク接点 X_1-m または X_2-m が開き，電磁リレー A は復帰して，出力信号のブレーク接点 A-b が閉じるので，ランプ PL は点灯する。

- 図 7.18 において，入力 X_1＝0 または X_2＝0（メーク接点　開）のとき（ならびに X_1，X_2 が両方とも 0 のとき），出力 A＝1（ブレーク接点　閉）となる。

3 無接点リレーによる論理積否定回路

論理積否定回路は，図 7.6（55 頁参照）のダイオードによる論理積回路と，図 7.13（60 頁参照）のトランジスタによる論理否定回路を組み合わせた回路である。また図 7.19 は，無接点リレーによる論理積否定回路の動作例を示した図である。

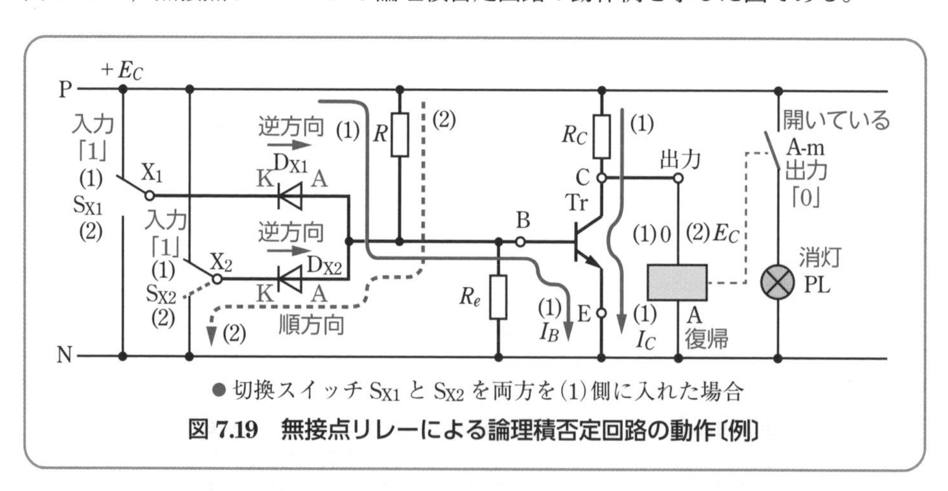

- 切換スイッチ S_{X1} と S_{X2} を両方を(1)側に入れた場合

図 7.19　無接点リレーによる論理積否定回路の動作〔例〕

図 7.19 の動作説明

(a) 入力信号として，切換スイッチ S_{X1} と S_{X2} の両方を（1）側に入れると，ランプ PL は消灯する。

❶ 切換スイッチ S_{X1} と S_{X2} の両方を（1）側に入れると，端子 X_1 および X_2 に加わる電圧 $+E_C$ は，ダイオード D_{X1} と D_{X2} には逆方向となる。

❷ 抵抗 R と抵抗 R_e を通って電流が流れ，この電流による R_e の電圧降下がトランジスタ Tr の順バイアスとなって，トランジスタ Tr にベース電流 I_B が流れ，これによりコレクタ電流 I_C が流れる。

❸ コレクタ電流 I_C によって，電圧 E_C は抵抗 R_C の電圧降下として，抵抗 R_C の両端にかかり，そのため出力端子の電圧は零となる。

❹ 出力端子の電圧が零のため，出力端子に電磁リレー A を接続しても電磁コイル A に電流が流れず，電磁リレー A は動作しないので，出力信号のメーク接点 A-m は開いており，ランプ PL は消灯する。

(b) 入力信号として，切換スイッチ S_{X1} と S_{X2} のうち，どちらか一つ（または両方）を（2）側に入れると，ランプ PL は点灯する。

❶ 切換スイッチ S_{X2} を（2）側に入れると，ダイオード D_{X2} には，順方向に電圧が加わるので，電流は抵抗 R と D_{X2} を通って流れる。

❷ ダイオード D_{X2} が順方向なので導通となり，トランジスタ Tr のベース B の電位が零となることから，ベース電流 I_B が流れず，これによりコレクタ電流 I_C は流れない。

❸ コレクタ電流 I_C が流れないと，電圧 E_C がそのまま出力端子にあらわれるので，出力端子に電磁リレー A を接続すると電磁コイル A に電流が流れ，電磁リレー A は動作するので，出力信号のメーク接点 A-m が閉じて，ランプ PL は点灯する。

4 論理積否定回路の動作表と図記号

表 7.7 は，論理積否定回路の動作表と，その図記号を示した表である。

表 7.7　論理積否定回路の動作表と図記号

入力		出力	論理積否定の図記号〔例〕
X_1	X_2	A	
0	0	1	X_1, X_2 → A（NAND図記号）
1	0	1	
0	1	1	
1	1	0	

第8章 論理代数のシーケンス回路への応用

8・1 論理代数とは

論理代数とは，ふつうの代数と異なり二つの状態を「０」と「１」の二つの変数で表すもので，この２進変数（binary variable）は，7·3 節に示した有接点リレーにおける接点の ON・OFF，また無接点リレーの導通（ON）・遮断（OFF）などの２値スイッチング制御に対応させることができる。そこで，論理代数をリレー接点回路にあてはめて考えると，その物理的意味が理解しやすく，シーケンス回路の設計に大いに役だつことになる。

論理代数の基本的な法則をリレー接点回路および論理回路におきかえて，以下に述べることにする。

論理代数の法則を示す接点回路には，論理式の左辺と右辺に相当する回路を示してあるが，それは，図 8.1 の入力接点回路の端子 a，b に左辺あるいは右辺の接点

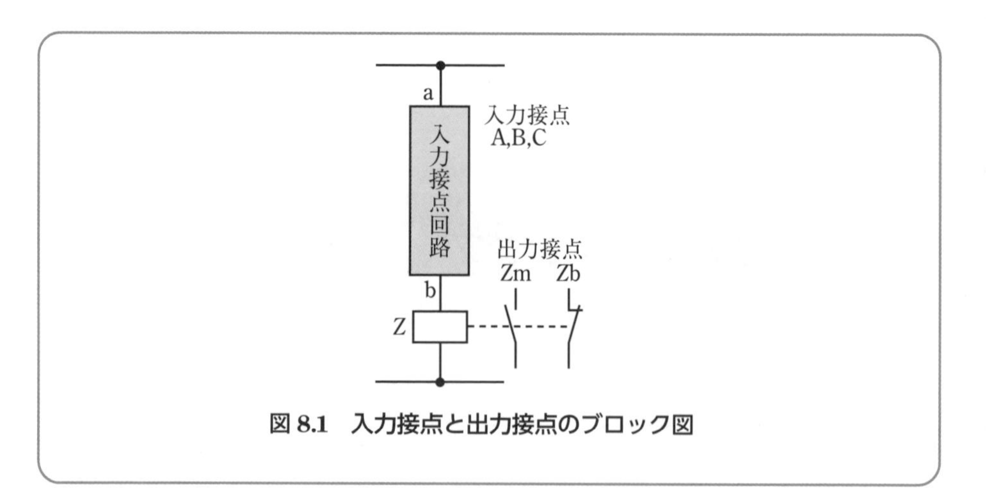

図 8.1　入力接点と出力接点のブロック図

回路を接続しても，その出力接点 Z の動作が同じになることを示す。

8·2 「0」と「1」に関する法則

「0」と「1」に関する法則の論理式，接点回路，論理回路を表 8.1 に示す。その説明は次のとおりである。

表 8.1 「0」と「1」に関する法則

論理式		接点回路 左辺	接点回路 右辺	論理回路
1a	$A+0=A$	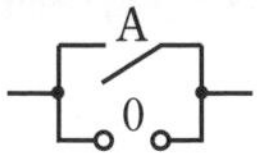 A, 0	 A	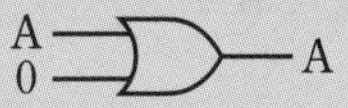 A, 0 → A
1b	$A\cdot 1=A$	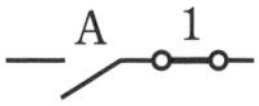 A, 1	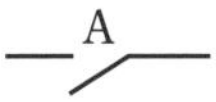 A	 A, 1 → A
2a	$A+1=1$	 A, 1	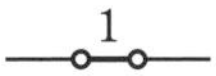 1	 A, 1 → 1
2b	$A\cdot 0=0$	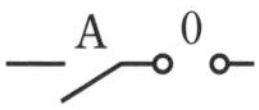 A, 0	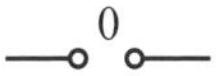 0	 A, 0 → 0

説明

(1a) 接点 A と 0 の並列回路において，0 は常に“開”であるから，これは接点 A のみと同じとなる。

(1b) 接点 A と 1 の直列回路において，1 は常に“閉”であるから，これは接点 A のみと同じとなる。

(2a) 接点 A と 1 の並列回路において，1 は常に“閉”であるから，これは接点 A に関係なく 1（閉）となる。

(2b) 接点 A と 0 の直列回路において，0 は常に“開”であるから，これは接点 A に関係なく 0（開）となる。

8・3 同一の法則

同一の法則についての論理式，接点回路，論理回路を表 8.2 に示す。その説明は次のとおりである。

表 8.2 同一の法則

論理式		接点回路 左辺	接点回路 右辺	論理回路
3a	$A + A = A$	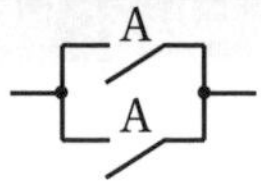 A, A（並列）	 A	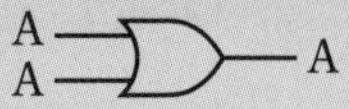 A, A → OR → A
3b	$A \cdot A = A$	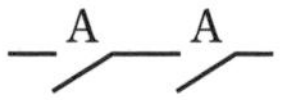 A, A（直列）	 A	 A, A → AND → A

説明

(3a) 二つの接点 A の並列回路において，当然，二つの接点 A の開閉は同時に行われるので，一つの接点 A にまとめることができる。

(3b) 二つの接点 A の直列回路において，これも当然，二つの接点 A の開閉は同時に行われるので，一つの接点 A にまとめることができる。

8・4 否定の法則

否定の法則についての論理式，接点回路，論理回路を表 8.3 に示す。その説明は次のとおりである。なお，否定の法則は，**補元の法則**ともいう。

表 8.3 否定の法則

論理式		接点回路 左辺	接点回路 右辺	論理回路
4a	$A + \overline{A} = 1$	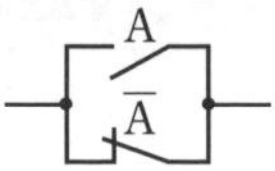 A, $\overline{A}$（並列）	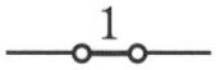 1	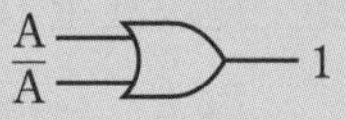 A, $\overline{A}$ → OR → 1
4b	$A \cdot \overline{A} = 0$	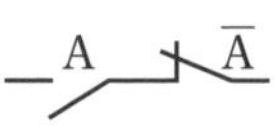 A, $\overline{A}$（直列）	 0	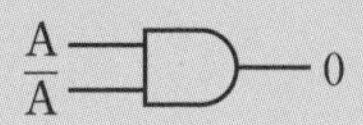 A, $\overline{A}$ → AND → 0

〔注〕 $\overline{A}$ はエイ・バーと読み，接点 A がブレーク接点であるか，または論理否定（NOT）入力であることを意味する。

説明

（4a）接点Aと$\overline{A}$は，互いに逆の動作をすることから，これらを並列に接続した回路の端子間は，常にどちらかの接点が閉じているので，短絡された1（閉）の状態になる。

（4b）接点Aと$\overline{A}$は，互いに逆の動作をすることから，これらを直列に接続した回路の端子間は，常にどちらかの接点が開いているので，0（開）の状態になる。

8・5 交換の法則

交換の法則についての論理式，接点回路，論理回路を表8.4に示す。その説明は次のとおりである。

表8.4　交換の法則

論理式		接点回路		論理回路	
		左辺	右辺	左辺	右辺
5a	A+B＝B+A	A, B（並列）	B, A（並列）	A, B → OR → A+B	B, A → OR → B+A
5b	A・B＝B・A	A, B（直列）	B, A（直列）	A, B → AND → A・B	B, A → AND → B・A

説明

（5a）接点AとBの並列回路において，接点AとBを交換しても端子間からみた動作は変わらない。

（5b）接点AとBの直列回路において，接点AとBを交換しても端子間からみた動作は変わらない。

8・6 結合の法則

結合の法則についての論理式，接点回路，論理回路を表 8.5 に示す。その説明は次のとおりである。

表 8.5　結合の法則

	論理式	接点回路 左辺	接点回路 右辺	論理回路 左辺	論理回路 右辺
6a	(A + B) + C = A + (B + C)	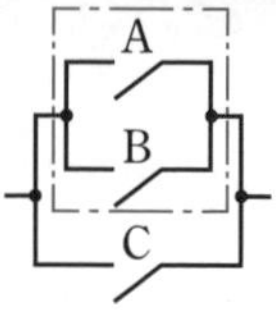 A, B, C	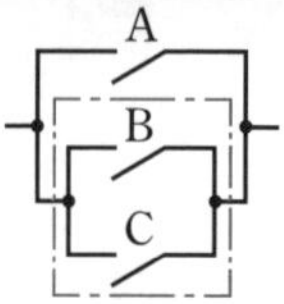 A, B, C	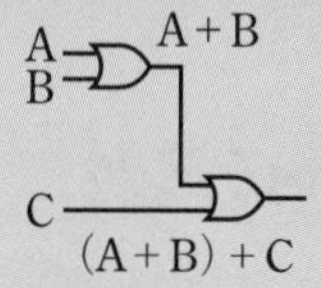 A, B, A+B, C, (A+B) + C	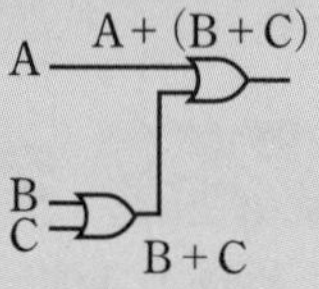 A, A+ (B+C), B, C, B+C
6b	(A・B)・C = A・(B・C)	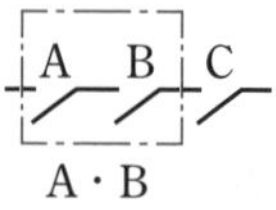 A, B, C, A・B	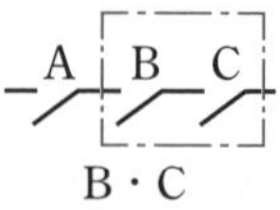 A, B, C, B・C	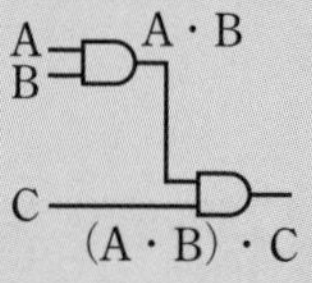 A, B, A・B, C, (A・B)・C	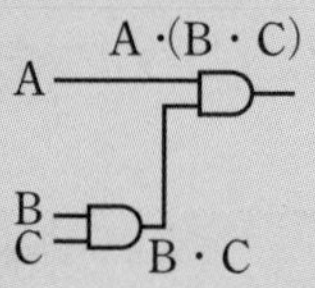 A, A・(B・C), B, C, B・C

説明

(**6a**) 接点 A と B を並列に接続して，中間の出力 A + B を得，それに残りの接点 C を並列にした回路は，接点 B と C を並列に接続して，中間の出力 B + C を得，それに残りの接点 A を並列にしたのと同じである。

(**6b**) 接点 A と B を直列に接続して，中間の出力 A・B を得，それに残りの接点 C を直列にした回路は，接点 B と C を直列に接続して，中間の出力 B・C を得，それに残りの接点 A を直列にしたのと同じである。

8・7　分配の法則

分配の法則についての論理式，接点回路，論理回路を表 8.6 に示す。その説明は次のとおりである。

表 8.6　分配の法則

論理式		接点回路 左辺	接点回路 右辺	論理回路 左辺	論理回路 右辺
7a	A・B＋A・C ＝A・(B＋C)	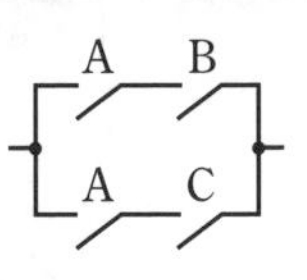	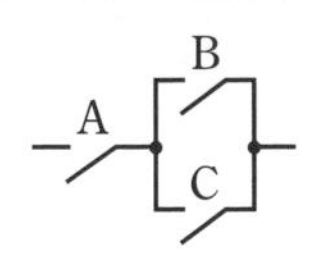	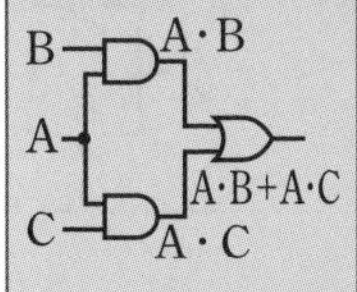	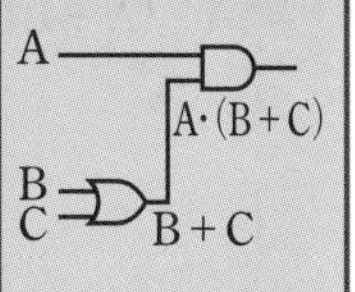
7b	(A＋B)・(A＋C) ＝A＋B・C	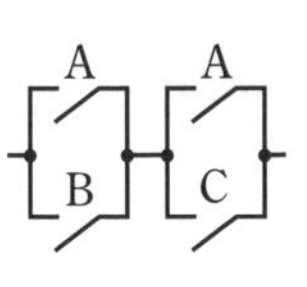	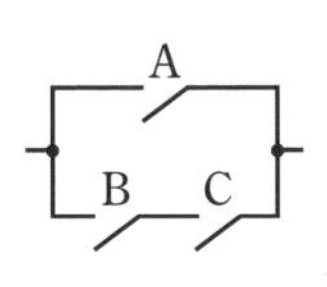	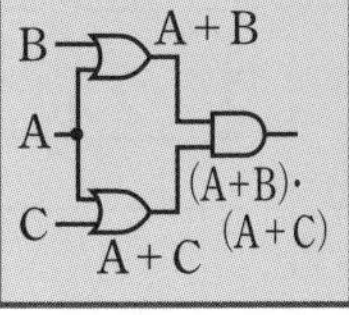	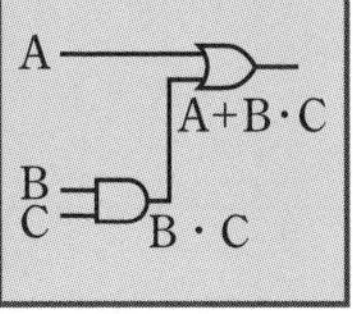

説明

(**7a**) 左辺の A・B＋A・C において，A は共通であるから，接点 A を共有した右辺 A・(B＋C) の回路になる。

(**7b**) (A＋B)・(A＋C)＝A・A＋A・B＋A・C＋B・C　……積をとり分解

＝A＋A＋A・B＋A・C＋B・C　……**3a**，**3b** から

＝A・(1＋C) ＋A・(1＋B)＋B・C　……**7a** から

＝A＋A＋B・C　……**2a** から

＝A＋B・C　……**3a** から

8・8　吸収の法則

吸収の法則についての論理式，接点回路，論理回路を表 8.7 に示す。その説明は次のとおりである。

表 8.7　吸収の法則

	論理式	接点回路 左辺	接点回路 右辺	論理回路 左辺	論理回路 右辺
8a	$A+A\cdot B=A$	A / A B	A	A, A, B, $A+A\cdot B$, $A\cdot B$	A, A, A
8b	$A\cdot(A+B)$ $=A$	A / A / B	A	A, A, B, $A\cdot(A+B)$, $A+B$	A, A, A
9a	$A\cdot\overline{B}+B$ $=A+B$	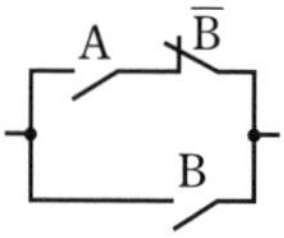 A $\overline{B}$ / B	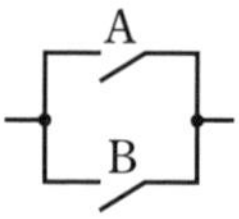 A / B	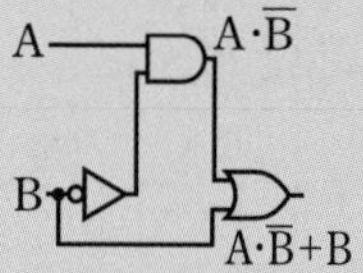 A, B, $A\cdot\overline{B}$, $A\cdot\overline{B}+B$	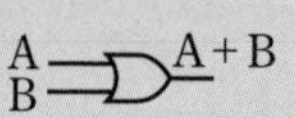 A, B, $A+B$
9b	$(A+\overline{B})\cdot B$ $=A\cdot B$	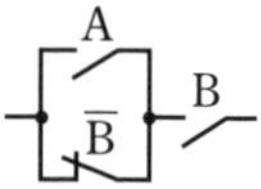 A / $\overline{B}$ / B	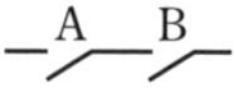 A B	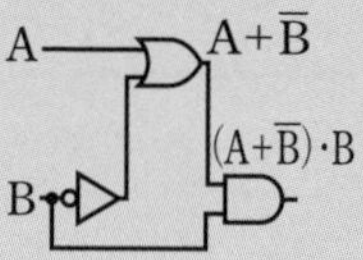 A, B, $A+\overline{B}$, $(A+\overline{B})\cdot B$	 A, B, $A\cdot B$

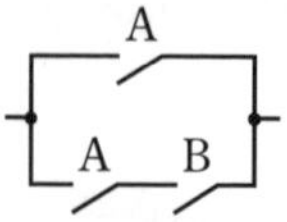

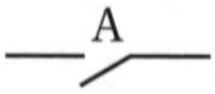

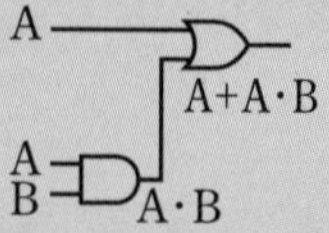

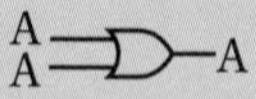

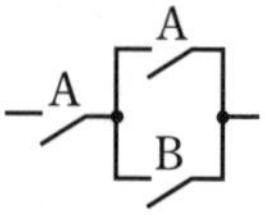

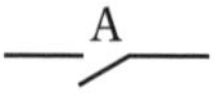

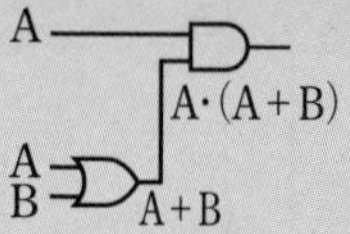

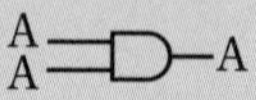

説明

(8a) $A+A\cdot B=A\cdot(1+B)$ ……7a から

$=A$ ……2a から

(8b) $A\cdot(A+B)=A\cdot A+A\cdot B$ ……7a から

$=A+A\cdot B$ ……3b から

$=A\cdot(1+B)$ ……7a から

$=A$ ……2a から

(9a) $A\cdot\overline{B}+B=A\cdot\overline{B}+(A+1)\cdot B$ ……2a から

$=A\cdot\overline{B}+A\cdot B+B$ ……7a から

$=A\cdot(\overline{B}+B)+B$ ……7a から

$=A+B$ ……4a から

(9b) $(A+\overline{B})\cdot B=A\cdot B+\overline{B}\cdot B$ ……7a から

$=A\cdot B$ ……4b から

8・9　論理代数の演算例

例題 1　次の論理代数の式をリレー接点回路におきかえよ。

$$Z=A\cdot B+\overline{A}\cdot\overline{B}$$

解答　論理式をリレー接点回路におきかえると，図8.2のようになる。

① A・B……メーク接点A，Bの直列回路である。

② $\overline{A}\cdot\overline{B}$……ブレーク接点$\overline{A}$，$\overline{B}$の直列回路である。

③ $A\cdot B+\overline{A}\cdot\overline{B}$……①と②の並列回路となる。

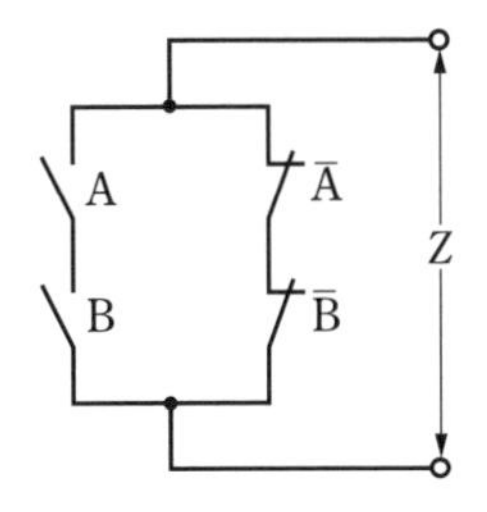

図8.2　$Z=A\cdot B+\overline{A}\cdot\overline{B}$

例題 2　図8.3のリレー接点回路を論理代数の式におきかえよ。

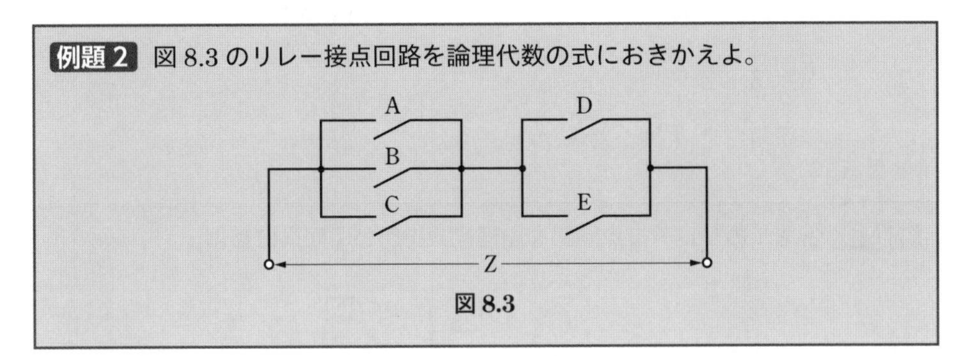

図8.3

解答　図8.6における（1）の回路は，図8.4のように，接点A，B，Cが三つとも並列回路となっているから，この回路の論理代数の式Z_1は，

$$Z_1=A+B+C$$

となる。

図8.6における（2）の回路は，図8.5のように，接点D，Eが並列回路となっているから，この回路の論理代数の式Z_2は，

$$Z_2=D+E$$

となる。

全体としては図8.6のように，Z_1とZ_2との直列回路となっているから，論理代数の式Zは，

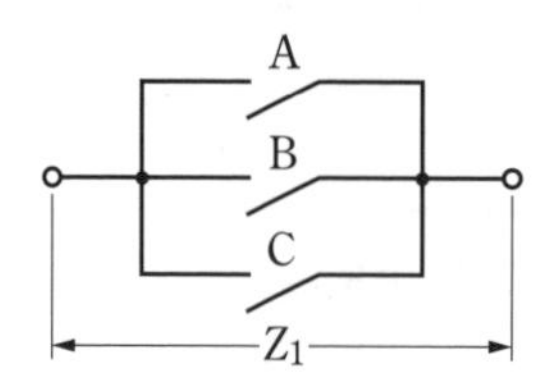

図 8.4　$Z_1=A+B+C$

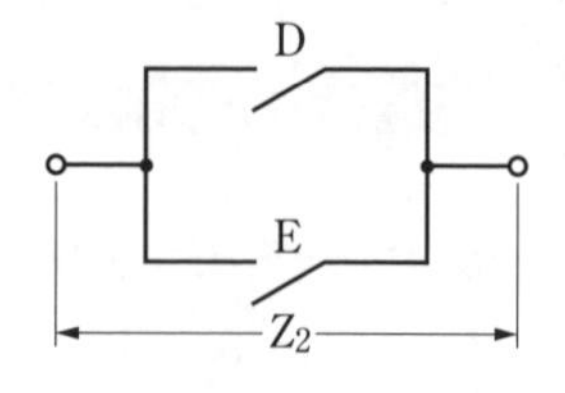

図 8.5　$Z_2=D+E$

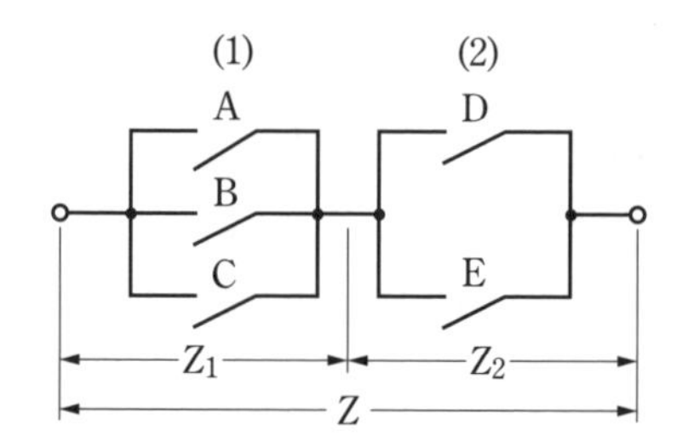

図 8.6　$Z=Z_1\cdot Z_1=(A+B+C)\cdot(D+E)$

$$
\begin{aligned}
Z &= Z_1 \cdot Z_2 \\
&= (A+B+C)\cdot(D+E)
\end{aligned}
$$

となる。

例題 3　図 8.7 のリレー接点回路を論理代数を用いて簡単にせよ。

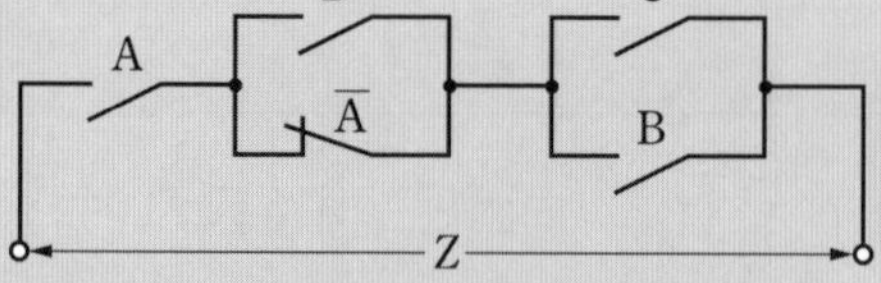

図 8.7

解 答　リレー接点回路を論理代数の式で表すと，

$$Z = A\cdot(\overline{A}+B)\cdot(B+C)$$

そこで，この式を簡単にすると，

$$
\begin{aligned}
Z &= A\cdot(B+\overline{A})\cdot(B+C) && \cdots\cdots\mathbf{5a}\text{ から} \\
&= A\cdot(B+\overline{A}\cdot C) && \cdots\cdots\mathbf{7b}\text{ から} \\
&= A\cdot B+A\cdot\overline{A}\cdot C && \cdots\cdots\mathbf{7a}\text{ から} \\
&= A\cdot B && \cdots\cdots\mathbf{4b}\text{ から}
\end{aligned}
$$

論理式 Z ＝ A・B をリレー接点回路におきかえると，図8.8のようになる。

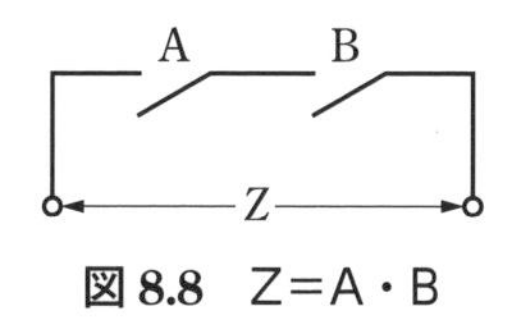

図8.8　Z=A・B

第2編 基本制御回路の読み方とその応用

第9章 自己保持回路と単相電動機の始動制御

9・1 自己保持回路とは

電磁リレーに外部から与えられた信号により動作し，その電磁リレー自身の接点により側路（バイパス）として動作回路をつくってコイルに電流を流し，外部信号がなくなっても，動作を保持する回路を**自己保持回路**（Self Hold）という。

また，この回路は電磁リレーのコイルを付勢する信号として，別の電磁リレーの接点または押しボタンスイッチを用いて入力信号とし，その操作でつくられるパルス状の信号が消滅しても，連続的な出力信号に変換する記憶機能をもっているので，これを**記憶回路**ともいう。一般に自己保持回路は，電磁リレー，電磁接触器などの操作回路には，必ずといってよいほど用いられる最も基本的な回路で，電動機の始動制御（第9章参照），電動機の正逆転制御（第10章参照）などに採用されている。

9・2 復帰優先の自己保持回路

1 シーケンス図

(**a**) 図9.1のように，復帰ボタンスイッチPBS切のブレーク接点PBS切-bと，始動ボタンスイッチPBS入のメーク接点PBS入-mを直列に接続しAND回路として,電磁リレーXのコイルXにつなぎ,メーク接点PBS入-mと電磁リレーXのメーク接点X-m_1を並列に接続しOR回路として自己保持回路とする。

(**b**) 図9.2のように，PBS切のブレーク接点PBS切-bの代わりに，別の電磁リレーYのブレーク接点Y-bを,また,PBS入のメーク接点PBS入-mの代わりに,別の電磁リレーZのメーク接点Z-mを用いて，自己保持回路としてもよい。

(**c**) PBS入-mと接点Z-mは入力接点として電磁リレーXに**動作命令**を与え，PBS切-bと接点Y-bは**復帰命令**を与え，そしてメーク接点X-m_1は自己保持接点として電磁リレーXを自己保持させるものである。

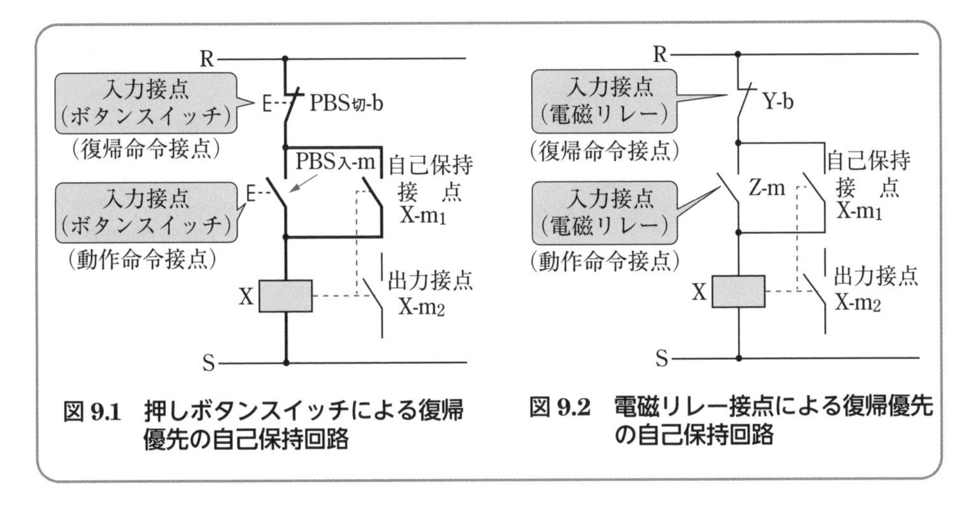

図 9.1 押しボタンスイッチによる復帰優先の自己保持回路

図 9.2 電磁リレー接点による復帰優先の自己保持回路

2 シーケンス動作

図 9.3 において，外部からの信号である PBS入のメーク接点 PBS入-m（または図 9.2 に示すような接点 Z-m）が閉じれば電磁リレー X のコイル X に電流が流れて動作し，その自己保持メーク接点 $X\text{-}m_1$ が閉じるので，電磁リレー X のコイル X にメーク接点 $X\text{-}m_1$ を通って電流が流れ PBS入-m を開いても動作を保持しつづける。

その動作順序を，入力接点として押しボタンスイッチを用いた場合について説明すると，次のとおりである。

(1) 自己保持の動作　図 9.3 は自己保持動作を示した図であり，この動作順序について説明すると次のようになる

図 9.3 の動作順序

順 1　回路1 の PBS入を押すと，そのメーク接点 PBS入-m が閉じる。

順 2　これにより回路1 のコイル X に電流が流れ電磁リレー X は動作する。

順 3　電磁リレー X が動作すると，自己保持メーク接点 $X\text{-}m_1$ が閉じ，回路2を通ってコイル X に電流を流す。

順 4　電磁リレー X が動作すると，出力接点 $X\text{-}m_2$ が閉じる。

順 5　PBS入を押す手を離すと，そのメーク接点 PBS入-m は開く。

順 6　メーク接点 PBS入-m が開いても，回路2の自己保持メーク接点 $X\text{-}m_1$ を通って，コイル X に電流が流れるので，電磁リレー X は動作しつづける（これを**自己保持する**という）。

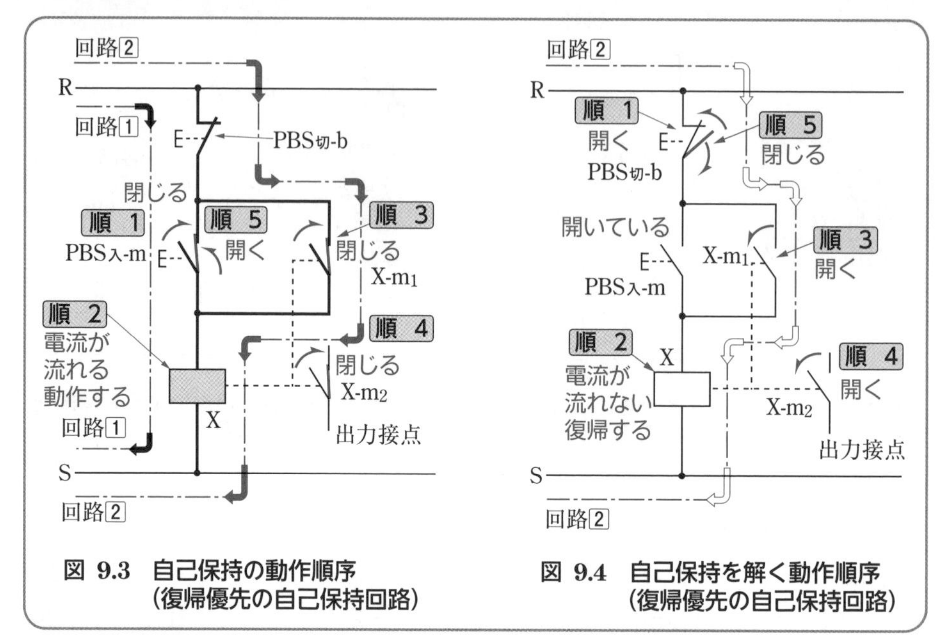

図 9.3　自己保持の動作順序（復帰優先の自己保持回路）

図 9.4　自己保持を解く動作順序（復帰優先の自己保持回路）

（**2**）**自己保持を解く動作**　図 9.4 は**自己保持を解く**（**解放する**）動作を示した図であり，この動作順序について説明すると次のようになる。

図 9.4 の動作順序

順 1　回路2 の PBS切を押すと，そのブレーク接点 PBS切-b が開く。

順 2　回路2 のブレーク接点 PBS切-b が開くと，コイル X に電流が流れなくなり，電磁リレー X は復帰する。

順 3　電磁リレー X が復帰すると，自己保持メーク接点 X-m_1 が開く。

順 4　電磁リレー X が復帰すると，出力接点 X-m_2 が開く。

順 5　PBS切を押す手を離すと，そのブレーク接点 PBS切-b は閉じる。

順 6　ブレーク接点 PBS切-b が閉じても，自己保持メーク接点 X-m_1 が開いているので，コイル X には電流が流れず，復帰したままとなる（これを**自己保持を解く**という）。

3　タイムチャート

（**a**）図 9.1 に示した押しボタンスイッチによる自己保持回路のタイムチャートを示すと図 9.5 のようになる。

(**b**) 入力接点として，電磁リレー接点 Z-m，Y-b を用いた場合（図 9.2 参照）も，上記と同じ動作をし，タイムチャートも同じになる。また，PBS入-m（動作命令）とPBS切-b（復帰命令）が同時に動作すると，図 9.6 のように，PBS切-b（復帰命令）の“開”による復帰が優先し，電磁リレー X は復帰する。そこで，この回路を**復帰優先の自己保持回路**といい，非常停止回路，保護回路などに用いられる。

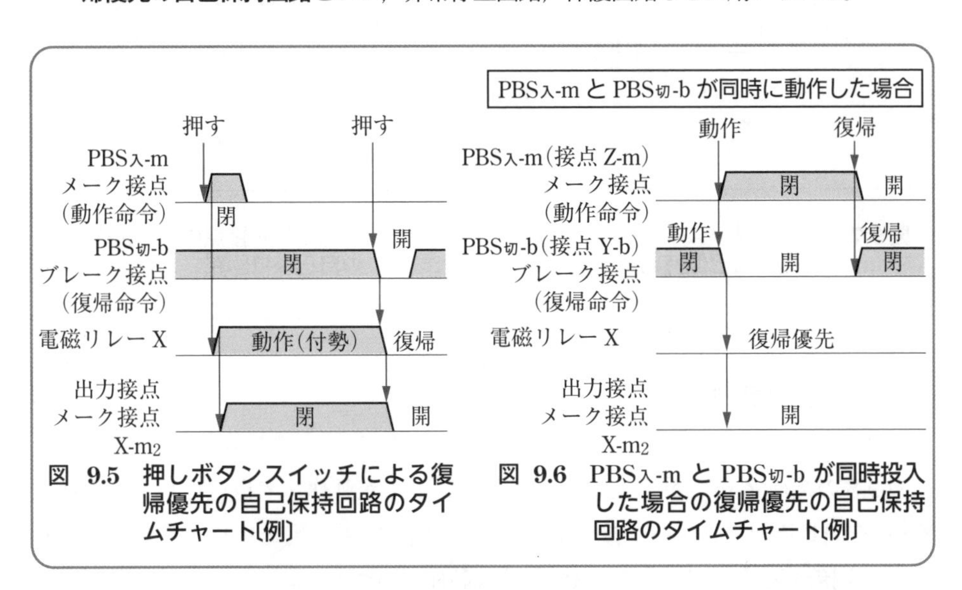

図 9.5 押しボタンスイッチによる復帰優先の自己保持回路のタイムチャート〔例〕

図 9.6 PBS入-m と PBS切-b が同時投入した場合の復帰優先の自己保持回路のタイムチャート〔例〕

9・3 動作優先の自己保持回路

1 シーケンス図

(**a**) 図 9.7 のように，復帰ボタンスイッチのブレーク接点 PBS切-b と電磁リレー X の自己保持メーク接点 X-m_1 を直列に接続し AND 回路として，この AND 回路と始動ボタンスイッチのメーク接点 PBS入-m を並列に接続し OR 回路をつくって，電磁リレー X のコイル X につなぎ自己保持回路とする。

(**b**) 図 9.8 のように，PBS切のブレーク接点 PBS切-b の代わりに別の電磁リレー Y のブレーク接点 Y-b を，また，PBS入のメーク接点 PBS入-m の代わりに別の電磁リレー Z のメーク接点 Z-m を用いて，自己保持回路としてもよい。

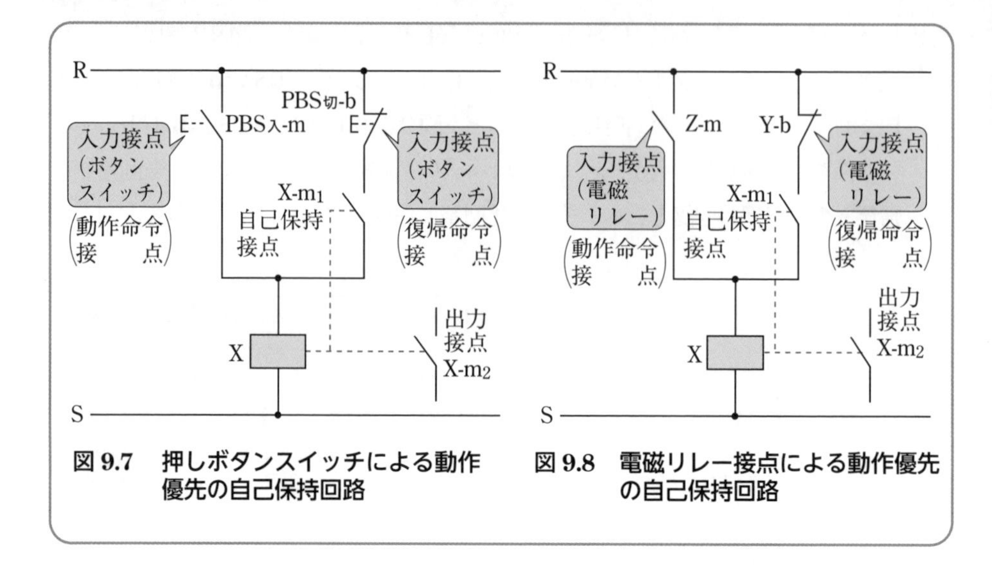

図9.7　押しボタンスイッチによる動作優先の自己保持回路

図9.8　電磁リレー接点による動作優先の自己保持回路

2 シーケンス動作

図9.9において，外部からの信号であるPBS入のメーク接点PBS入-m（または図9.8の接点Z-m）が閉じると，電磁リレーXが動作して自己保持メーク接点X-m_1を閉じるので，メーク接点PBS入-mが開いても，電磁リレーXはそれ自身のメーク接点X-m_1を通って，電流が流れ動作しつづける。

（**1**）**自己保持の動作**　動作順序は，復帰優先の自己保持回路とまったく同じであるので省略し，図9.9にそのシーケンス動作図を示す。

（**2**）**自己保持を解く動作**　この動作も復帰優先の自己保持回路とまったく同じである。そのシーケンス動作図は図9.10のようになる。

3 タイムチャート

（**a**）図9.7の押しボタンスイッチによる自己保持回路のタイムチャートは，復帰優先の自己保持回路の図9.5と同じである。

（**b**）入力接点として電磁リレー接点を用いた場合（図9.8）も，上記と同じ動作をし，タイムチャートも同じになる。また，PBS入-m（動作命令）とPBS切-b（復帰命令）が同時に動作すると，図9.11のように，PBS入-m（動作命令）の“閉”による動作が優先し電磁リレーXは動作する。そこで，この回路を**動作優先の自己保持回路**といい，順序停止，選択・優先回路などに用いられる。

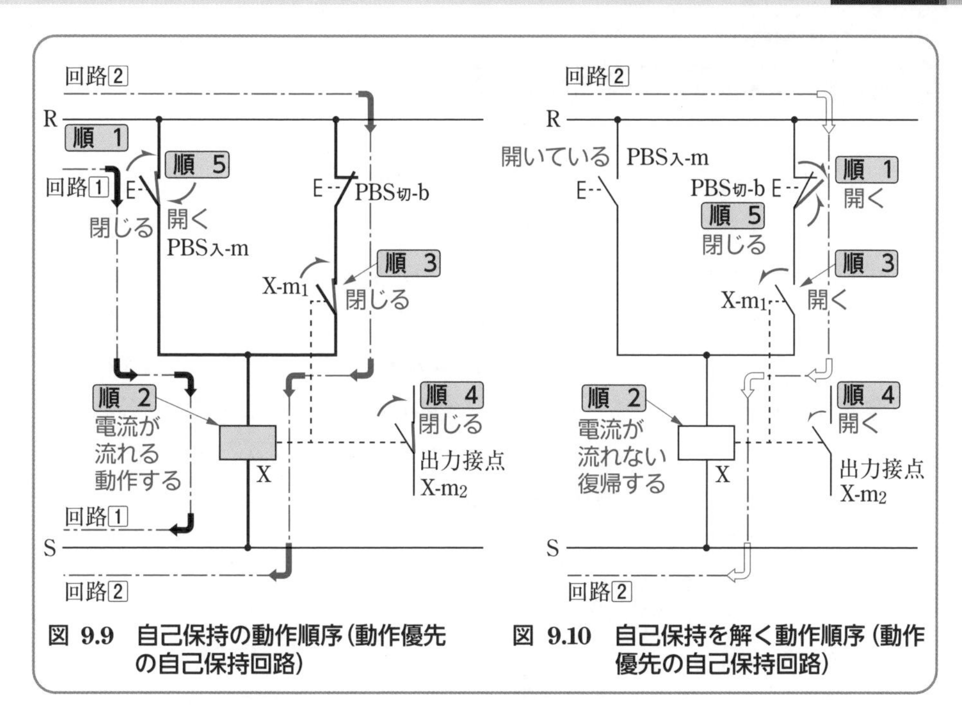

図 9.9　自己保持の動作順序（動作優先の自己保持回路）

図 9.10　自己保持を解く動作順序（動作優先の自己保持回路）

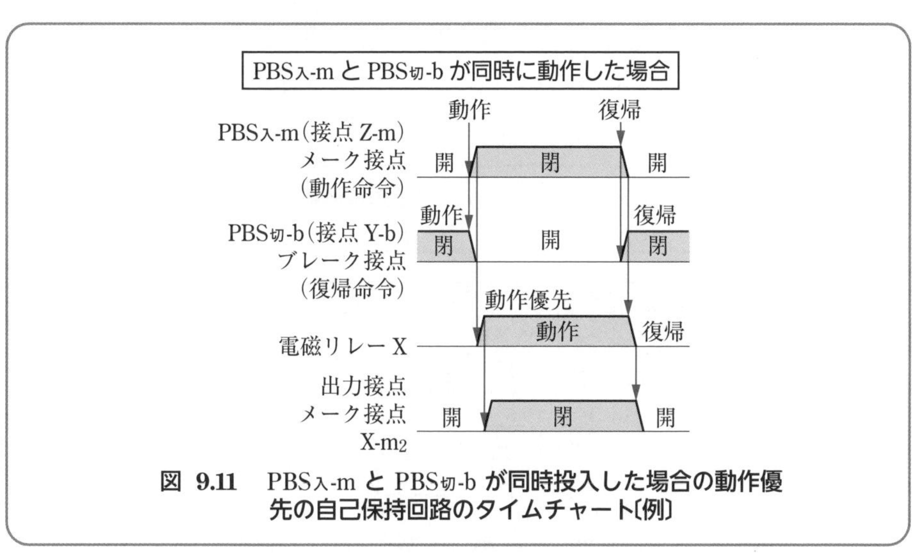

図 9.11　PBS入-m と PBS切-b が同時投入した場合の動作優先の自己保持回路のタイムチャート〔例〕

9・4 短絡消勢形の自己保持回路

1 シーケンス図

(**a**) 図9.12のように，始動ボタンスイッチPBS入のメーク接点PBS入-mを閉じることによって，電磁リレーXのコイルXを付勢して電磁リレーを動作させ自己保持するが，復帰ボタンスイッチPBS復のメーク接点PBS復-mを閉じるとコイルXが短絡されて電流が流れず，電磁リレーXは消勢され復帰する。

(**b**) PBS入のメーク接点PBS入-mとPBS復のメーク接点PBS復-mの代わりに，図9.13のように別の電磁リレーのメーク接点Z-mとY-mを用いてもよい。

(**c**) これらの回路は，復帰命令接点により，電磁リレーXのコイルXの両端を短絡することから，**短絡消勢形の自己保持回路**という。

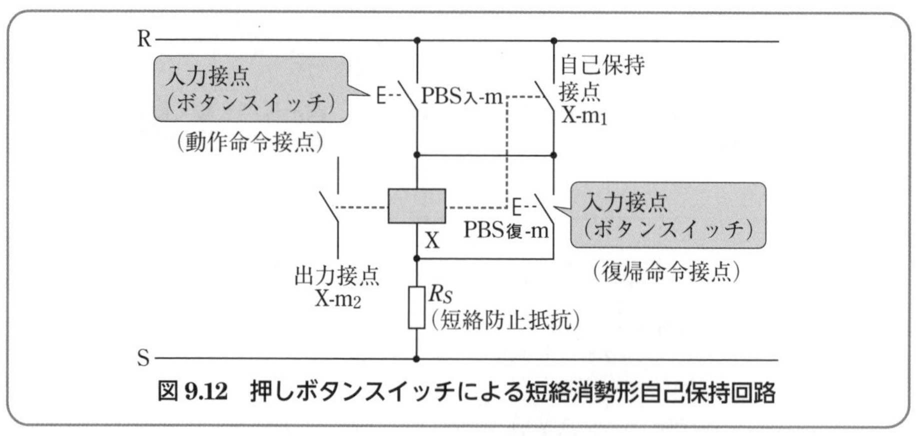

図9.12　押しボタンスイッチによる短絡消勢形自己保持回路

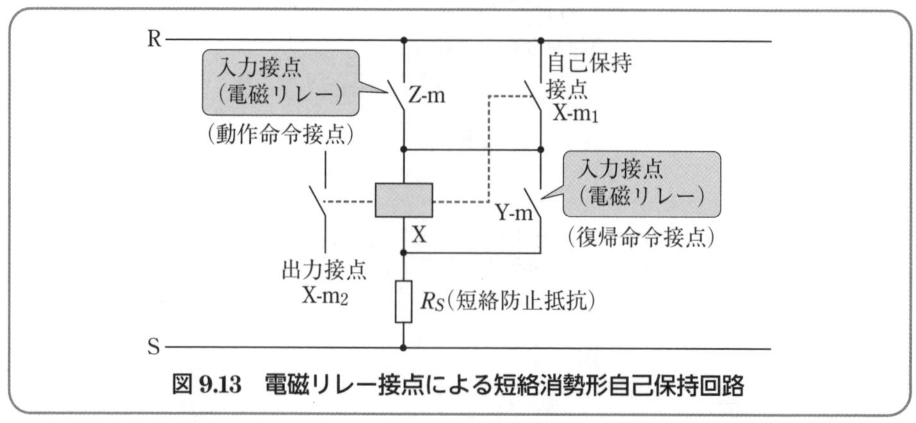

図9.13　電磁リレー接点による短絡消勢形自己保持回路

2 シーケンス動作

入力接点として，押しボタンスイッチを用いた場合の自己保持の動作（図 9.14）および自己保持を解く動作（図 9.15）について説明する。

(1) 自己保持の動作

図 9.14 の動作順序

- 順 1　回路1 の PBS入を押すと，そのメーク接点 PBS入-m が閉じる。
- 順 2　メーク接点 PBS入-m が閉じると，回路1 のコイル X に電流が流れ，電磁リレー X は動作する。
- 順 3　電磁リレー X が動作すると，自己保持メーク接点 X-m_1 が閉じ，回路2を通ってコイル X に電流が流れる。
- 順 4　電磁リレー X が動作すると，出力接点 X-m_2 が閉じる。
- 順 5　PBS入を押す手を離すと，そのメーク接点 PBS入-m は開く。
- 順 6　PBS入-m が開いても，回路2のメーク接点 X-m_1 を通ってコイル X に電流が流れるので，電磁リレー X は動作しつづける（自己保持する）。

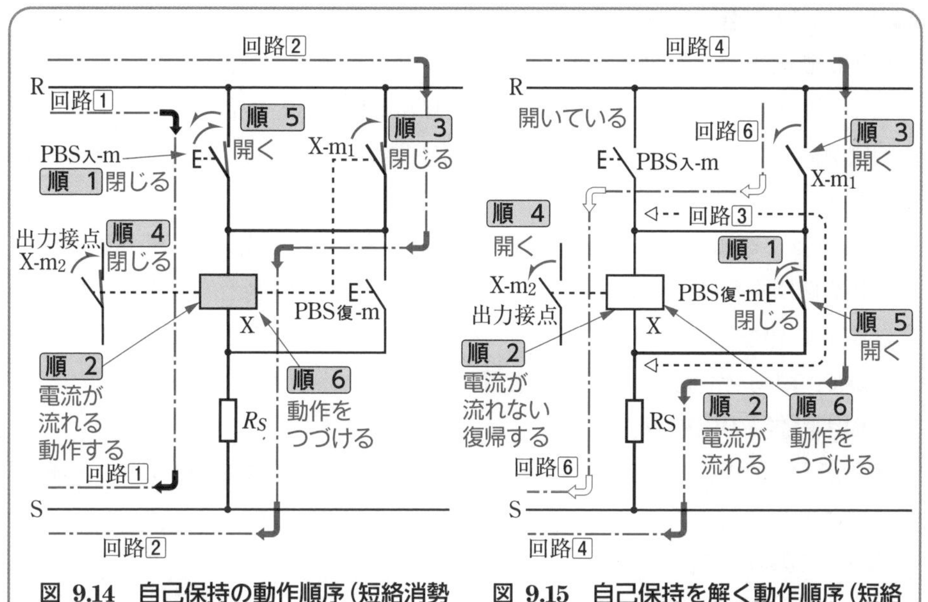

図 9.14　自己保持の動作順序（短絡消勢形の自己保持回路）

図 9.15　自己保持を解く動作順序（短絡消勢形の自己保持回路）

(2) 自己保持を解く動作

図 9.15 の動作順序

順 1　回路4のPBS復を押すと，そのメーク接点PBS復-mが閉じ，回路3によって電磁リレーXのコイルXの両端を短絡する。

順 2　コイルXの両端が短絡されると，回路4に電流が流れ，回路6の並列の抵抗をもつコイルXには電流が流れず，電磁リレーXは復帰する。

順 3　電磁リレーXが復帰すると，自己保持メーク接点X-m_1は開く。

順 4　電磁リレーXが復帰すると，出力接点X-m_2が開く。

順 5　PBS復を押す手を離すと，そのメーク接点PBS復-mは開く。

順 6　回路3のPBS復-mが開いても，回路6はメーク接点X-m_1が開いているので，電磁リレーXは復帰したままとなる（自己保持を解く）。

〔注〕図9.14，図9.15の短絡防止抵抗R_sは，回路4の状態のとき，制御電源が短絡するのを防止するための抵抗である。

9・5 単相電動機の始動制御

1 シーケンス図

単相電動機始動制御回路には，押しボタンスイッチによる自己保持回路が用いられる。図9.16は，家庭電気機器（たとえば冷蔵庫）などに広く用いられている，単相電動機（コンデンサモータ）の始動制御回路のシーケンス図の一例を示したものである。

図9.16は，電源スイッチとして配線用遮断器MCCBを用い，単相電動機回路の直接の開閉を電磁接触器MCで行い，電磁接触器の開閉動作は始動用PBS入および停止用PBS切の2個の押しボタンスイッチで操作し，単相電動機の過電流保護として，熱動過電流リレーTHRを用いた回路である。

2 単相電動機の始動動作

図9.17は単相電動機の始動のシーケンス動作を示した図であり，この動作順序を示すと次のようになる。

図 9.17 の動作順序

順 1　電源の配線用遮断器MCCBを閉じる。

順 2　回路1の始動ボタンスイッチPBS入を押すと，そのメーク接点PBS入-m

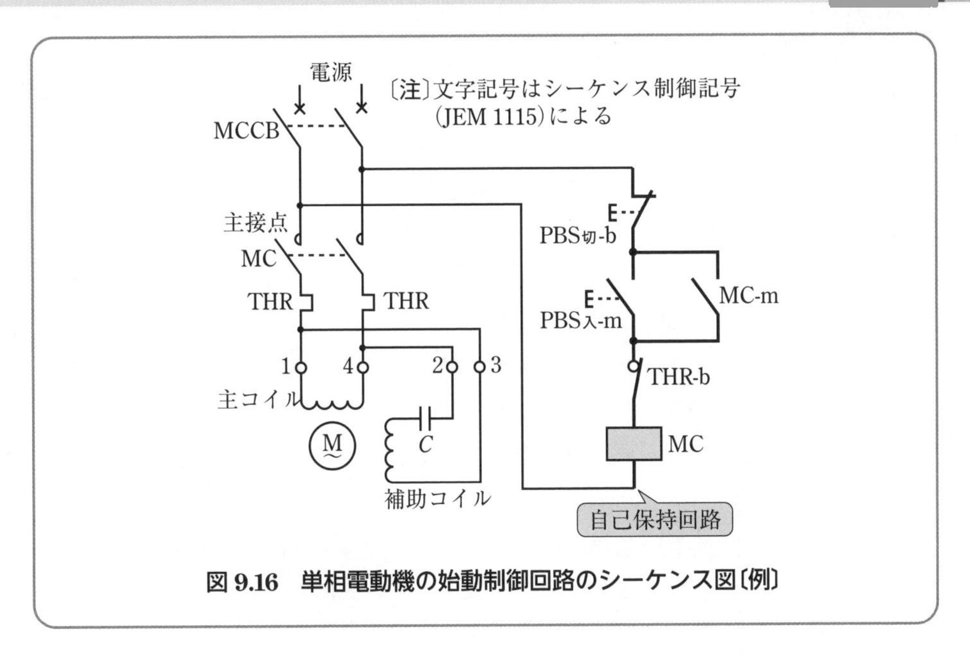

図 9.16　単相電動機の始動制御回路のシーケンス図〔例〕

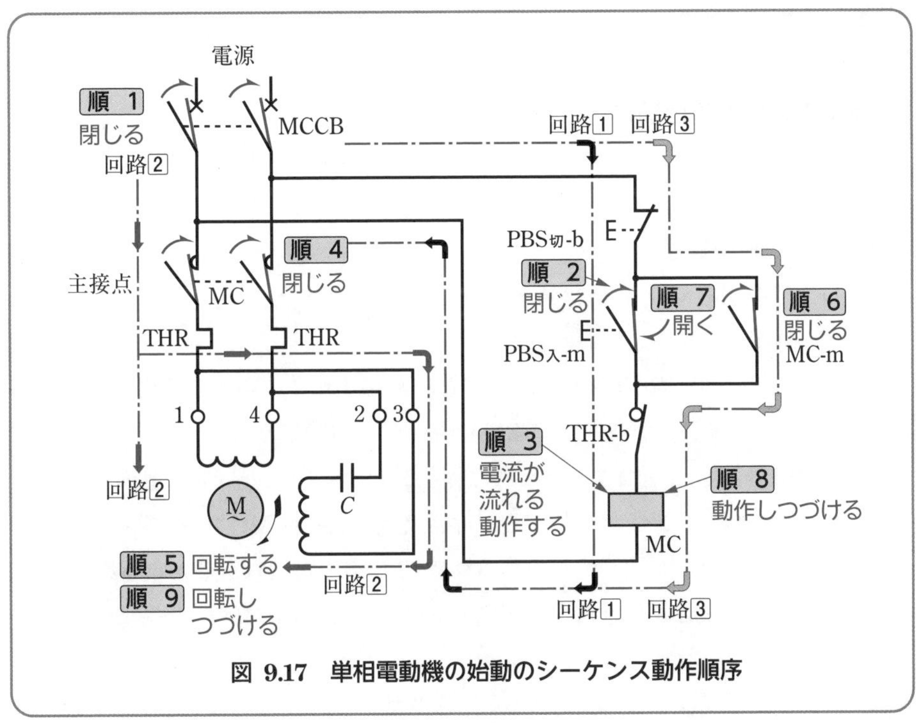

図 9.17　単相電動機の始動のシーケンス動作順序

が閉じる。

[順 3] メーク接点 PBS入-m が閉じると，回路[1]のコイル MC に電流が流れ，電磁接触器 MC が動作する。

電磁接触器 MC が動作すると，次の [順 4] と [順 6] が同時に動作する。

[順 4] 電磁接触器 MC が動作すると，回路[2]の主接点 MC が閉じる。

[順 5] 主接点 MC が閉じると，単相電動機 M に電源電圧が印加され，単相電動機 M は始動し，回転する。

[順 6] 電磁接触器 MC が動作すると，回路[3]の自己保持メーク接点 MC-m が閉じ，コイル MC に電流を流す。

[順 7] 始動ボタンスイッチ PBS入を押す手を離すと，そのメーク接点 PBS入-m は開く。

[順 8] メーク接点 PBS入-m が開いても，回路[3]の自己保持メーク接点 MC-m を通ってコイル MC に電流が流れるので，電磁接触器 MC は動作しつづける（自己保持する）。

[順 9] 電磁接触器 MC の動作継続により単相電動機 M は回転しつづける。

3 単相電動機の停止動作

図 9.18 は，単相電動機の停止のシーケンス動作を示した図であり，この動作順序を示すと次のようになる。

図 9.18 の動作順序

[順 1] 回路[3]の停止ボタンスイッチ PBS切を押すと，そのブレーク接点 PBS切-b が開く。

[順 2] ブレーク接点 PBS切-b が開くと，回路[3]が“開路する”のでコイル MC に電流が流れず，電磁接触器 MC は復帰する。

電磁接触器 MC が復帰すると，次の [順 3] と [順 5] とが同時に動作する。

[順 3] 電磁接触器 MC が復帰すると，回路[2]の主接点 MC が開く。

[順 4] 主接点 MC が開くと，単相電動機 M に電流が流れず停止する。

[順 5] 電磁接触器 MC が復帰すると，回路[3]の自己保持メーク接点 MC-m が開く。

[順 6] 停止ボタンスイッチ PBS切を押す手を離すと，そのブレーク接点

PBS切-b は閉じる。

順 7　ブレーク接点 PBS切-b が閉じても，回路3の自己保持メーク接点 MC-m が開いているので，電磁接触器 MC は復帰したままとなる（自己保持を解く）。

順 8　電磁接触器 MC が復帰したままなので，単相電動機 M は停止している。

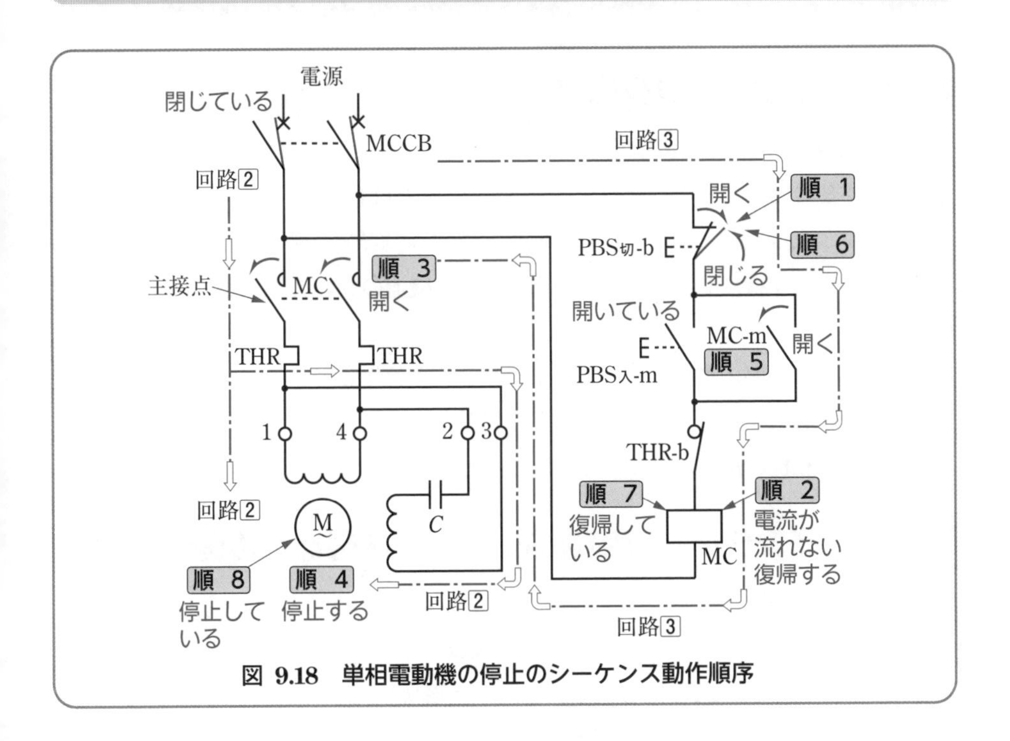

図 9.18　単相電動機の停止のシーケンス動作順序

第10章 インタロック回路と電動機の正逆転制御

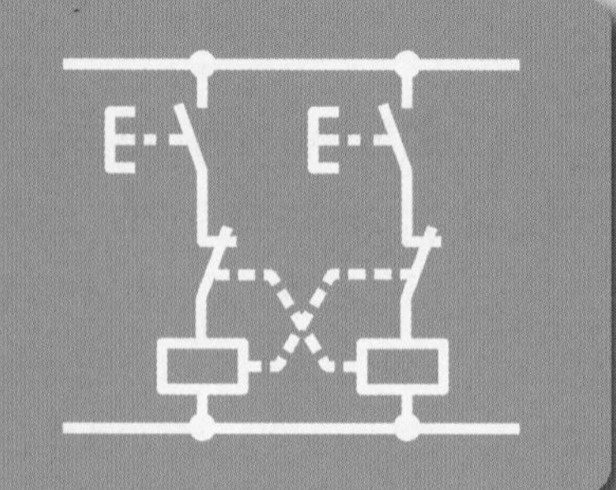

10・1 インタロック回路とは

インタロックとは“復数の動作を関連させるもので，ある条件が成立するまで，動作を阻止することをいう”と定義されている（JEM 1115)。

インタロック回路は，おもに機器の保護と操作者の安全を目的とした回路で，機器の動作状態を表す接点を使って，互いに関連する機器の動作を拘束し合う回路で，**鎖錠回路**ともいう。

インタロック回路の動作は，一方の電磁リレーが動作している間は，相手方の電磁リレーの動作を禁止することから，別名，**相手動作禁止回路**または**先行動作優先回路**ともいい，**電動機の正逆転制御**には，ほとんど定石的に使用される回路である。

10・2 インタロック回路のシーケンス図とその動作

1 シーケンス図

インタロック回路は，図10.1のように，電磁リレーXのコイルXと直列に電磁リレーYのブレーク接点Y-bを接続し，また，電磁リレーYのコイルYと直列に電磁リレーXのブレーク接点X-bを接続する。

(**a**) 図10.1(a)は，電磁リレーXおよび電磁リレーYの入力接点として，それぞれ押しボタンスイッチのメーク接点PBSx-mおよびPBSy-mを用いた場合を示す。

(**b**) 図10.1(b)は，電磁リレーXおよび電磁リレーYの入力接点として，別の電磁リレーのメーク接点A-mおよびB-mを用いた場合を示す。

2 シーケンス動作

電磁リレーXおよび電磁リレーYのうち，どちらか一方の入力が先に与えられて動作しているときは，他方の動作回路は相手方の電磁リレーのブレーク接点によって開放されているので，他方の入力が与えられても動作しない。

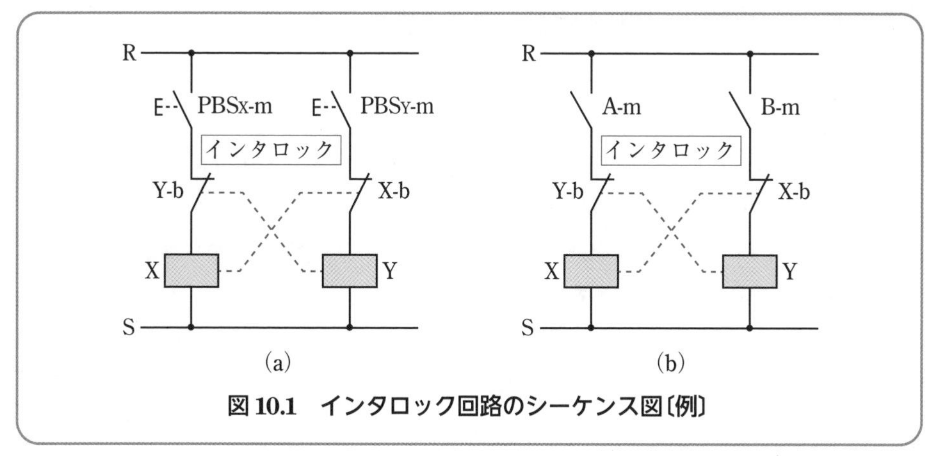

図 10.1 インタロック回路のシーケンス図〔例〕

(1) 電磁リレーXの動作が先行した場合のシーケンス動作 図10.2のように，電磁リレーXが先に動作すると，あとから押しボタンスイッチPBSyのメーク接点PBSy-mを閉じても電磁リレーYは動作しない。

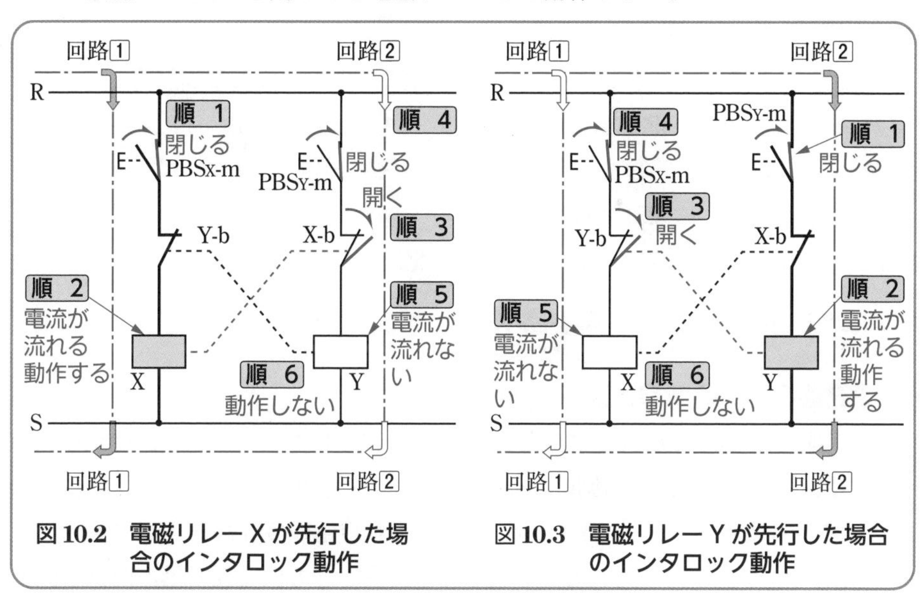

図 10.2 電磁リレーXが先行した場合のインタロック動作

図 10.3 電磁リレーYが先行した場合のインタロック動作

次に，この動作順序について説明しよう。

図 10.2 の動作順序

順 1 回路1のPBSxを押すと，そのメーク接点PBSx-mが閉じる。

順 2 メーク接点PBSx-mが閉じると，回路1のコイルXに電流が流れ，電磁リレーXが動作する。

順3　電磁リレーXが動作すると，回路2のブレーク接点X-bが開く。

順4　回路2のPBSYを押すと，そのメーク接点PBSY-mが閉じる。

順5　PBSY-mが閉じても，回路2のブレーク接点X-bが開いているので，コイルYに電流が流れない（インタロックする）。

順6　コイルYに電流が流れないので，電磁リレーYは動作しない。

(2) 電磁リレーYの動作が先行した場合のシーケンス動作　図10.3のように，電磁リレーYが先に動作すると，あとから押しボタンスイッチPBSXのメーク接点PBSX-mを閉じても電磁リレーXは動作しない。

次に，この動作順序について説明しよう。

図10.3の動作順序

順1　回路2のPBSYを押すと，そのメーク接点PBSY-mが閉じる。

順2　メーク接点PBSY-mが閉じると，回路2のコイルYに電流が流れ，電磁リレーYが動作する。

順3　電磁リレーYが動作すると，回路1のブレーク接点Y-bが開く。

順4　回路1のPBSXを押すと，そのメーク接点PBSX-mが閉じる。

順5　PBSX-mが閉じても，回路1のブレーク接点Y-bが開いているので，コイルXに電流が流れない（インタロックする）。

順6　コイルXに電流が流れないので，電磁リレーXは動作しない。

10・3　電動機の正逆転制御

1　電動機の正逆転制御とは

(a) **電動機の正逆転制御**とは，たとえば，図10.4において，正転用電磁接触器F-MCを投入して，電動機に三相電圧を印加し，正方向（時計方向）に回転しているとき，いったん停止させてから，逆転用電磁接触器R-MCを投入（三相電源のうち2線を入れ換える）して電動機を逆方向（反時計方向）に回転させることをいう。

電動機の正逆転制御は，リフトの上昇・下降，コンベアの右回り・左回り，また，シャッター，ゲート，カーテンなどの開閉動作に用いられている。

(b) 電動機の正逆転制御において，正転用電磁接触器F-MCと逆転用電磁接触

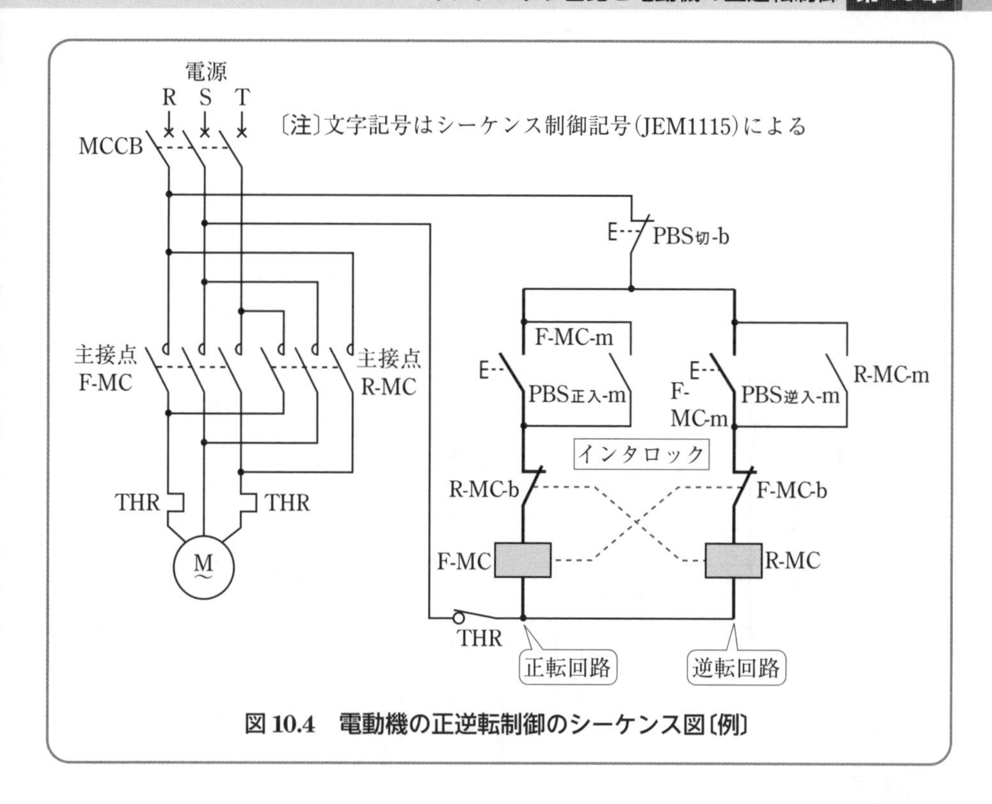

図 10.4　電動機の正逆転制御のシーケンス図〔例〕

器 R-MC が，万が一，同時に投入され閉路するようなことがあると，電源回路は短絡状態となり，焼損事故をおこすことになる。そこで，相手動作禁止回路として，インタロック回路をもうけ，電源短絡事故を防止するようにしている。

2 シーケンス図

電動機の正逆転制御を行うには，図 10.4 のように，自己保持回路による電動機の始動制御回路にインタロック回路をもうけ，正転用電磁接触器 F-MC のコイル F-MC と直列に逆転用電磁接触器 R-MC の補助ブレーク接点 R-MC-b を接続し，また，逆転用電磁接触器 R-MC のコイル R-MC と直列に正転用電磁接触器 F-MC の補助ブレーク接点 F-MC-b を接続する。

3 電動機の正転シーケンス動作

図 10.5 は，電動機の正転シーケンスの動作を示した図であり，この動作順序を示すと次のようになる。

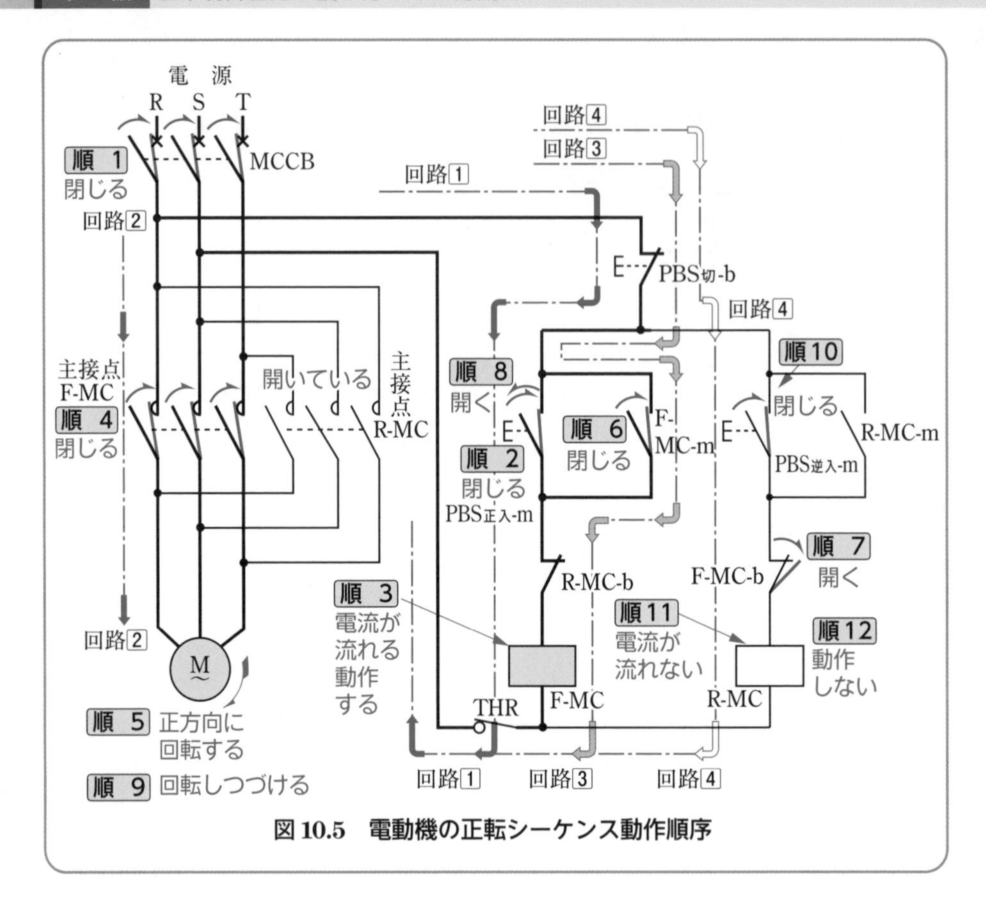

図 10.5　電動機の正転シーケンス動作順序

図 10.5 の動作順序

順 1　電源の配線用遮断器 MCCB を閉じる。

順 2　回路1の正転用始動ボタンスイッチ PBS正入を押すと，そのメーク接点 PBS正入-m が閉じる。

順 3　メーク接点 PBS正入-m が閉じると，回路1のコイル F-MC に電流が流れ，正転用電磁接触器 F-MC が動作する。

正転用電磁接触器 F-MC が動作すると，次の 順 4 ， 順 6 ， 順 7 の動作が同時に行われる。

順 4　正転用電磁接触器 F-MC が動作すると，回路2の主接点 F-MC が閉じる。

順 5　主接点 F-MC が閉じると，回路2の電動機 M に電源電圧が印加され，電動機 M は始動し，正方向に回転する。

順 6　正転用電磁接触器 F-MC が動作すると，回路3の自己保持メーク接点 F-MC-m が閉じ，コイル F-MC に電流を流す。

順 7　正転用電磁接触器 F-MC が動作すると，回路4の補助ブレーク接点 F-MC-b が開く。

順 8　正転用始動ボタンスイッチ PBS正入を押す手を離すと，そのメーク接点 PBS正入-m は開く。

順 9　メーク接点 PBS正入-m が開いても，回路3を通ってコイル F-MC に電流が流れる（自己保持する）ので，正転用電磁接触器 F-MC は動作を継続し，電動機 M は正方向へ回転しつづける。

順 10　回路4の逆転用始動ボタンスイッチ PBS逆入を押すと，そのメーク接点 PBS逆入-m が閉じる。

順 11　メーク接点 PBS逆入-m が閉じても，回路4のブレーク接点 F-MC-b が開いているので，コイル R-MC に電流が流れない（インタロックする）。

順 12　コイル R-MC に電流が流れないので，逆転用電磁接触器 R-MC は動作しない。

4 電動機の逆転シーケンス動作

図 10.6 は電動機の逆転シーケンスの動作を示した図であり，この動作順序を示すと次のようになる。

図 10.6 の動作順序

順 1　電源の配線用遮断器 MCCB を閉じる。

順 2　回路4の逆転用始動ボタンスイッチ PBS逆入を押すと，そのメーク接点 PBS逆入-m が閉じる。

順 3　メーク接点 PBS逆入-m が閉じると，回路4のコイル R-MC に電流が流れ，逆転用電磁接触器 R-MC が動作する。

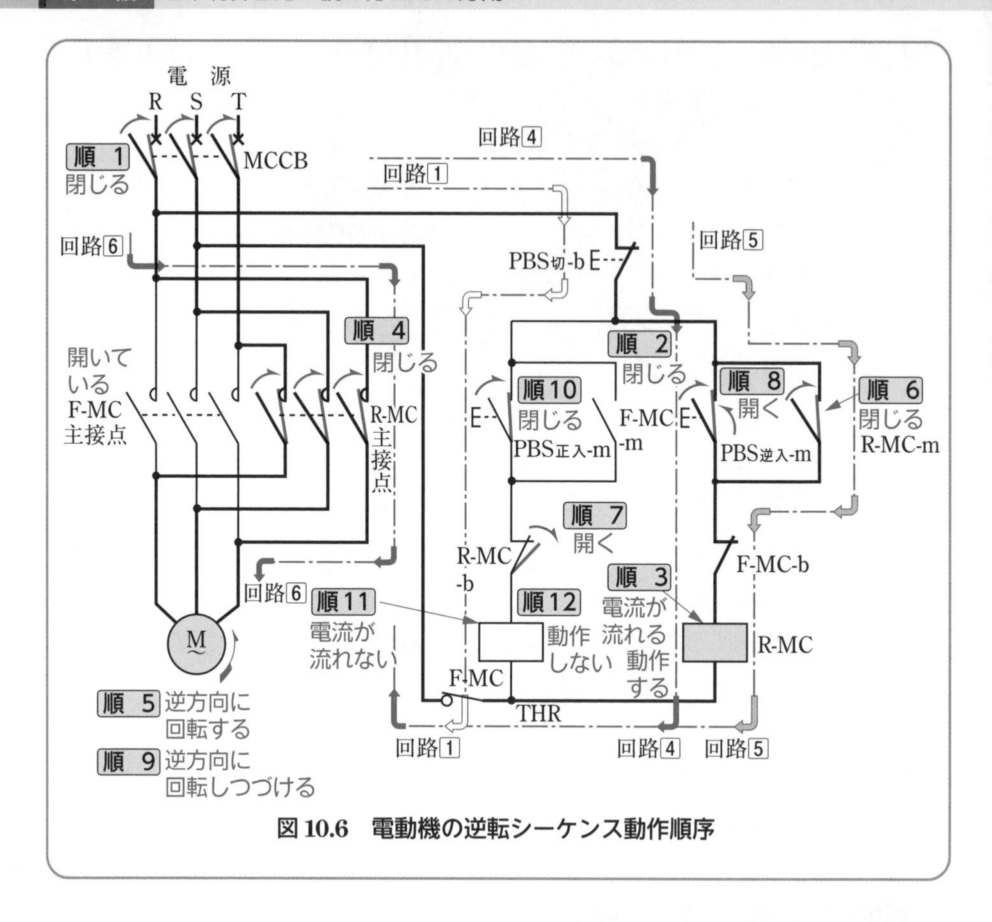

図 10.6　電動機の逆転シーケンス動作順序

逆転用電磁接触器 R-MC が動作すると，次の 順 4，順 6，順 7 の動作が同時に行われる。

順 4　逆転用電磁接触器 R-MC が動作すると，回路6の主接点 R-MC が閉じる。

順 5　主接点 R-MC が閉じると，回路6の電動機 M に電源電圧が印加され，電動機 M は始動し，逆方向に回転する。

順 6　逆転用電磁接触器 R-MC が動作すると，回路5の自己保持メーク接点 R-MC-m が閉じ，コイル R-MC に電流を流す。

順 7　逆転用電磁接触器 R-MC が動作すると，回路1の補助ブレーク接点 R-MC-b が開く。

順 8 逆転用始動ボタンスイッチ PBS逆入を押す手を離すと，そのメーク接点 PBS逆入-m は開く。

順 9 メーク接点 PBS逆入-m が開いても，回路5を通ってコイル R-MC に電流が流れる（自己保持する）ので，逆転用電磁接触器 R-MC は動作を継続し，電動機 M は逆方向に回転しつづける。

順 10 回路1の正転用始動ボタンスイッチ PBS正入を押すと，そのメーク接点 PBS正入-m が閉じる。

順 11 メーク接点 PBS正入-m が閉じても，回路1のブレーク接点 R-MC-b が開いているので，コイル F-MC に電流が流れない（インタロックする）。

順 12 コイル F-MC に電流が流れないので，正転用電磁接触器 F-MC は動作しない。

第11章 手動・自動切換回路とコンプレッサの手動・自動切換制御

11・1 手動・自動切換回路

1 手動・自動切換回路とは

シーケンス制御装置を，あるときは手動で制御し，あるときは自動で制御できるようにした，手動運転と自動運転を切り換える回路を**手動・自動切換回路**という。したがって，この回路は，圧力スイッチによるコンプレッサの圧力制御，フロートスイッチによるポンプの水位制御，サーモスタットによるヒータの温度制御などにおいて，手動運転と自動運転とを併用して制御できる便利な回路である。

2 シーケンス図

図 11.1 は切換スイッチ COS で，手動・自動の切換を行うようにした手動・自動切換回路である。手動側には，保持形の手動操作スイッチ CS のメーク接点 CS-m を接続し，自動側には，制御リレー R のメーク接点 R-m を接続する。

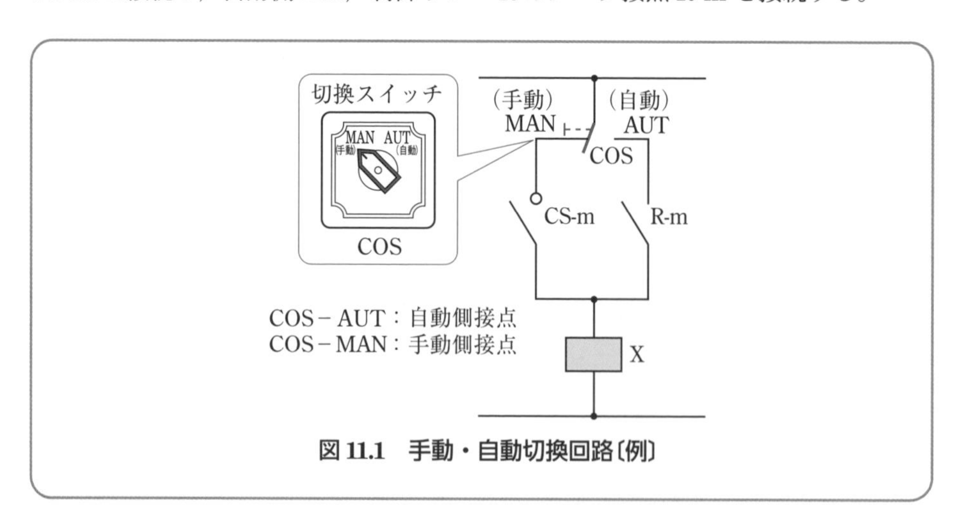

図 11.1　手動・自動切換回路〔例〕

11・2 コンプレッサの手動・自動切換制御

1 シーケンス図

一般に，コンプレッサには簡単な自動動作の安全弁を用いているが，より安全に制御するために圧力スイッチを用いて，圧力が上昇すると自動的に停止し，圧力が下降すると自動的に運転するようにしている。

用語 **圧力スイッチ**とは，気体または液体の圧力が整定値に達したとき動作する検出スイッチをいう

この場合，保守点検用あるいは自動部が故障した時の緊急運転用などのために，圧力スイッチによる自動運転と手動で操作する押しボタンスイッチによる手動運転の切換回路が用いられる。

図11.2は，コンプレッサCOMPの駆動電動機Mを圧力スイッチPRSで制御する自動運転回路と，手動で操作する始動用PBS入および停止用PBS切の2個の押しボタンスイッチを用いた手動運転回路とを，切換スイッチCOSで切り換えるようにした場合のシーケンス図である。

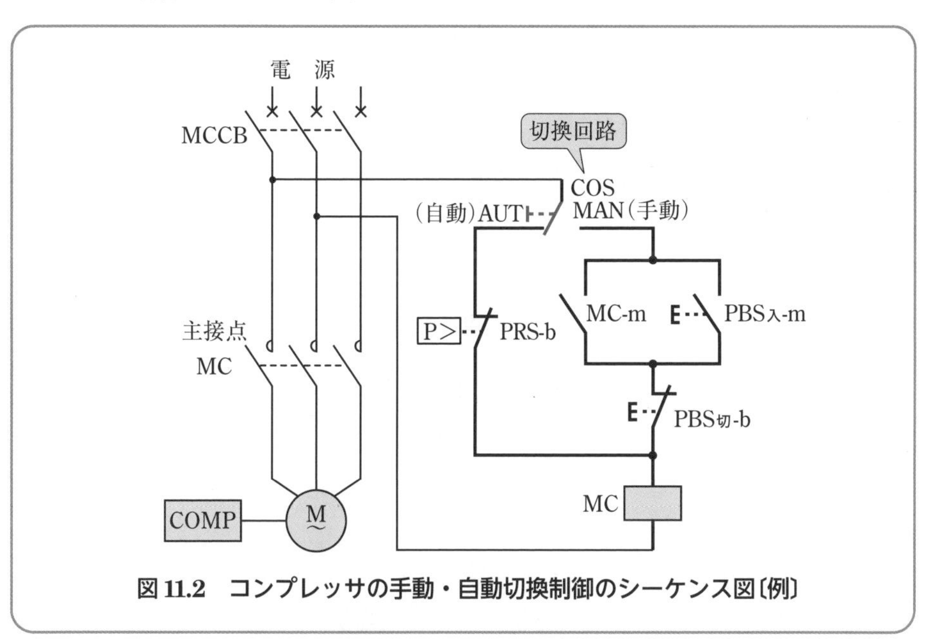

図11.2 コンプレッサの手動・自動切換制御のシーケンス図〔例〕

2 コンプレッサの自動運転の動作

図 11.2 において，電源の配線用遮断器 MCCB を閉じ，切換スイッチ COS を自動側 AUT に入れる。

圧力スイッチ PRS のブレーク接点 PRS-b は，圧力が制御整定圧力よりも上昇すると動作し"開路"してコンプレッサを停止し，圧力が下降すると復帰し，"閉路"してコンプレッサを運転させる。次に，コンプレッサの圧力が下降した場合および上昇した場合のシーケンス動作を図 11.3 によって説明する。

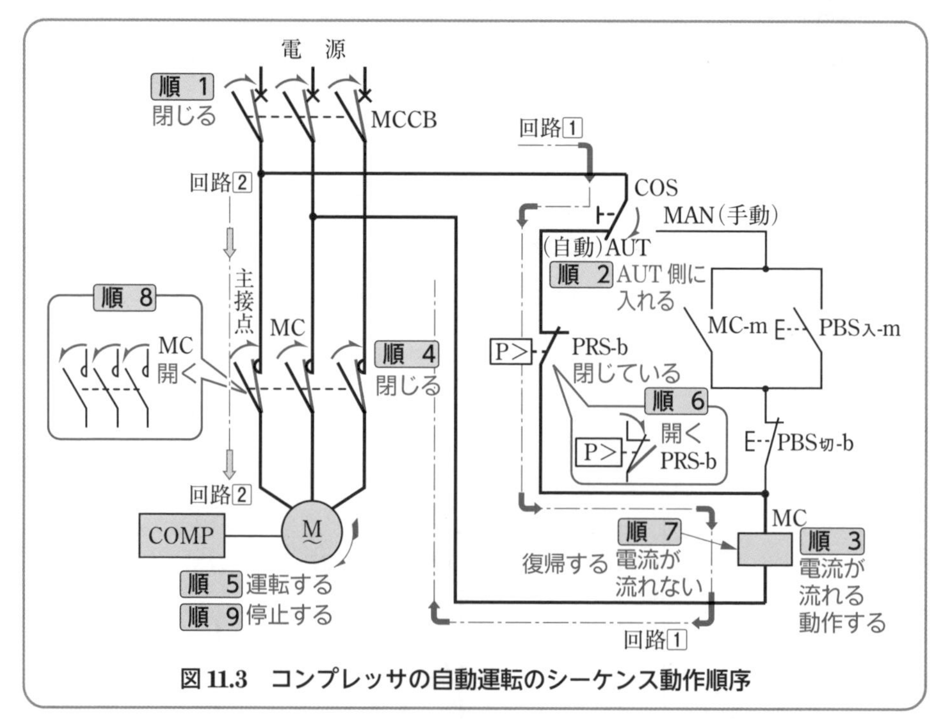

図 11.3　コンプレッサの自動運転のシーケンス動作順序

(1) コンプレッサの圧力が下降した場合　コンプレッサの圧力が下降すると，圧力スイッチが復帰してブレーク接点を閉じ，コンプレッサを始動し運転する。次に，この動作順序について説明しよう。

図 11.3 の動作順序

順1　電源の配線用遮断器 MCCB を閉じる。

順2　回路1の切換スイッチ COS を AUT（自動）側に入れる。

順3　コンプレッサの圧力が下降している場合は，圧力スイッチ PRS が復帰し，ブレーク接点 PRS-b が閉じているので，回路1のコイル MC に電流が流れ，電磁接触器 MC が動作する。

順 4　電磁接触器 MC が動作すると，回路2の主接点 MC が閉じる。

順 5　主接点 MC が閉じると，回路2の電動機 M に電流が流れ回転して，コンプレッサ COMP が運転される。

(2) コンプレッサの圧力が上昇した場合　コンプレッサの圧力が上昇すると，圧力スイッチが動作してブレーク接点を開路し，コンプレッサが停止する。

次に，この動作順序について説明しよう。

図 11.3 の動作順序

順 6　コンプレッサの圧力が上昇すると，回路1の圧力スイッチ PRS が動作してブレーク接点 PRS-b を開く。

順 7　ブレーク接点 PRS-b が開くと，回路1のコイル MC に電流が流れなくなり，電磁接触器 MC が復帰する。

順 8　電磁接触器 MC が復帰すると，回路2の主接点 MC が開く。

順 9　主接点 MC が開くと，回路2の電動機 M に電流が流れないから回転が止まり，コンプレッサ COMP は停止する。

3 コンプレッサの手動運転の動作

電源の配線用遮断器 MCCB を閉じ，切換スイッチ COS を手動側 MAN に入れる。

(1) コンプレッサの運転の動作　始動ボタンスイッチ PBS入を押すと，コンプレッサは運転する。次に，コンプレッサの運転および停止のシーケンス動作を図 11.4 によって説明する。

図 11.4 の動作順序

順 1　電源の配線用遮断器 MCCB を閉じる。

順 2　回路3の切換スイッチ COS を MAN（手動）側に入れる。

順 3　始動ボタンスイッチ PBS入を押すと，メーク接点 PBS入-m が閉じる。

順 4　メーク接点 PBS入-m が閉じると，回路3のコイル MC に電流が流れ，電磁接触器 MC が動作する。

順 5　電磁接触器 MC が動作すると，回路2の主接点 MC が閉じる。

順 6　主接点 MC が閉じると，回路2の電動機 M に電流が流れ回転して，

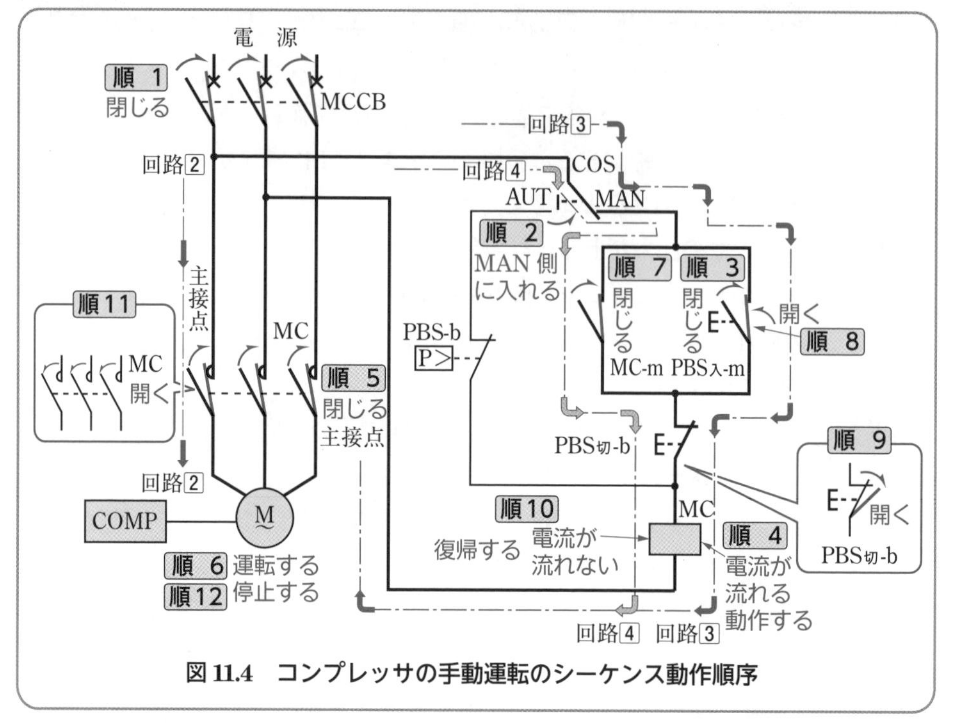

図 11.4　コンプレッサの手動運転のシーケンス動作順序

コンプレッサ COMP が運転される。

順 7　電磁接触器 MC が動作すると，回路4のメーク接点 MC-m が閉じる。

順 8　始動ボタンスイッチ PBS入を押す手を離して，メーク接点 PBS入-m が開いても，回路4を通ってコイル MC に電流が流れ自己保持する。

(2) コンプレッサの停止の動作　停止ボタンスイッチを押すと，コンプレッサは停止する。

図 11.4 の動作順序

順 9　回路4の停止ボタンスイッチ PBS切を押すと，そのブレーク接点 PBS切-b が開く。

順 10　ブレーク接点 PBS切-b が開くと，回路4のコイル MC に電流が流れなくなり，電磁接触器 MC が復帰する。

順 11　電磁接触器 MC が復帰すると，回路2の主接点 MC が開く。

順 12　主接点 MC が開くと，回路2の電動機 M に電流が流れなくなり回転が止まって，コンプレッサ COMP は停止する。

第12章 限時回路と電動機の間隔運転制御

12・1 限時回路とは

入力信号の変化時から所定の時限だけ遅れて出力信号を変化させる器具を**タイマ**（Time-Lag Relay : TLR 3.5 節参照）といい，このタイマを用いて運転時限の制御を行う回路を**限時回路**という。この回路は，電動機の間隔運転制御，電動ポンプの繰り返し運転制御，コンベヤの一時停止運転制御などに用いられている。

12・2 連続入力信号による遅延動作回路

1 遅延動作回路とは

遅延動作回路とは，タイマの出力側から見た動作状態で，入力信号が与えられてから，一定時限（タイマの整定時限）後に，負荷を閉路または開路する最も基本的な限時回路をいう。

2 シーケンス図

連続入力信号による遅延動作回路とは，図 12.1 に示すシーケンス図のように，入力信号接点として，トグルスイッチ，タンブラスイッチなどの保持形スイッチのメーク接点を用いて，連続入力信号を与えるようにした回路をいう。

図 12.1 は，一定時限後に閉路する場合を示す。

3 限時動作瞬時復帰接点の動作

限時動作瞬時復帰接点について，そのメーク接点の動作を例として次に記す。

図 12.2 において，保持形スイッチ S のメーク接点 S-m を閉じることによって連続入力信号をタイマ TLR に与えると，その整定時限後に動作して限時動作瞬時復帰メーク接点 TLR-m を閉じ，負荷に電流を流す。

次に，限時動作瞬間復帰メーク接点の動作順序について説明しよう。

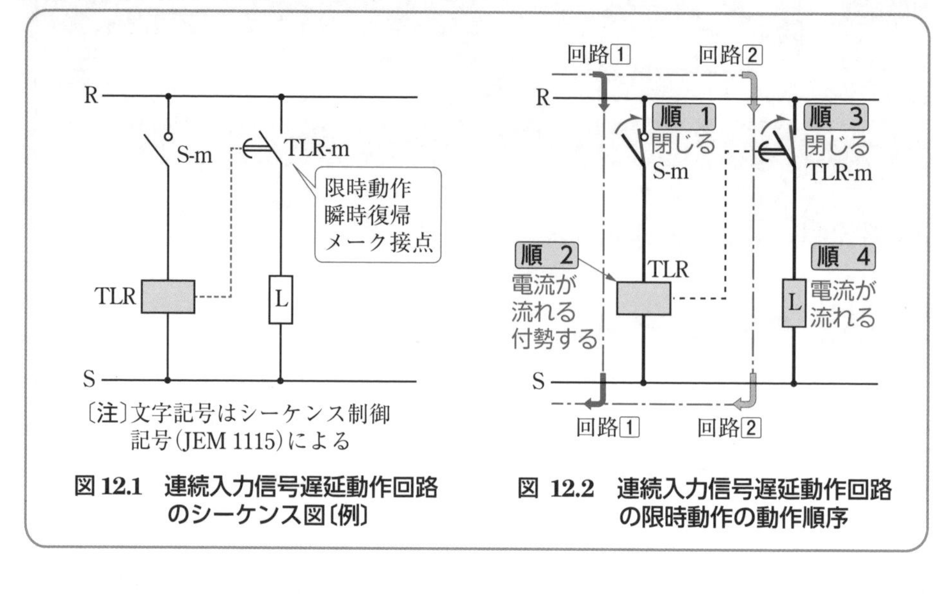

図 12.1 連続入力信号遅延動作回路のシーケンス図〔例〕

図 12.2 連続入力信号遅延動作回路の限時動作の動作順序

（1） 限時動作の動作順序

図 12.2 の動作順序

順 1 回路1の保持形スイッチ S を入れると，メーク接点 S-m が閉じる。

順 2 メーク接点 S-m が閉じると，回路1の作動部 TLR に電流が流れ，タイマ TLR は付勢する。

順 3 タイマ TLR の整定時限が経過すると，回路2の限時動作瞬時復帰メーク接点 TLR-m が閉じる。

順 4 メーク接点 TLR-m が閉じると，回路2の負荷 L に電流が流れる。

（2） 瞬時復帰の動作順序 保持形スイッチ S のメーク接点 S-m を開くと，タイマ TLR は瞬間的に消勢し復帰して接点を開き，負荷 L に電流が流れなくなる。

図 12.3 は，連続入力信号による遅延動作回路（図 12.2）の限時動作瞬時復帰メーク接点のタイムチャートを示した図である。

4 瞬時動作限時復帰接点の動作

瞬時動作限時復帰接点について，そのメーク接点の動作を例として次に記す。

（1） 瞬時動作の動作順序 図 12.4 において，保持形スイッチ S のメーク接点 S-m を閉じるとタイマ TLR は瞬時に付勢し動作して，その瞬時動作限時復帰

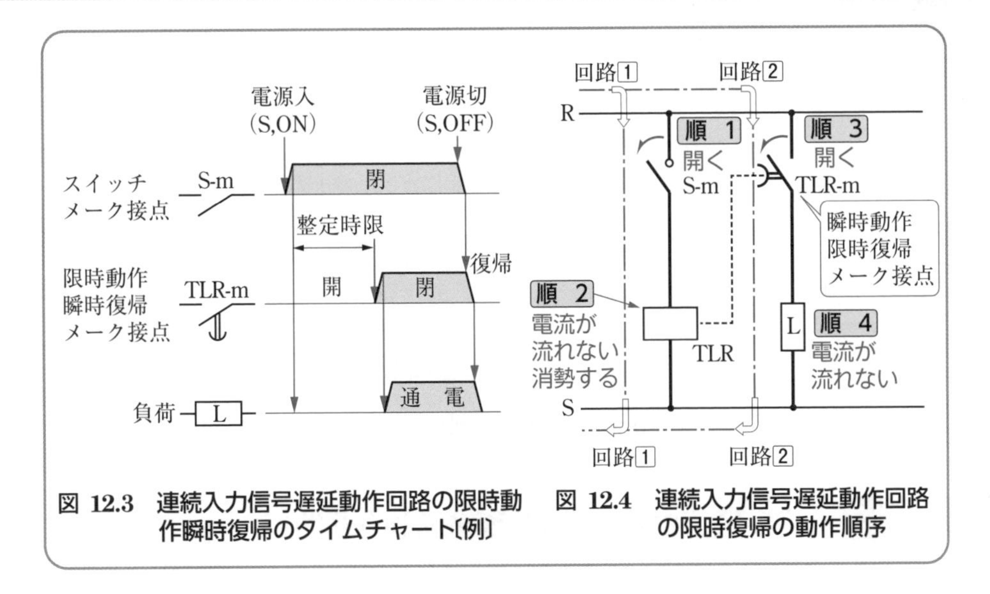

図 12.3 連続入力信号遅延動作回路の限時動作瞬時復帰のタイムチャート〔例〕

図 12.4 連続入力信号遅延動作回路の限時復帰の動作順序

メーク接点 TLR-m を閉じ，負荷 L に電流を流す。

(2) **限時復帰の動作順序**　保持形スイッチ S のメーク接点 S-m の“閉”によって，連続入力信号をタイマ TLR に与えた状態で保持形スイッチ S のメーク接点 S-m を開くと，タイマ TLR の瞬時動作限時復帰メーク接点 TLR-m は整定時限後に復帰して開き，負荷 L には電流が流れなくなる。

次に，図 12.4 で示した瞬時動作限時復帰メーク接点回路の限時復帰の動作順序を説明しよう。

図 12.4 の動作順序

順 1　回路1の保持形スイッチ S を切ると，そのメーク接点 S-m が開く。

順 2　メーク接点 S-m が開くと，回路1の作動部 TLR に電流が流れないので，タイマ TLR は消勢する。

順 3　タイマ TLR の消勢後整定時限が経過すると，回路2の瞬時動作限時復帰メーク接点 TLR-m が開く。

順 4　メーク接点 TLR-m が開くと，回路2の負荷 L に電流が流れなくなる。

連続入力信号による遅延動作回路の瞬時動作限時復帰メーク接点のタイムチャートを示すと，図 12.5 のようになる。

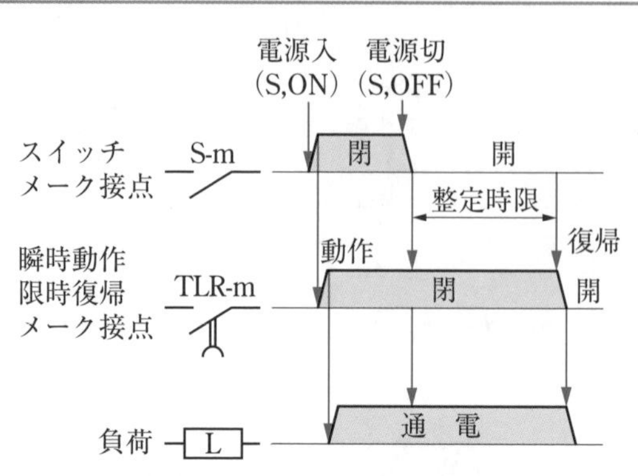

図 12.5　連続入力信号遅延動作回路の瞬時動作限時復帰のタイムチャート〔例〕

12・3　パルス入力信号による遅延動作回路

1 シーケンス図

入力信号として，押しボタンスイッチの開閉のように，パルス信号（パルス状の波形をもつ信号）によって与えられる遅延動作回路について，タイマ TLR と補助リレー STR を用いた場合のシーケンス図を図 12.6 に示す。

用語 **補助リレー**とは，制御リレーや保護リレーなどの補助として使用し，接点容量の増加，接点数の増加または限時の付加などを目的とするリレーをいう

2 限時動作瞬時復帰接点の動作

限時動作瞬時復帰接点について，そのメーク接点の動作を例として次に記す。

（1）**限時動作の動作順序**　図 12.7 の限時動作瞬時復帰回路において，押しボタンスイッチ PBS入のメーク接点 PBS入-m の閉によって，パルス入力信号をタイマ TLR に与えると，タイマ TLR の整定時限後に動作して限時動作瞬時復帰メーク接点 TLR-m を閉じ，負荷 L に電流を流す。

次に，この限時動作の動作順序について説明しよう。

図 12.7 の動作順序

順 1　回路1のの始動ボタンスイッチ PBS入を押すと，そのメーク接点 PBS入-m が閉じる。

順 2　メーク接点 PBS入-m が閉じると，回路1のコイル STR に電流が流れ，補助リレー STR が動作する。

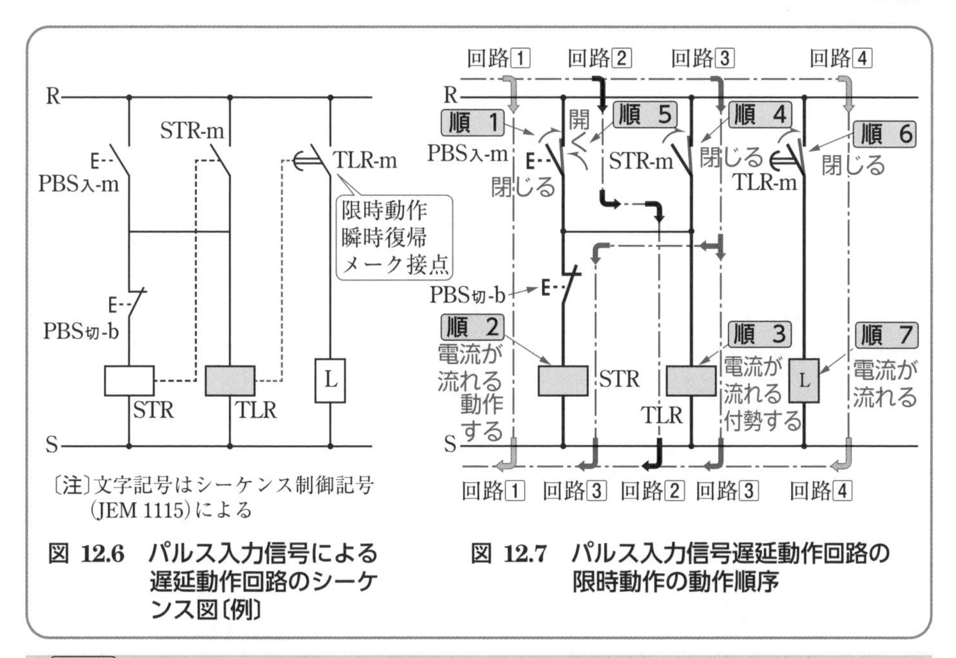

〔注〕文字記号はシーケンス制御記号(JEM 1115)による

図 12.6 パルス入力信号による遅延動作回路のシーケンス図〔例〕

図 12.7 パルス入力信号遅延動作回路の限時動作の動作順序

順 3 メーク接点 PBS入-m が閉じると，回路2の作動部 TLR に電流が流れ，タイマ TLR が付勢される。

ここで，タイマ TLR は付勢されても，すぐには限時動作瞬時復帰メーク接点 TLR-m が動作せず，整定時限経過ののちに動作して閉じる。

順 4 補助リレー STR が動作すると，回路3の自己保持メーク接点 STR-m が閉じ補助リレーのコイル STR，タイマの作動部 TLR に電流を流す。

順 5 始動ボタンスイッチ PBS入を押す手を離すと，そのメーク接点 PBS入-m は開くが，回路3を通って，電流が流れるので，補助リレー STR は自己保持して動作を継続し，タイマ TLR は付勢されつづける。

順 6 タイマ TLR の整定時限が経過すると，回路4の限時動作瞬時復帰メーク接点 TLR-m が閉じる。

順 7 メーク接点 TLR-m が閉じると，回路4の負荷 L に電流が流れる。

(2) 瞬時復帰の動作順序 図 12.7 において，停止ボタンスイッチ PBS切を押すと，そのブレーク接点 PBS切-b が開き，回路3の補助リレーのコイル STR に電流が流れなくなり，補助リレー STR が復帰して回路3の自己保持メーク接点 STR-m を開く。自己保持メーク接点 STR-m の開により，回路3の作動部

TLRに電流が流れなくなってタイマTLRが消勢し復帰すると，瞬時に回路[4]の限時動作瞬時復帰メーク接点TLR-mが開き，負荷Lに電流が流れなくなる。

作動部TLRに電流が流れタイマTLRは付勢されても，整定時限が経過したのちでないと動作して接点を開（ブレーク接点TLR-bの場合）かず，または閉（メーク接点TLR-mの場合）じず，また逆に作動部TLRに電流が流れなくなってタイマTLRが消勢すると，瞬時に復帰して閉じる（ブレーク接点TLR-bの場合）または開く（メーク接点TLR-mの場合）接点を**限時動作瞬時復帰接点**という。

図12.8は，パルス入力信号による遅延動作回路の限時動作瞬時復帰メーク接点のタイムチャートを示した図である。

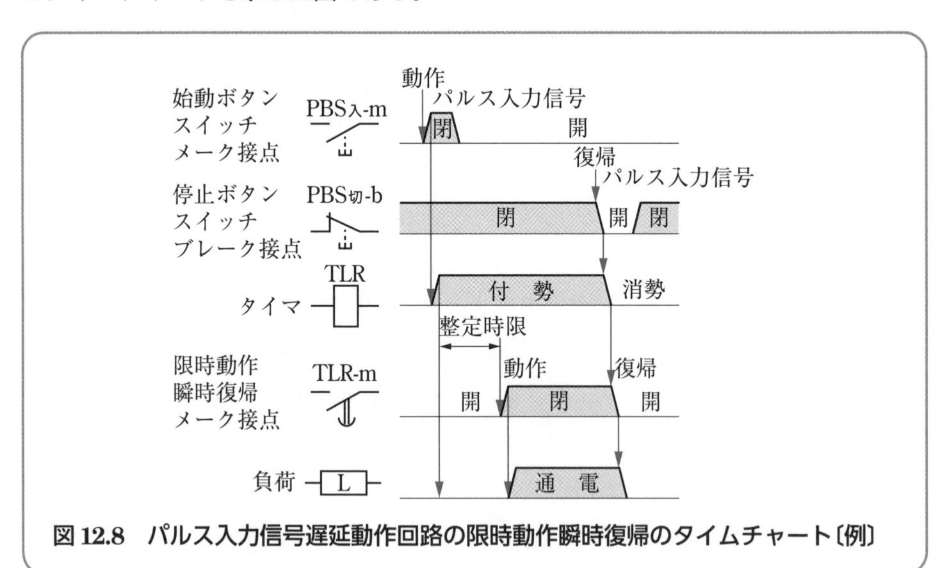

図12.8　パルス入力信号遅延動作回路の限時動作瞬時復帰のタイムチャート〔例〕

3 瞬時動作限時復帰接点の動作

瞬時動作限時復帰接点について，そのメーク接点の動作を例として次に記す。

（1）**瞬時動作の動作順序**　図12.9の瞬時動作限時復帰回路において，始動ボタンスイッチPBS入のメーク接点PBS入-mの閉によって，パルス入力信号がタイマの作動部TLRに与えられると，タイマは瞬時に動作して，その瞬時動作限時復帰メーク接点TLR-mを閉じ負荷Lに電流を流す。

（2）**限時復帰の動作順序**　図12.9において，タイマが動作している状態で，停

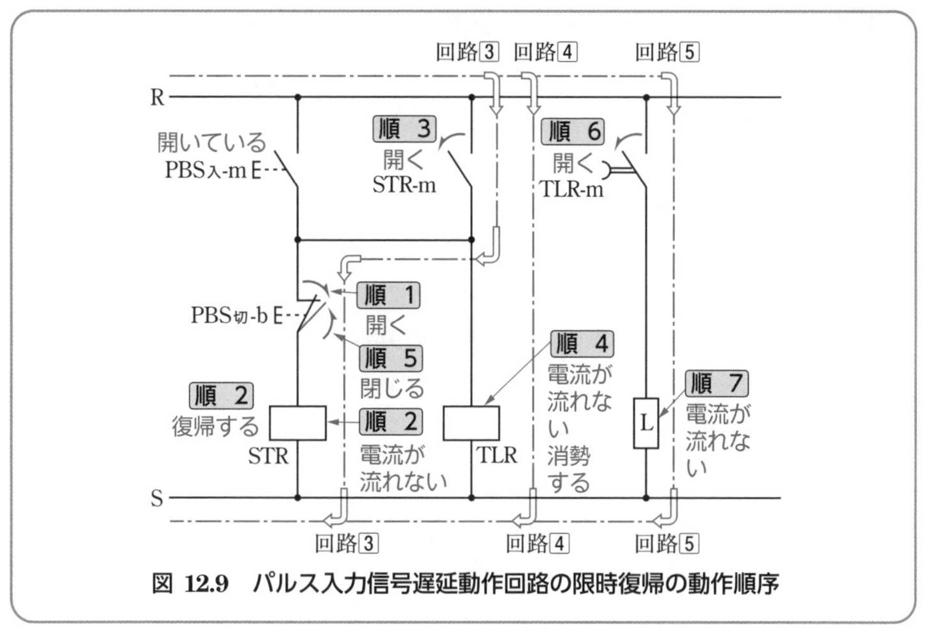

図 12.9　パルス入力信号遅延動作回路の限時復帰の動作順序

止ボタンスイッチのブレーク接点PBS切-bの“開”のパルス入力信号をタイマの作動部に与えると，その整定時限経過後に消勢し復帰して瞬時動作限時復帰メーク接点TLR-mを開き，負荷Lに電流が流れなくなる。

次に，この限時復帰の動作順序について説明しよう。

図 12.9 の動作順序

- 順 1　回路3の停止ボタンスイッチPBS切を押すと，そのブレーク接点PBS切-bが開く。
- 順 2　ブレーク接点PBS切-bが開くと，回路3に電流が流れなくなり，補助リレーSTRが消勢し復帰する。
- 順 3　補助リレーSTRが復帰すると，回路3の自己保持メーク接点STR-mが開く。
- 順 4　自己保持メーク接点STR-mが開くと，回路4のタイマの作動部TLRに電流が流れなくなり，タイマTLRが消勢する。
- 順 5　停止ボタンスイッチPBS切を押す手を離してブレーク接点PBS切-bが閉じても，回路3，回路4の自己保持メーク接点STR-mが開いているので，補助リレーSTRは動作せず，タイマTLRは付勢しない。

順 6　タイマ TLR の整定時限が経過すると，回路5の瞬時動作限時復帰メーク接点 TLR-m が復帰して開く。

順 7　メーク接点 TLR-m が開くと，回路5の負荷 L に電流が流れない。

作動部 TLR に電流が流れタイマ TLR が付勢すると，瞬時に動作して接点を閉じ（メーク接点 TLR-m の場合）または開き（ブレーク接点 TLR-b の場合），また，逆にタイマの作動部 TLR に電流が流れなくなって消勢しても，整定時限が経過しないと復帰して開かない（メーク接点 TLR-m の場合）または閉じない（ブレーク接点 TLR-b の場合）接点を**瞬時動作限時復帰接点**という。

パルス入力信号による遅延動作回路の瞬時動作限時復帰メーク接点のタイムチャートを図 12.10 に示す

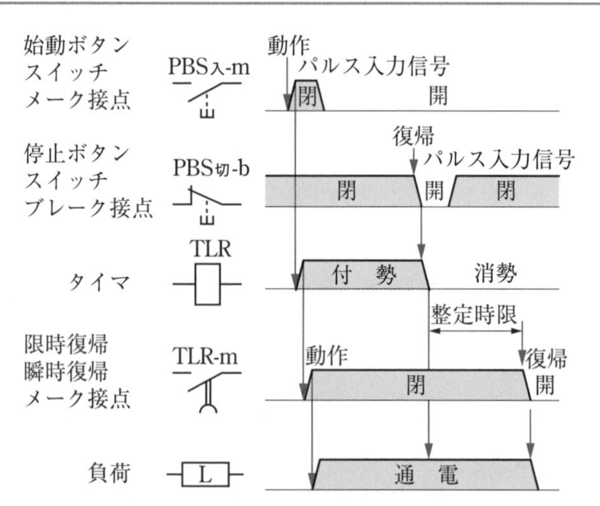

図 12.10　パルス入力信号遅延動作回路の瞬時動作限時復帰のタイムチャート〔例〕

12·4　パルス入力信号による間隔動作回路

1　間隔動作回路とは

間隔動作回路とは，タイマによって整定した時限だけ負荷を動作状態とする回路で，**一定時間動作回路**ともいい，基本的な限時回路の一つである。

図 12.11 は，押しボタンスイッチのパルス入力信号によるタイマと，補助リレーを用いた間隔動作回路のシーケンス図の一例を示したものである。

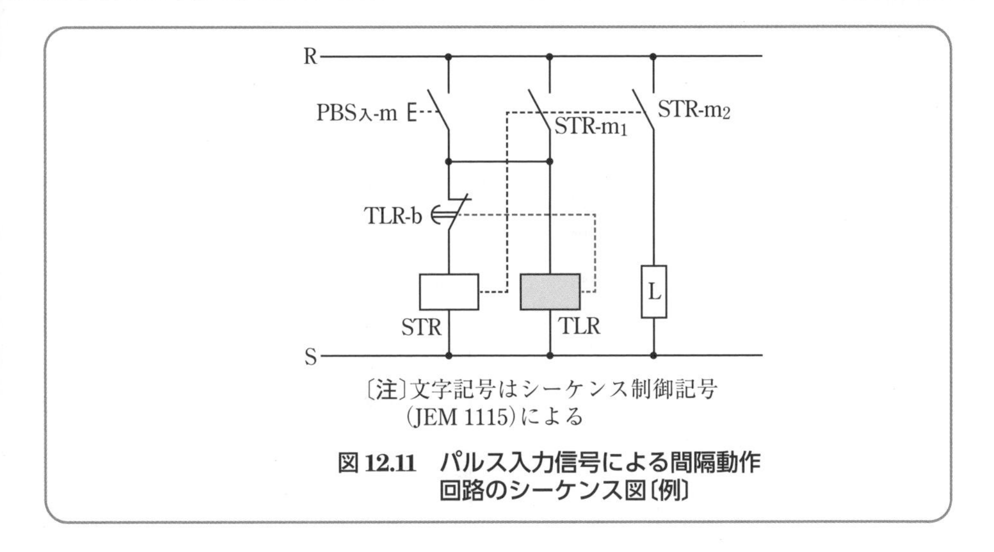

図 12.11 パルス入力信号による間隔動作回路のシーケンス図〔例〕

2 間隔動作回路の動作

図 12.12 において，始動ボタンスイッチ PBS入のメーク接点 PBS入-m の“閉”によるパルス入力信号を与えると，補助リレー STR が動作し，タイマ TLR が付勢されて，負荷 L に電流が流れる。タイマ TLR の整定時限が経過すると限時動作瞬時復帰ブレーク接点 TLR-b が動作して開路し，自動的に負荷 L に電流が流れないようになる。次に，この動作順序について説明しよう。

図 12.12 の動作順序

順 1 回路1の始動ボタンスイッチ PBS入を押すとそのメーク接点 PBS入-m が閉じる。

順 2 メーク接点 PBS入-m が閉じると，回路1のコイル STR に電流が流れ，補助リレー STR が動作する。

順 3 メーク接点 PBS入-m が閉じると，回路2の作動部 TLR に電流が流れ，タイマ TLR が付勢される。

順 4 補助リレー STR が動作すると，回路3の補助リレーの自己保持メーク接点 STR-m_1 が閉じて，補助リレーのコイル STR およびタイマの作動部 TLR に電流を流す。

順 5 補助リレー STR が動作すると，回路4の補助リレー STR のメーク接点 STR-m_2 が閉じる。

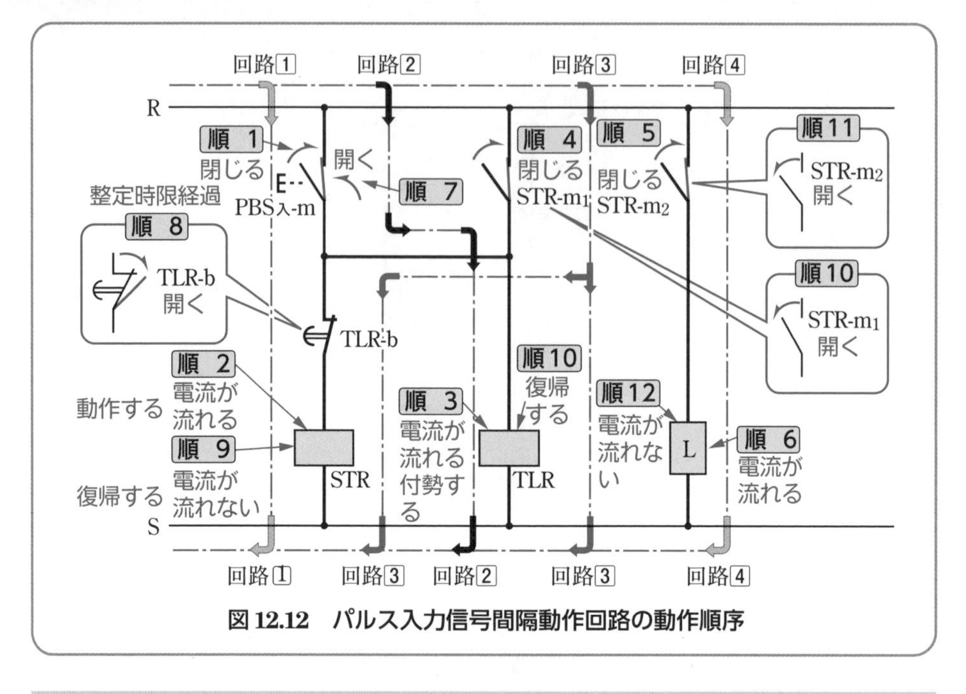

図 12.12　パルス入力信号間隔動作回路の動作順序

順 6　メーク接点 STR-m_2 が閉じると，回路4の負荷 L に電流が流れる。

順 7　始動ボタンスイッチ PBS入を押す手を離すと，そのメーク接点 PBS入-m は開くが，回路3を通って電流が流れるので，補助リレー STR は動作を継続し，タイマ TLR は付勢されつづける。

ここで，タイマ TLR が付勢されてから，その整定時限が経過すると，次の停止動作が行われる。

順 8　タイマ TLR の整定時限が経過すると，回路3の限時動作瞬時復帰ブレーク接点 TLR-b が動作して開く。

順 9　ブレーク接点 TLR-b が開くと，回路3のコイル STR には電流が流れないので，補助リレー STR は復帰する。

順 10　補助リレー STR が復帰すると，回路3の自己保持メーク接点 STR-m_1 が開き，作動部 TLR に電流が流れず，タイマ TLR は消勢し復帰する。

順 11　補助リレー STR が復帰すると，回路4のメーク接点 STR-m_2 が開く。

順 12　メーク接点 STR-m_2 が開くと，回路4の負荷 L に電流が流れなくなる。

パルス入力信号による間隔動作回路のタイムチャートを図 12.13 に示す。

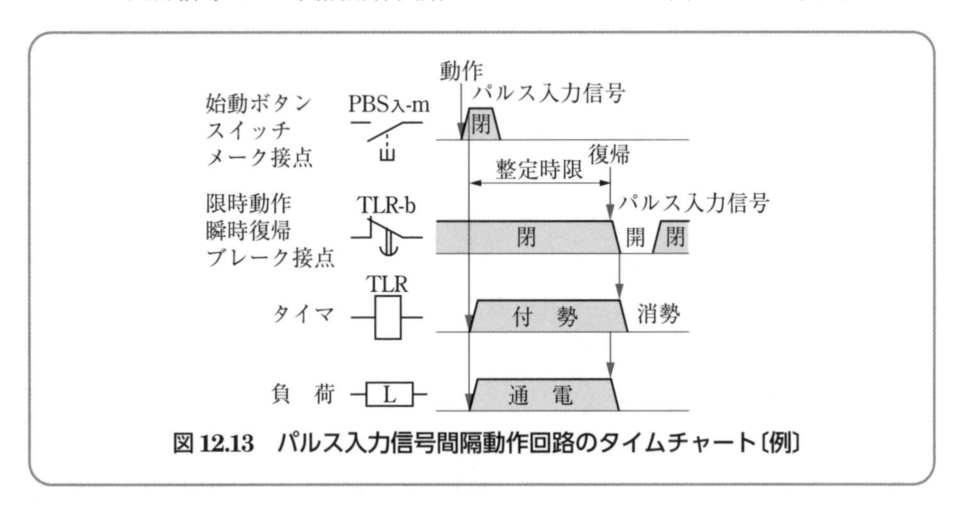

図 12.13 パルス入力信号間隔動作回路のタイムチャート〔例〕

12・5 電動機の間隔運転制御

1 シーケンス図

電動機の間隔運転制御とは，電動機を一定時限だけ運転したのち，タイマによって自動的に停止する回路をいう。図 12.14 は，押しボタンスイッチなどの操作によ

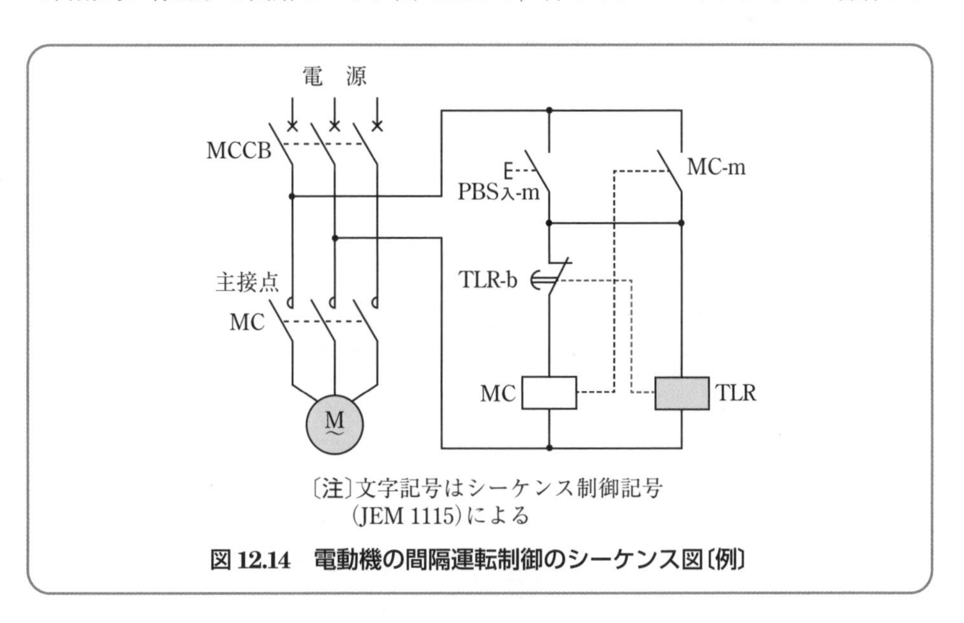

図 12.14 電動機の間隔運転制御のシーケンス図〔例〕

るタイマと，電磁接触器を用いた電動機の間隔運転制御のシーケンス図の一例を示したものである。この回路は，ジュースなどの自動販売機，洗濯機，脱水機およびコンベヤの一定時間運転制御などに用いられている。

2 電動機の始動の動作

図12.15の電動機の間隔運転制御において，始動ボタンスイッチPBS入を押すと，電磁接触器MCが動作して，電動機Mを運転するとともにタイマTLRを付勢する。タイマTLRの整定時限が経過すると，限時動作瞬時復帰ブレーク接点TLR-bが開路して電磁接触器MCを復帰させるので，電動機Mは自動的に停止する。

次に，この電動機始動動作の動作順序について説明しよう。

図12.15の動作順序

順1　電源の配線用遮断器MCCBを閉じる。

順2　始動ボタンスイッチPBS入を押すと，そのメーク接点PBS入-mが閉じる。

順3　メーク接点PBS入-mが閉じると，回路1のコイルMCに電流が流れ，電磁接触器MCが動作する。

順4　メーク接点PBS入-mが閉じると，回路2の作動部TLRに電流が流れ，タイマTLRが付勢する。

順5　電磁接触器MCが動作すると，回路3の主接点MCが閉じる。

順6　主接点MCが閉じると，回路3の電動機Mに電流が流れ，電動機Mは始動し運転する。

順7　電磁接触器MCが動作すると，回路4の自己保持メーク接点MC-mが閉じる。

順8　始動ボタンスイッチPBS入を押す手を離して，そのメーク接点PBS入-mを開いても，回路4を通って，コイルMCおよび作動部TLRに電流が流れるので，電磁接触機MCは動作を継続し，タイマTLRは付勢されつづける。

3 電動機の停止の動作

図12.15において，タイマTLRが付勢されてからその整定時限が経過すると，電動機は停止する。

次に，この電動機の限時停止の動作順序について説明しよう。

図12.15の動作順序

順9　タイマTLRの整定時限が経過すると，回路4の限時動作瞬時復帰ブレーク接点TLR-bが動作して開く。

順10　ブレーク接点TLR-bが開くと，回路4のコイルMCには電流が流れないので，電磁接触器MCは復帰する。

順11　電磁接触器MCが復帰すると，回路3の主接点MCが開く。

順12　主接点MCが開くと，回路3の電動機Mには電流が流れないので，電動機Mは停止する。

順13　電磁接触器MCが復帰すると，回路4のメーク接点MC-mが開き，作動部TLRには電流が流れないので，タイマTLRは消勢し復帰する。

順14　タイマTLRが復帰すると，回路4の限時動作瞬時復帰ブレーク接点TLR-bが閉じるが，自己保持メーク接点MC-mが開いているので，電磁接触器MCは動作せず，タイマTLRは付勢されない。

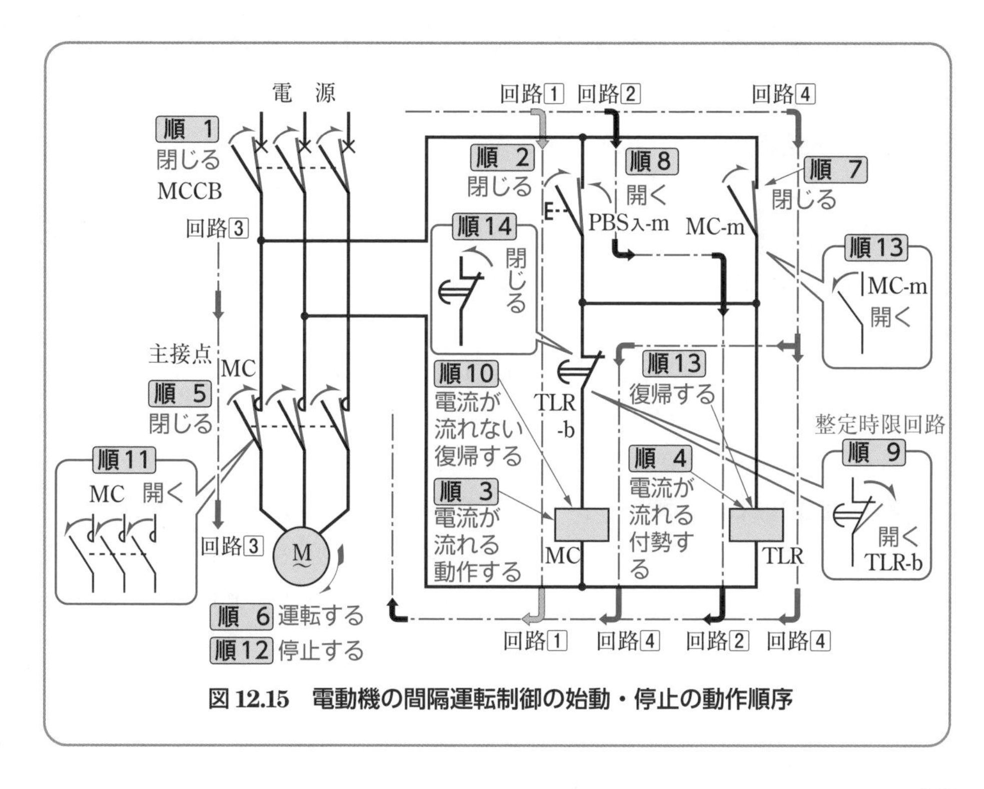

図12.15　電動機の間隔運転制御の始動・停止の動作順序

第13章 優先回路と温風器の順序始動・順序停止制御

13・1 優先回路とは

優先回路とは，多数の機器や装置がシステムとして機能するために，どの入力信号を優先して，機器・装置の動作に優先度をもたせるかをきめる回路をいう。

優先回路は，始動・停止の順番がきめられているもの，たとえば，温風器やコンベヤの順序始動・順序停止制御，ボイラ用バーナの自動点火・消火制御などに用いられている。

13・2 優先順位の高いリレーだけが動作する電源側優先回路

1 シーケンス図

電源側優先回路とは，電源に近い側の電磁リレーが優先的に動作し，そのどれか一つの電磁リレーが動作すると，それからあとの優先順位の低い電磁リレーはロック（動作禁止）され動作しない回路をいう。

図13.1は，電源側からの優先順位の高い電磁リレー1個だけが動作する電源側優先回路のシーケンス図を示したものである。

電磁リレーX，Y，Zの入力接点R-1m，R-2m，R-3mは他の補助リレー（あるいは検出リレー）R-1，R-2，R-3の接点とする。たとえば，補助リレーR-1が動作すると，そのメーク接点R-1mが閉じることを示す。

2 優先順位が最も高い電磁リレーXが動作した場合のシーケンス動作

図13.2のように，電源側に最も近い電磁リレーXが動作すると，そのブレーク接点X-bの開で，それ以降の電磁リレーの電源回路を遮断して動作しないようにロックする。

次に，この動作順序について説明しよう。

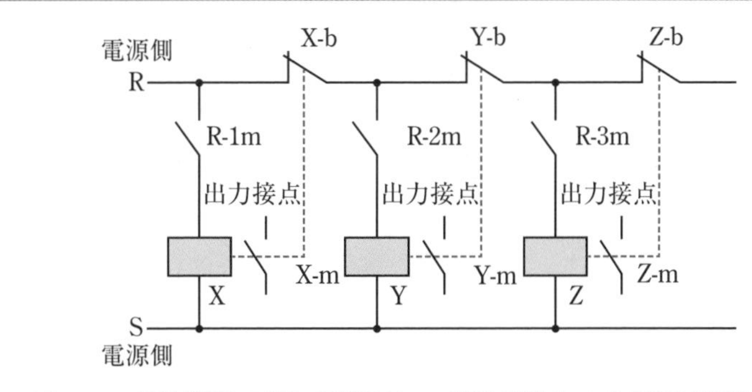

図 13.1 優先順位の高い電磁リレーだけが動作する電源側優先回路のシーケンス図〔例〕

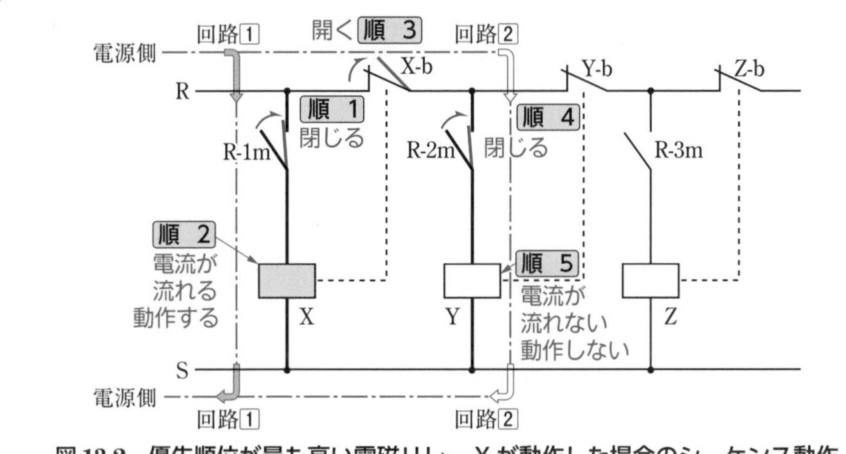

図 13.2 優先順位が最も高い電磁リレー X が動作した場合のシーケンス動作

図 13.2 の動作順序

順 1 回路1のメーク接点 R-1m を閉じる。

順 2 メーク接点 R-1m が閉じると，回路1のコイル X に電流が流れ，電磁リレー X が動作する。

順 3 電磁リレー X が動作すると，制御電源母線のブレーク接点 X-b が開く。

順 4 回路2のメーク接点 R-2m を閉じる。

順 5 メーク接点 R-2m が閉じても，回路2のコイル Y には，ブレーク接点 X-b が開いているので，電流が流れず，電磁リレー Y は動作しない。

〔注〕電磁リレーYおよびZの制御電源母線が接点X-bで開路しているので，電源に最も近い電磁リレーXが動作すると，それ以降の電磁リレーY（あるいは電磁リレーZ）の入力接点R-2m（あるいはR-3m）が閉じても動作しないことがわかる。

3 電磁リレーXは動作させず電磁リレーYを動作した場合のシーケンス動作

図13.3において，電磁リレーXが動作しなければ，電源に対して，一つ後段の電磁リレーYの動作が優先し，それ以降の電磁リレーZはロックされる。

次に，この動作順序について説明しよう。

図13.3の動作順序

順1　回路2のメーク接点R-2mを閉じる。

順2　メーク接点R-2mが閉じると，回路2のコイルYに電流が流れ、電磁リレーYが動作する。

順3　電磁リレーYが動作すると,制御電源母線のブレーク接点Y-bが開く。

順4　回路3のメーク接点R-3mを閉じる。

順5　メーク接点R-3mが閉じても，回路3のコイルZには，ブレーク接点Y-bが開いているので，電流が流れず，電磁リレーZは動作しない。

このように，この回路では，電源に近い側の電磁リレーが優先的に動作し，そのどれか一つの電磁リレーが動作すると，それ以降の優先順位の低い電磁リレーはロックされ動作しないことになる。

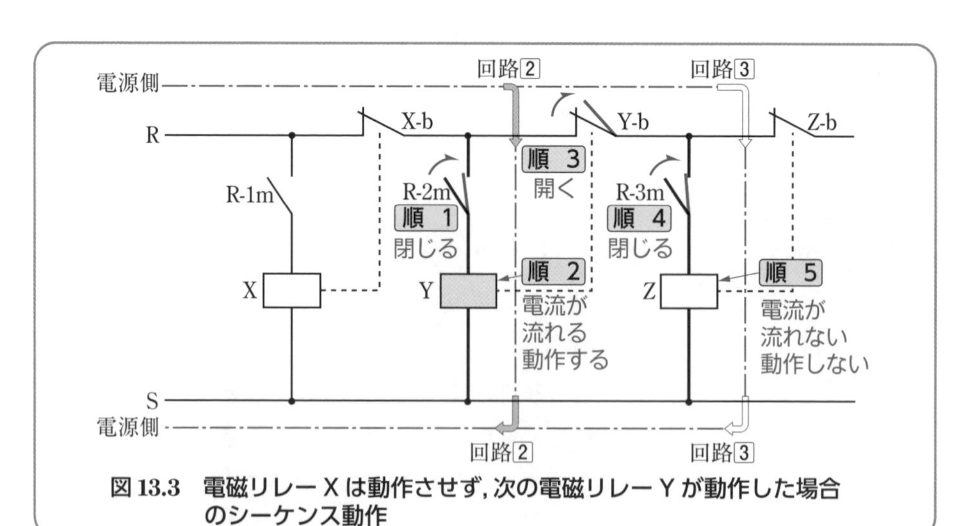

図13.3　電磁リレーXは動作させず,次の電磁リレーYが動作した場合のシーケンス動作

13・3 優先順位の高いリレーから順次動作する電源側優先回路

1 シーケンス図

図 13.4 は，電源側からの優先順位の高い電磁リレーから，順次動作する電源側優先回路のシーケンス図を示したものである。

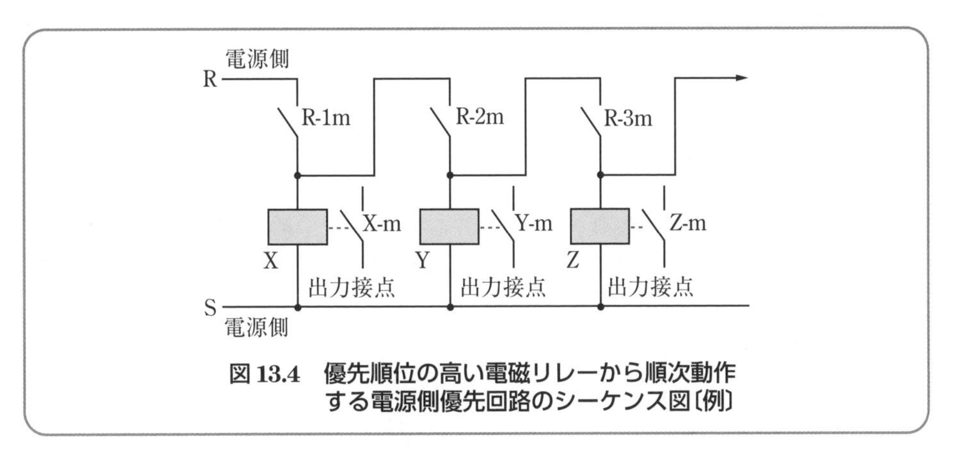

図 13.4 優先順位の高い電磁リレーから順次動作する電源側優先回路のシーケンス図〔例〕

電磁リレー X，Y，Z の入力接点 R-1m，R-2m，R-3m は，他の補助リレー（あるいは検出リレー）R-1，R-2，R-3 の接点とする。したがって，補助リレー R-1 が動作することによって，メーク接点 R-1m は閉じることを示す。

2 シーケンス動作

図 13.5 において，電源に近い電磁リレー X を動作させ，電磁リレー Y を動作させないうちにメーク接点 R-3m を閉じても，電磁リレー Z は動作しない。

次に，この動作順序について説明しよう。

図 13.5・図 13.6 の動作順序

順 1　回路1のメーク接点 R-1m を閉じる。

順 2　メーク接点 R-1m が閉じると，回路1のコイル X に電流が流れ，電磁リレー X が動作する。

順 3　回路3のメーク接点 R-3m を閉じる。

順 4　メーク接点 R-3m が閉じても，メーク接点 R-2m が開いているので，回路3のコイル Z には電流が流れず，電磁リレー Z は動作しない。

〔注〕電磁リレー Z の制御電源母線がメーク接点 R-2m で開路している。

図13.5の状態，すなわち 順 4 の状態から次の動作は図13.6に示す。

順 5　回路2のメーク接点R-2mを閉じる。

順 6　メーク接点R-2mが閉じると， 順 1 でメーク接点R-1mが閉じているので，回路2のコイルYに電流が流れ，電磁リレーYが動作する。

順 7　メーク接点R-2mを閉じると， 順 3 でメーク接点R-3mが閉じているのでコイルZに電流が流れ，電磁リレーZが動作する。

このように，この回路は必ず電源に近い電磁リレーX，Y，Zの順でないと動作しないことがわかる。

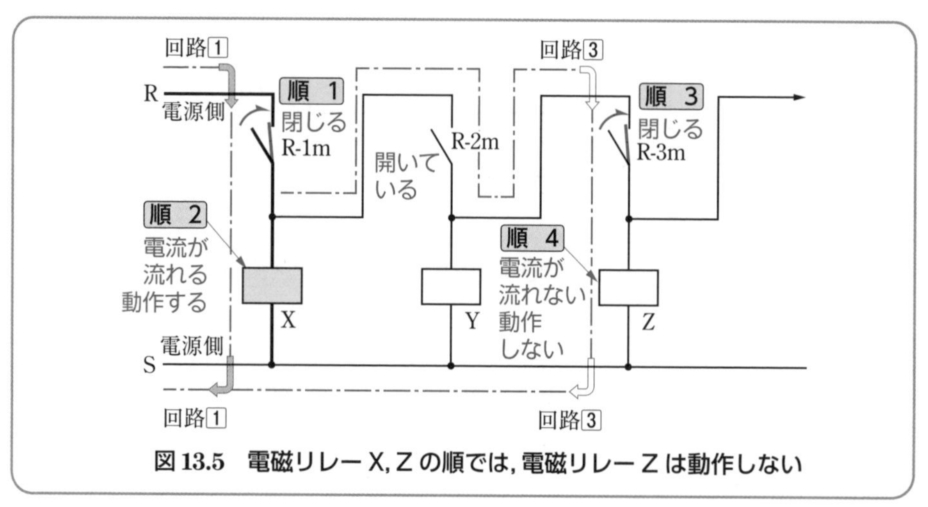

図13.5　電磁リレーX, Zの順では，電磁リレーZは動作しない

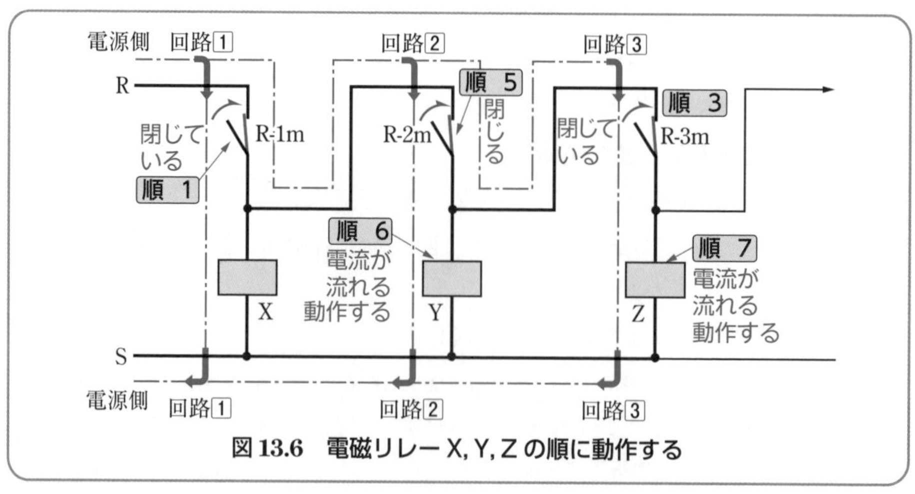

図13.6　電磁リレーX, Y, Zの順に動作する

3 自己保持回路を有する場合のシーケンス図

図13.7は，優先順位の高い電磁リレーから順次動作する電源側優先回路に，自己保持回路を追加した場合のシーケンス図である。この回路は，順序始動回路，非常停止回路などとして用いられるが，13･5節に応用例である温風器の順序始動・順序停止制御で，その詳しい説明をすることにする。

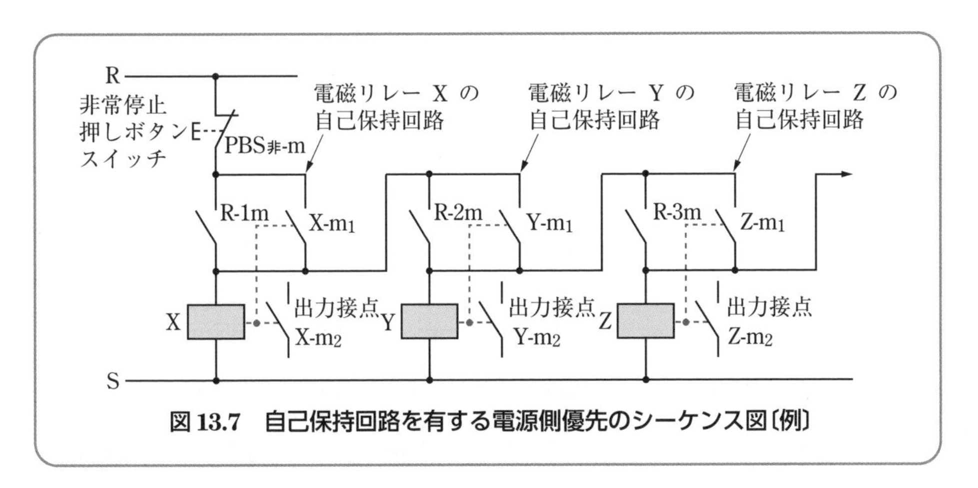

図13.7 自己保持回路を有する電源側優先のシーケンス図〔例〕

13･4 新入力信号優先回路

1 シーケンス図

新入力信号優先回路とは，これまでに進行しているすべての条件を解除して，新しく与えられた入力信号を常に優先して動作させる回路をいう。

また，そのシーケンス図の例を示したのが，図13.8である。

2 シーケンス動作

図13.9のように，電磁リレーXが動作中であっても，新しい入力信号として押しボタンスイッチPBSzのメーク接点PBSz-mを閉じると，その入力信号が優先され，電磁リレーZが動作して，電磁リレーXは復帰する。この場合，電磁リレーYを動作させても同じである。

次に，この動作順序について説明しよう。

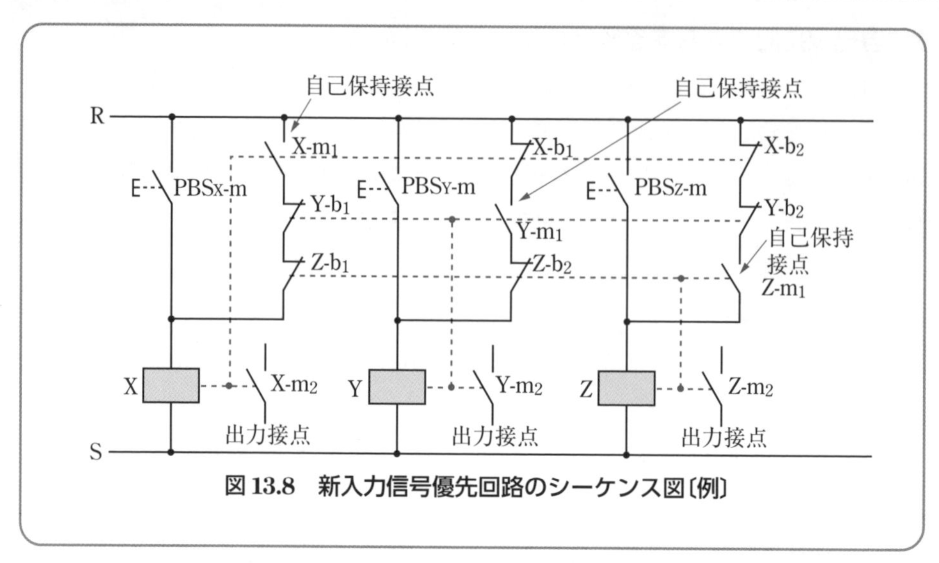

図 13.8　新入力信号優先回路のシーケンス図〔例〕

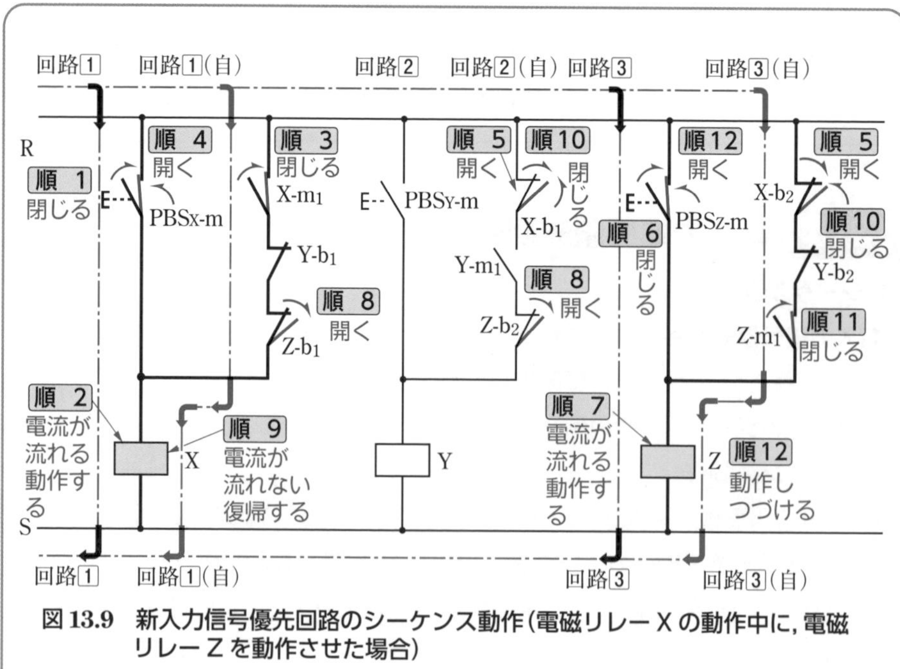

図 13.9　新入力信号優先回路のシーケンス動作（電磁リレー X の動作中に，電磁リレー Z を動作させた場合）

図13.9の動作順序

順1　回路1の押しボタンスイッチPBSxを押すと，そのメーク接点PBSx-mが閉じる。

順2　メーク接点PBSx-mが閉じると，回路1のコイルXに電流が流れ，電磁リレーXが動作する。

順3　電磁リレーXが動作すると，回路1（自）の自己保持メーク接点$X\text{-}m_1$が閉じ，電磁リレーXのコイルXに電流が流れる。

順4　押しボタンスイッチPBSxを押す手を離すと，そのメーク接点PBSx-mは開くが，回路1（自）を通ってコイルXに電流が流れており，電磁リレーXは自己保持して動作をつづける。

順5　電磁リレーXが動作すると，回路2（自）のブレーク接点$X\text{-}b_1$が開き，回路3（自）のブレーク接点$X\text{-}b_2$も開く。

この状態において，電磁リレーZを動作させる。

順6　回路3の押しボタンスイッチPBSzを押すと，そのメーク接点PBSz-mが閉じる。

順7　メーク接点PBSz-mが閉じると，回路3のコイルZに電流が流れ，電磁リレーZが動作する。

順8　電磁リレーZが動作すると，回路1（自）のブレーク接点$Z\text{-}b_1$が開き，回路2（自）のブレーク接点$Z\text{-}b_2$も開く。

順9　回路1（自）はブレーク接点$Z\text{-}b_1$において“開”となるので自己保持が解け，コイルXに電流が流れず，電磁リレーXは復帰する。

順10　電磁リレーXが復帰すると，回路2（自）のブレーク接点$X\text{-}b_1$が閉じ，回路3（自）のブレーク接点$X\text{-}b_2$も閉じる。

順11　電磁リレーZが動作すると，回路3（自）の自己保持メーク接点$Z\text{-}m_1$が閉じ，電磁リレーZを自己保持する。

順12　押しボタンスイッチPBSzを押す手を離すと，そのメーク接点PBSz-mは開くが，回路3（自）を通ってコイルZに電流が流れるので，電磁リレーZは動作しつづける。

13・5 温風器の順序始動・順序停止制御

1 温風器の順序始動・順序停止制御とは

温風器のヒータとファンにそれぞれ始動，停止ボタンスイッチをつけると，ヒータの始動にあたって，ファンを始動し忘れたり，あるいはファンだけ切って，ヒータを切り忘れたりするとヒータが過熱して危険である。そこで，温風器の運転時は，ファンを始動してからヒータを始動し，また停止時ではヒータを停止してからファンを停止するような順序始動・順序停止の制御を行う必要がある。

2 シーケンス図

温風器の始動・停止に際しては，必ず，ファンを始動してからヒータを投入するように，また，停止時には，ヒータを切ってからファンを停止させるようにする必要がある（ヒータとファン同時停止を含む)。そこで，電源側優先回路による順序始動（ファン→ヒータ)・順序停止（ヒータ→ファン）制御（13.3 3参照）のシーケンス図の一例を示したのが，図 13.10 である。

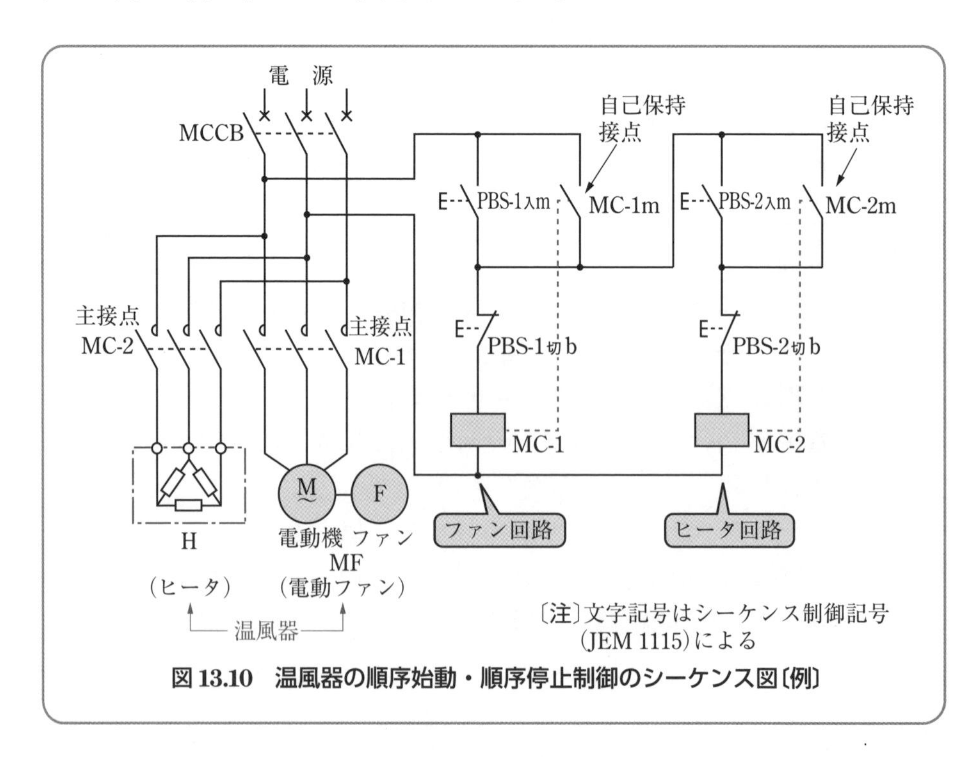

図 13.10　温風器の順序始動・順序停止制御のシーケンス図〔例〕

3 温風器の順序始動のシーケンス動作

(a) 図 13.11 において，ファン用始動ボタンスイッチ PBS-1入m を押すと，電磁接触器 MC-1 が動作して，電動ファン MF が始動し運転する。次に，ヒータ用始動ボタンスイッチ PBS-2入m を押すと，電磁接触器 MC-2 が動作して，ヒータ H が加熱する。

(b) PBS-2入m を PBS-1入m より先に押しても，“PBS-1入m” および接点 “MC-1m” が開路しているので，ヒータは電動ファンより先に投入されることはない。

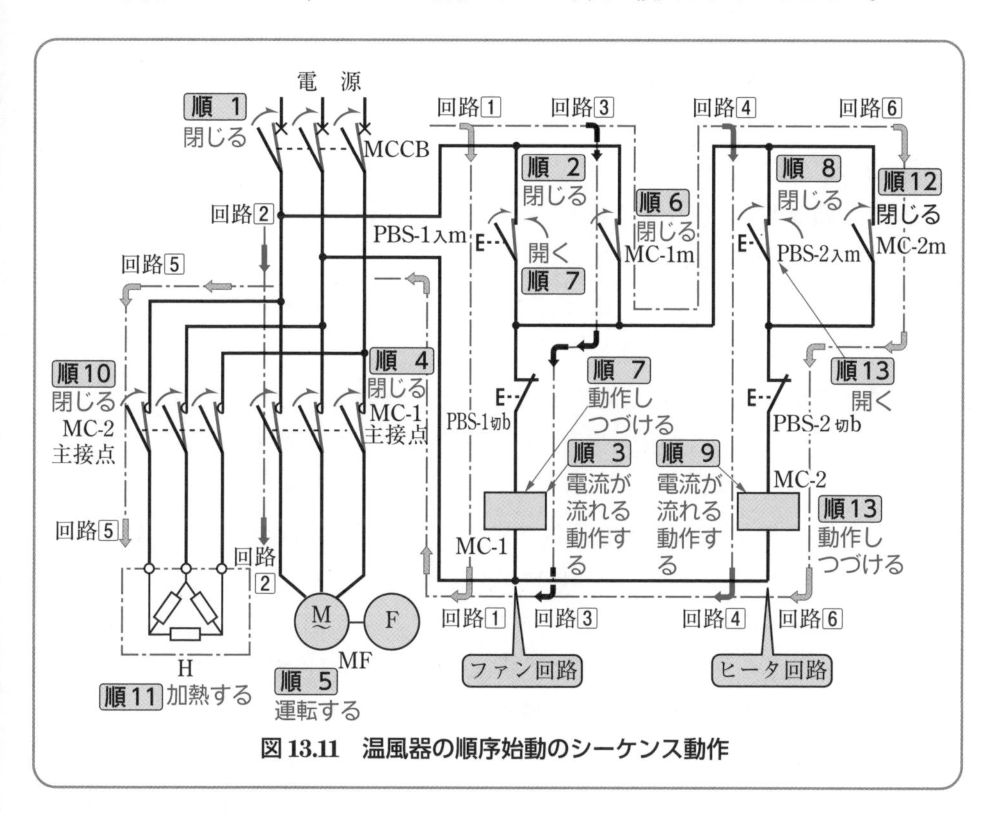

図 13.11 温風器の順序始動のシーケンス動作

次に，温風器の電動ファン始動の動作順序を説明しよう。

図 13.11 の動作順序

順 1 電源の配線用遮断器 MCCB を閉じる。

順 2 回路1の電動ファン用始動ボタンスイッチ PBS-1入を押すと，そのメーク接点 PBS-1入m が閉じる。

順 3　メーク接点 PBS-1入m が閉じると，回路1のコイル MC-1 に電流が流れ，電磁接触器 MC-1 が動作する。

順 4　電磁接触器 MC-1 が動作すると，回路2の主接点 MC-1 が閉じる。

順 5　主接点 MC-1 が閉じると，回路2の電動ファン MF に電流が流れ，電動ファン MF は運転する。

順 6　電磁接触器 MC-1 が動作すると，回路3の自己保持メーク接点 MC-1m が閉じ自己保持する。

順 7　回路1の PBS-1入を押す手を離すと，メーク接点 PBS-1入m は開くが，回路3を通って電流が流れ電磁接触器 MC-1 は動作しつづける。

次に，ヒータ加熱の動作順序を説明しよう。

図 13.11 の動作順序

順 8　回路4のヒータ用始動ボタンスイッチ PBS-2入を押すと，そのメーク接点 PBS-2入m が閉じる。

順 9　メーク接点 PBS-2入m が閉じると，回路4のコイル MC-2 に電流が流れ，電磁接触器 MC-2 が動作する。

順 10　電磁接触器 MC-2 が動作すると，回路5の主接点 MC-2 が閉じる。

順 11　主接点 MC-2 が閉じると，回路5のヒータ H に電流が流れ，ヒータ H は加熱する。

順 12　電磁接触器 MC-2 が動作すると，回路6の自己保持メーク接点 MC-2m が閉じて，自己保持する。

順 13　回路4の PBS-2入を押す手を離しメーク接点 PBS-2入m が開いても，回路6を通って電流が流れ，電磁接触器 MC-2 は動作しつづける。

4 温風器の順序停止のシーケンス動作

(**a**) 図 13.12 において，ヒータ用停止ボタンスイッチ PBS-2切を押すと，電磁接触器 MC-2 が復帰して，ヒータの加熱を停止する。次に，電動ファン用停止ボタンスイッチ PBS-1切を押すと，電磁接触器 MC-1 が復帰して，電動ファン MF が停止する。

(**b**) PBS-1切を PBS-2切より先に押すと，電動ファン MF およびヒータ H が両方とも停止するので，非常停止としても用いることができる。

次に，温風器のヒータ加熱停止の動作順序を説明しよう。

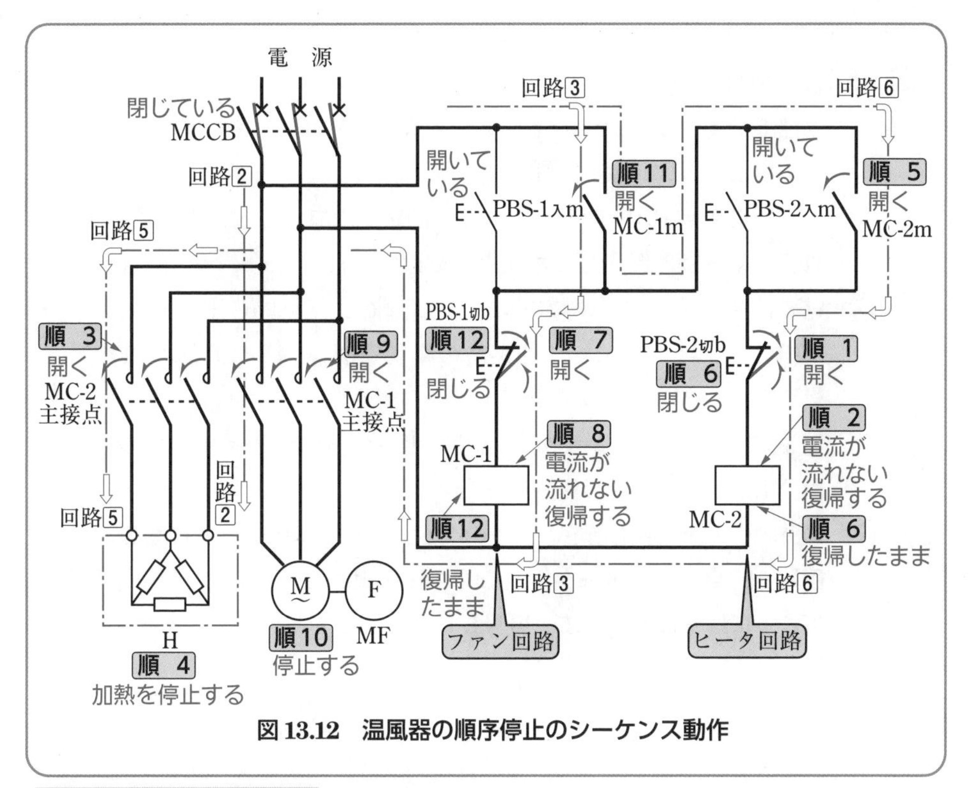

図 13.12　温風器の順序停止のシーケンス動作

図 13.12 の動作順序

順 1 回路6のヒータ用停止ボタンスイッチ PBS-2切を押すと，そのブレーク接点 PBS-2切b が開く。

順 2 ブレーク接点 PBS-2切b が開くと，回路6のコイル MC-2 に電流が流れず，電磁接触器 MC-2 が復帰する。

順 3 電磁接触器 MC-2 が復帰すると，回路5の主接点 MC-2 が開く。

順 4 主接点 MC-2 が開くと，回路5のヒータ H に電流が流れず，ヒータ H は加熱を停止する。

順 5 電磁接触器 MC-2 が復帰すると，回路6の自己保持メーク接点 MC-2m が開き，自己保持を解く。

順 6 PBS-2切を押す手を離すと，そのブレーク接点 PBS-2切b は閉じるが，回路6の自己保持メーク接点 MC-2m が開いているので，電磁接触器 MC-2 には電流が流れず，復帰したままとなる。

次に，温風器の電動ファン停止の動作順序を説明しよう。

図 13.12 の動作順序

順 7　回路3の電動ファン用停止ボタンスイッチ PBS-1切を押すと，そのブレーク接点 PBS-1切 b が開く。

順 8　ブレーク接点 PBS-1切 b が開くと，回路3のコイル MC-1 に電流が流れず，電磁接触器 MC-1 が復帰する。

順 9　電磁接触器 MC-1 が復帰すると，回路2の主接点 MC-1 が開く。

順 10　主接点 MC-1 が開くと，回路2の電動ファン MF に電流が流れず，電動ファン MF は停止する。

順 11　電磁接触器 MC-1 が復帰すると，回路3の自己保持メーク接点 MC-1m が開き，自己保持を解く。

順 12　PBS-1切を押す手を離すと，そのブレーク接点 PBS-1切 b は閉じるが，回路3の自己保持メーク接点 MC-1m が開いているので，電磁接触器 MC-1 には電流が流れず，復帰したままとなる。

第14章 非常停止回路とガレージ・シャッタの自動開閉制御

14・1 非常停止回路とは

非常停止回路とは，シーケンス制御システムの運転中に，何らかの異常が発生した場合，操作者の安全の確保はもちろんのこと，機器の保護を目的として，ただちにこれらのシステムを停止する回路をいう。もとより，この“**非常停止**”は，すべての動作に優先するものとする。たとえば，ガレージ・シャッタ，門扉，リフト，コンベヤなどは，自動運転中に何らかの異常が発生した場合に対処するため，手動操作によりすみやかに停止できるように，非常停止回路を設けるのが普通である。

14・2 補助リレーを用いた非常停止回路

1 シーケンス図

図 14.1 は，制御回路の制御電源母線の電源側に補助リレー SX のメーク接点 $SX\text{-}m_1$ を接続して，非常停止の回路としたシーケンス図の一例を示したものである。

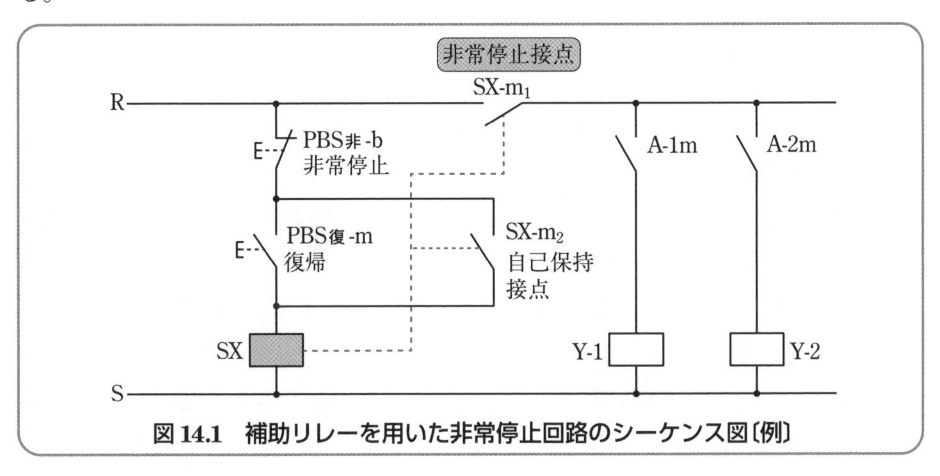

図 14.1 補助リレーを用いた非常停止回路のシーケンス図〔例〕

なお，電磁リレー Y-1 および Y-2 の入力接点 A-1m，A-2m は，他の補助リレー（あるいは検出リレー）A-1，A-2 の接点とする。

2 非常停止のシーケンス動作

図 14.2 において，非常停止用のボタンスイッチ PBS非を押すと，補助リレー SX が復帰してメーク接点 SX-m_1 が開くので，入力接点 A-1m および A-2m が閉じていても，電磁リレー Y-1 および Y-2 を復帰させて非常停止することができる。

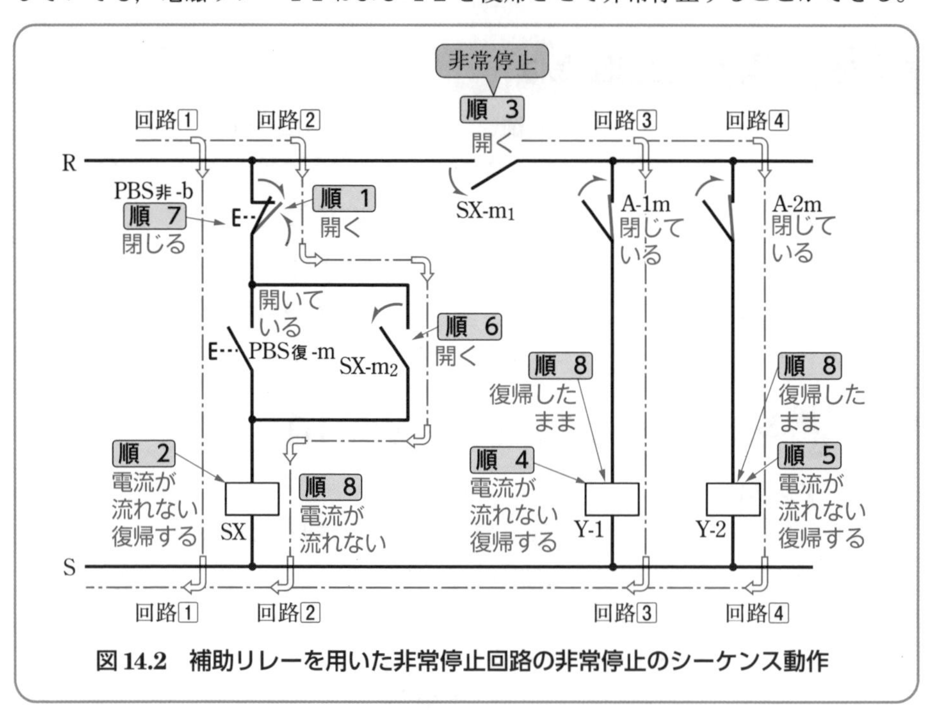

図 14.2　補助リレーを用いた非常停止回路の非常停止のシーケンス動作

次に，この非常停止の動作順序について説明しよう。

図 14.2 の動作順序

順 1　回路1の非常停止用ボタンスイッチ PBS非を押すと，そのブレーク接点 PBS非 -b が開く。

順 2　ブレーク接点 PBS非 -b が開くと，回路1のコイル SX に電流が流れず，補助リレー SX は復帰する。

順 3　補助リレー SX が復帰すると，制御電源母線の非常停止メーク接点 SX-m_1 が開く。

順4 非常停止メーク接点 SX-m_1 が開くと，回路3のコイル Y-1 に電流が流れず，電磁リレー Y-1 は復帰する（非常停止する）。

順5 非常停止メーク接点 SX-m_1 が開くと，回路4のコイル Y-2 に電流が流れず，電磁リレー Y-2 は復帰する（非常停止する）。

順6 補助リレー SX が復帰すると，回路2の自己保持メーク接点 SX-m_2 が開き，自己保持を解く。

順7 回路1の PBS非を押す手を離すと，ブレーク接点 PBS非 -b が閉じる。

順8 ブレーク接点 PBS非が閉じても，補助リレー SX は復帰しているため，制御電源母線の非常停止メーク接点 SX-m_1 が開いているので，電磁リレー Y-1 および Y-2 は復帰したままである。

3 非常停止解除のシーケンス動作

図 14.2 の非常停止の状態で，復帰用ボタンスイッチ PBS復を押すと補助リレー SX が動作して，非常停止を解除する。図 14.3 は，非常停止解除のシーケンス動作を示した図であり，この動作順序について説明しよう。

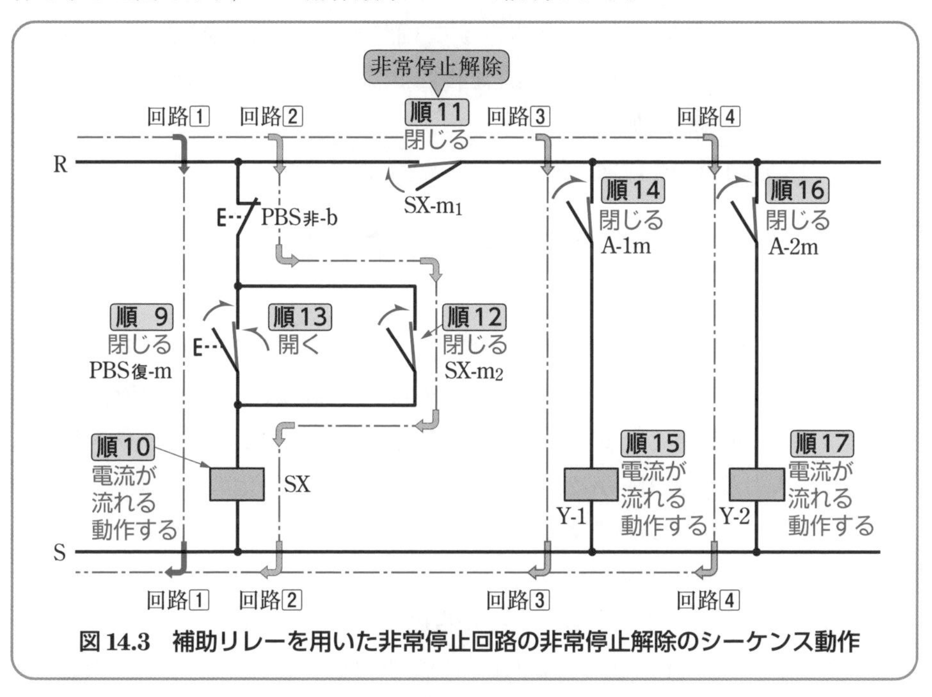

図 14.3 補助リレーを用いた非常停止回路の非常停止解除のシーケンス動作

図 14.3 の動作順序

順 9　回路1の復帰用ボタンスイッチ PBS復を押すと，そのメーク接点 PBS復-m が閉じる。

順 10　メーク接点 PBS復-m が閉じると，回路1のコイル SX に電流が流れ，補助リレー SX が動作する。

順 11　補助リレー SX が動作すると，制御電源母線の非常停止メーク接点 $SX\text{-}m_1$ が閉じる（非常停止が解ける）。

順 12　補助リレー SX が動作すると，回路2の自己保持メーク接点 $SX\text{-}m_2$ が閉じ，自己保持する。

順 13　回路1の復帰用ボタンスイッチ PBS復を押す手を離すと，そのメーク接点 PBS復-m は開くが，回路2の自己保持メーク接点 $SX\text{-}m_2$ が閉じているので，補助リレー SX は動作しつづける。

順 14　他の補助リレー A-1 を動作させて，回路3の入力接点 A-1m を閉じる。

順 15　入力接点 A-1m が閉じると，回路3のコイル Y-1 に電流が流れ，電磁リレー Y-1 が動作する。

順 16　他の補助リレー A-2 を動作させて，回路4の入力接点 A-2m を閉じる。

順 17　入力接点 A-2m が閉じると，回路4のコイル Y-2 に電流が流れ，電磁リレー Y-2 が動作する。

順 14 から 順 17 の動作は，非常停止が解除したことを示す。

14・3　ボタンスイッチを用いた非常停止回路

1　シーケンス図

図 14.4 は，制御回路における個々の電磁リレーの回路が自己保持形の場合に，ブレーク接点を有する押しボタンスイッチを制御電源母線の電源側に直接接続して，非常停止の回路としたシーケンス図を示したものである。電磁リレー X-1 および X-2 の入力接点 A-1b，A-2b および B-1m，B-2m は，他の補助リレー（あるいは検出リレー）A-1，A-2 および B-1，B-2 の接点とする。

2　非常停止のシーケンス動作

図 14.5 は電磁リレー X-1 および X-2 が自己保持し動作している状態での非常停止の動作順序を示した図である。これについて説明しよう。

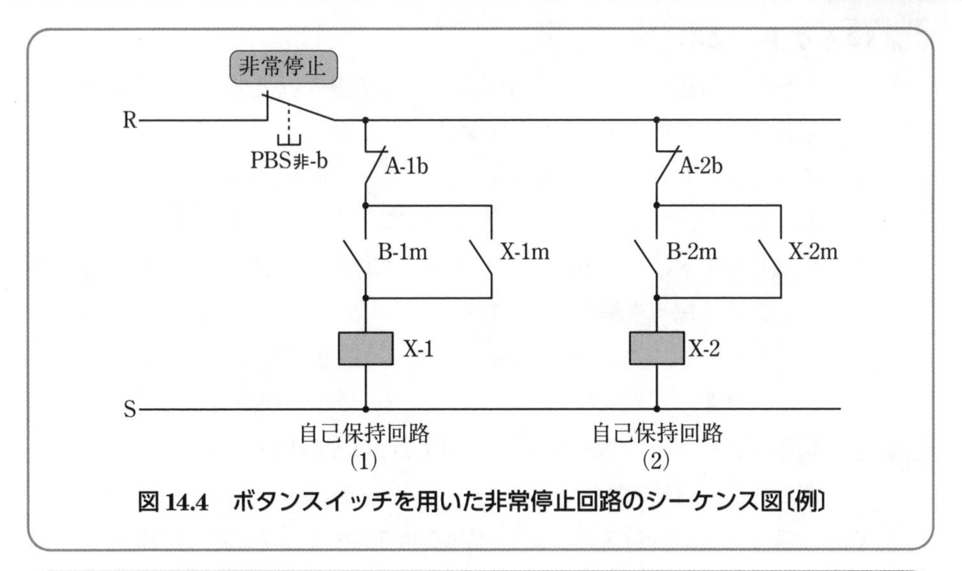

図 14.4　ボタンスイッチを用いた非常停止回路のシーケンス図〔例〕

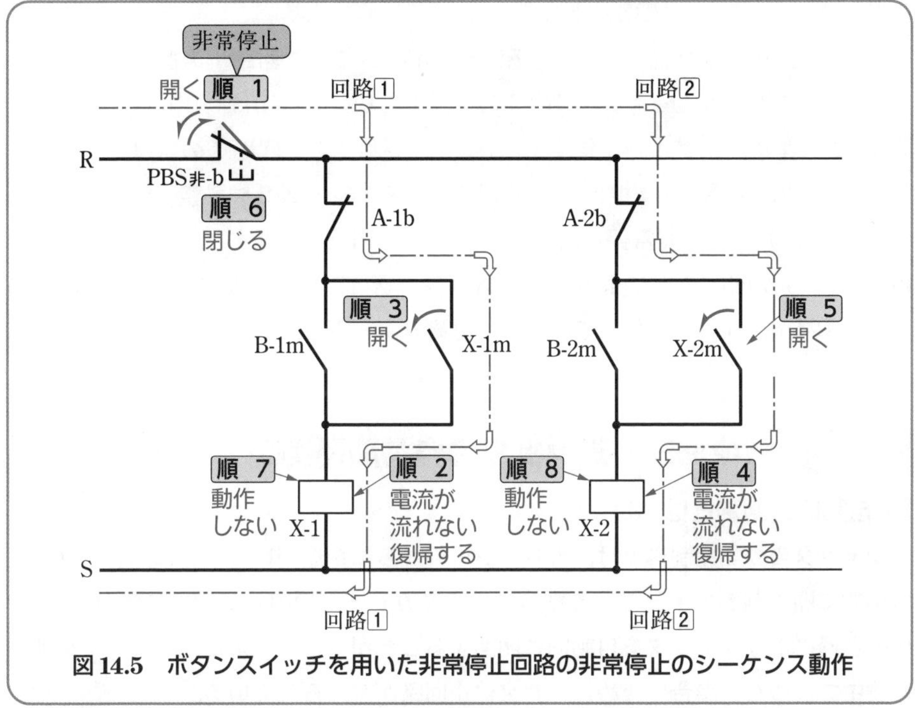

図 14.5　ボタンスイッチを用いた非常停止回路の非常停止のシーケンス動作

〔注〕図では，非常停止用の PBS非を押しボタンとして示したが，引きボタンとして，他と区別してもよい。

図 14.5 の動作順序

順 1 制御電源母線の非常停止用ボタンスイッチ PBS非を押すと，その非常停止ブレーク接点 PBS非-b が開く。

順 2 非常停止ブレーク接点 PBS非-b が開くと，回路1のコイル X-1 に電流が流れず，電磁リレー X-1 が復帰する（非常停止する）。

順 3 電磁リレー X-1 が復帰すると，回路1の自己保持メーク接点 X-1m が開き，自己保持を解く。

順 4 非常停止ブレーク接点 PBS非-b が開くと，回路2のコイル X-2 に電流が流れず，電磁リレー X-2 が復帰する（非常停止する）。

順 5 電磁リレー X-2 が復帰すると，回路2の自己保持メーク接点 X-2m が開き，自己保持を解く。

順 6 非常停止用ボタンスイッチ PBS非を押す手を離すと，その非常停止ブレーク接点 PBS非-b が閉じる。

順 7 非常停止ブレーク接点 PBS非-b が閉じても，回路1の自己保持メーク接点 X-1m が開いているので，電磁リレー X-1 は動作しない。

順 8 非常停止ブレーク接点 PBS非-b が閉じても，回路2の自己保持メーク接点 X-2m が開いているので，電磁リレー X-2 は動作しない。

図 14.5 において，非常停止用ボタンスイッチ PBS非を押すと，そのブレーク接点 PBS非-b が開くことによって，電磁リレー X-1，X-2 の入力接点 A-1b，A-2b および B-1m，B-2m が閉じていても，電磁リレー X-1，X-2 は非常停止することを示す。

14・4 ガレージ・シャッタの自動開閉制御

1 自動開閉制御とは

シャッタ自動開閉制御とは，ガレージに外から車が近づいたときに，シャッタを自動的に開く制御であって，光電スイッチをガレージの内外 2 箇所に設置すれば，車の通過によりシャッタを自動的に開閉することができる。また，シャッタを動作の途中で止めたい場合のために，非常停止回路が設けられている。

2 光電スイッチとは

光電スイッチとは，光の信号を電気信号に変換して検出するスイッチで，光電

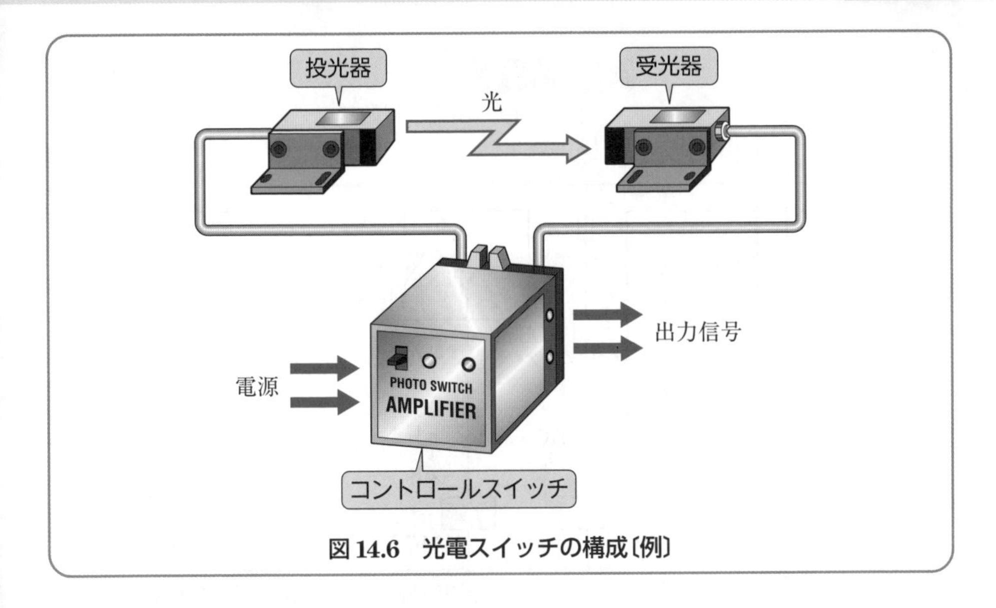

図 14.6　光電スイッチの構成〔例〕

スイッチの投光器からの光が遮断されると，動作して出力接点が開閉するスイッチをいう。光電スイッチは，図 14.6 のように光を出す投光器とそれを受ける受光器，コントロールスイッチ箱に納められた電子回路および外部出力信号を出す電磁リレーなどから構成されている。

3 シーケンス図

図 14.7 は，非常停止用ボタンスイッチによる非常停止回路を有するガレージ・シャッタ自動開閉制御のシーケンス図の一例を示したものである。この回路では簡単にするため，車が近づいたときにシャッタが開（上昇）く動作だけに光電スイッチを用い，シャッタを閉じるときおよびガレージの中から開くときは，手動操作の押しボタンスイッチで操作するものとする。

4 自動開閉動作の概要

ガレージのシャッタ自動開閉機構としては，駆動電動機の正逆転制御（10・3 節参照）を基本とし，速度の減速にはチェーン歯車または減速機を用いるとともに，シャッタの途中停止にそなえて電磁ブレーキを直結する。その動作の概要について次に述べる。

(1) **シャッタの上昇(開)動作**　車が光電スイッチ PHOS の光を遮断するかまたは上昇用始動ボタンスイッチ $PBS_{上}$ を押すと，上昇用電磁接触器 U-MC が動

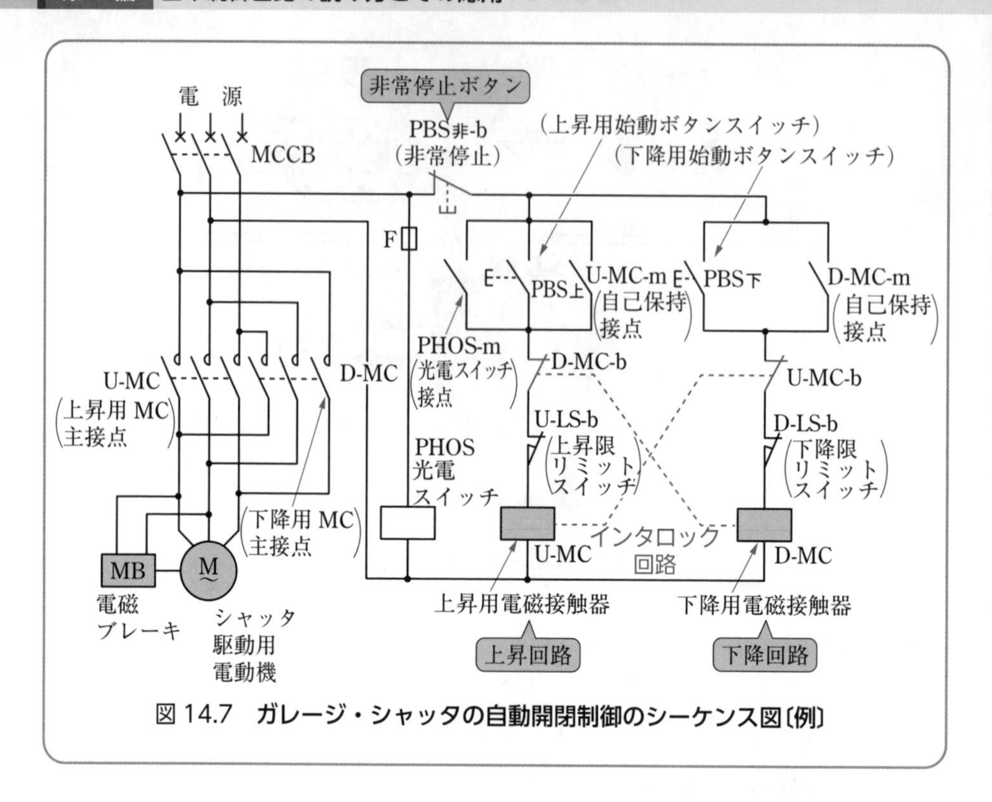

図 14.7　ガレージ・シャッタの自動開閉制御のシーケンス図〔例〕

作し，駆動電動機 M が正方向に回転してシャッタを上昇（開）させる。シャッタが上昇限にくると，上昇限リミットスイッチ U-LS のブレーク接点 U-LS-b が動作し開いて，上昇用電磁接触器 U-MC を復帰させ，自動的に駆動電動機 M を停止し，シャッタは開く。

(2) シャッタの下降（閉）動作　下降用始動ボタンスイッチ PBS下を押すと，下降用電磁接触器 D-MC が動作し，駆動電動機 M が逆方向に回転して，シャッタを下降（閉）させる。シャッタが下降限にくると，下降限リミットスイッチ D-LS のブレーク接点 D-LS-b が動作し開いて，下降用電磁接触器 D-MC を復帰させて，自動的に駆動電動機 M を停止し，シャッタは閉じる。

(3) シャッタの非常停止動作　シャッタの上昇および下降の途中で，非常停止用ボタンスイッチを押すと，シャッタはその位置で停止する。途中で停止しても，電磁ブレーキがはたらいて駆動電動機軸を押え，シャッタが降下しないようにする。

5 シャッタ上昇中における非常停止のシーケンス動作

光電スイッチ PHOS の光を車が遮断するか，または上昇用始動ボタンスイッチ PBS上を押して，シャッタを上昇させているときに非常停止用ボタンスイッチ PBS非を押すと，シャッタはその位置で停止する。

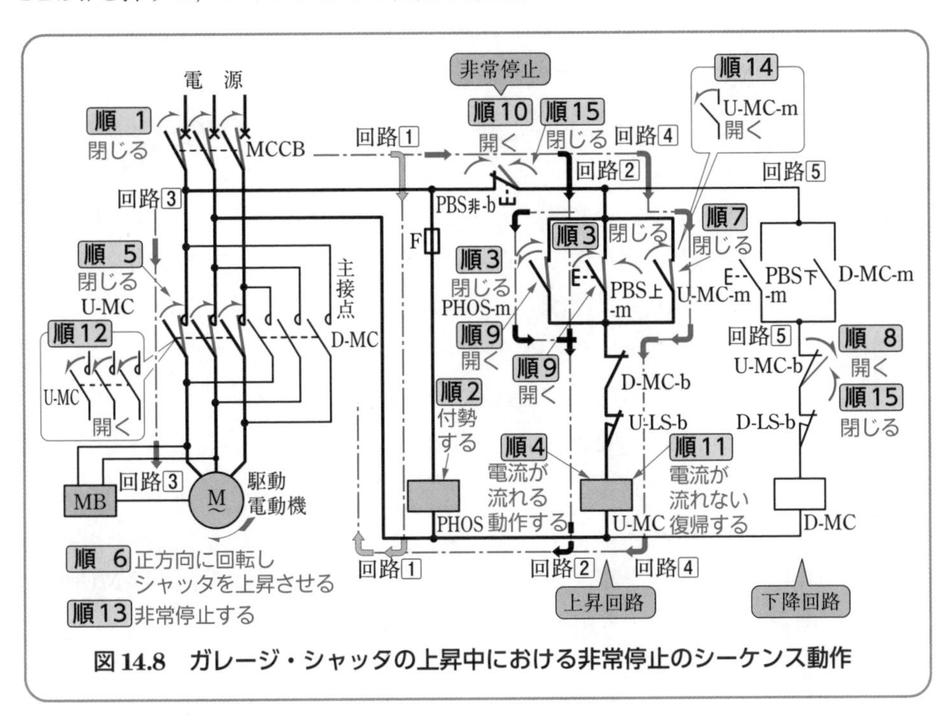

図 14.8 ガレージ・シャッタの上昇中における非常停止のシーケンス動作

次に，図 14.8 に示す非常停止のシーケンス動作について説明しよう。

図 14.8 の動作順序

順 1 電源の配線用遮断器 MCCB を閉じる。

順 2 配線用遮断器 MCCB が閉じると，回路1の光電スイッチ PHOS に電流が流れ，付勢する。

順 3 車が光電スイッチ PHOS の光を遮断すると動作し，回路2のメーク接点 PHOS-m が閉じる（または，上昇用始動ボタンスイッチ PBS上を押すと，そのメーク接点 PBS上-m が閉じる）。

順 4 メーク接点 PHOS-m（または PBS上-m）が閉じると，回路2のコイル U-MC に電流が流れ，上昇用電磁接触器 U-MC が動作する。

順 5　上昇用電磁接触器 U-MC が動作すると，回路3の主接点 U-MC が閉じる。

順 6　主接点 U-MC が閉じると，回路3の駆動電動機 M に電流が流れ，駆動電動機 M は正方向に回転して，シャッタを上昇させる。

順 7　上昇用電磁接触器 U-MC が動作すると，回路4の自己保持メーク接点 U-MC-m が閉じ，自己保持する。

順 8　上昇用電磁接触器 U-MC が動作すると，下降回路5のブレーク接点 U-MC-b が開き，インタロックする（第 10 章参照）。

順 9　車が光電スイッチ PHOS の光を遮断し（順 3），光電スイッチ PHOS を通過すると，回路2の光電スイッチ PHOS のメーク接点 PHOS-m が復帰して開く（または，上昇用始動ボタンスイッチ $PBS_{上}$ を押す手を離すと，そのメーク接点 $PBS_{上}$-m が開く）。

また，このシャッタ上昇動作の途中で，非常停止用ボタンスイッチ $PBS_{非}$ を押すと，次の非常停止動作が行われる。

順 10　非常停止用ボタンスイッチ $PBS_{非}$ を押すと，その非常停止ブレーク接点 $PBS_{非}$-b が開く。

順 11　非常停止ブレーク接点 $PBS_{非}$-b が開くと，回路4のコイル U-MC に電流が流れず，上昇用電磁接触器 U-MC が復帰する。

順 12　上昇用電磁接触器 U-MC が復帰すると，回路3の主接点 U-MC が開く。

順 13　主接点 U-MC が開くと，回路3の駆動電動機 M に電流が流れず，電動機は停止し，シャッタはその位置で上昇を止める（非常停止する）。

順 14　上昇用電磁接触器 U-MC が復帰すると，回路4の自己保持メーク接点 U-MC-m が開き，自己保持を解く。

順 15　非常停止用ボタンスイッチ $PBS_{非}$ を押す手を離すと，そのブレーク接点 $PBS_{非}$-b は閉じるが，回路4の自己保持メーク接点 U-MC-m が開いているので，上昇用電磁接触器 U-MC は動作しない。

6 シャッタ下降中における非常停止のシーケンス動作

図14.9において，下降用始動ボタンスイッチPBS下を押して，シャッタを下降させているときに，非常停止用ボタンスイッチPBS非を押すと，シャッタはその位置で停止する。

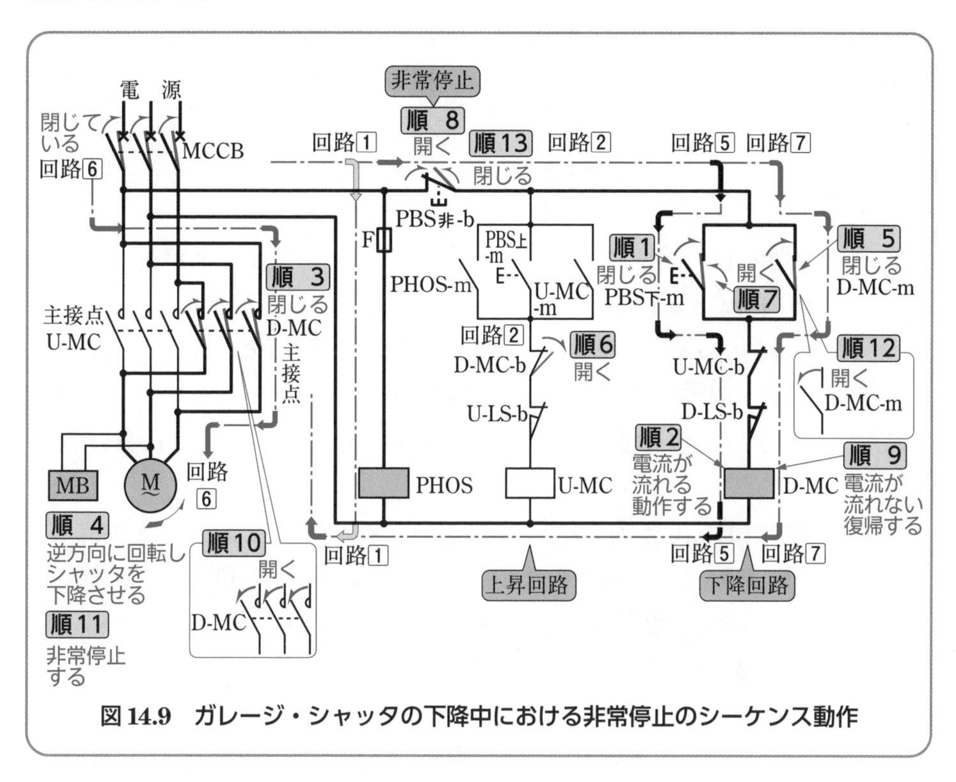

図14.9　ガレージ・シャッタの下降中における非常停止のシーケンス動作

次に，この非常停止の動作順序について説明しよう。

図14.9の動作順序

順 1　回路5の下降用始動ボタンスイッチPBS下を押すと，そのメーク接点PBS下-mが閉じる。

順 2　メーク接点PBS下-mが閉じると，回路5のコイルD-MCに電流が流れ，下降用電磁接触器D-MCが動作する。

順 3　下降用電磁接触器D-MCが動作すると，回路6の主接点D-MCが閉じる。

順 4　主接点D-MCが閉じると，回路6の駆動電動機Mに電流が流れ，駆動電動機Mは逆方向に回転して，シャッタを下降させる。

順5　下降用電磁接触器D-MCが動作すると，回路7の自己保持メーク接点D-MC-mが閉じ，自己保持する。

順6　下降用電磁接触器D-MCが動作すると，上昇回路2のブレーク接点D-MC-bが開き，インタロックする（第10章参照）。

順7　下降用始動ボタンスイッチPBS下を押す手を離すと，そのメーク接点PBS下-mが開く。

また，このシャッタ下降動作の途中で，非常停止用ボタンスイッチPBS非を押すと，次の非常停止動作が行われる。

順8　非常停止用ボタンスイッチPBS非を押すと，その非常停止ブレーク接点PBS非-bが開く。

順9　非常停止ブレーク接点PBS非-bが開くと，回路7のコイルD-MCに電流が流れず，下降用電磁接触器D-MCが復帰する。

順10　下降用電磁接触器D-MCが復帰すると，回路6の主接点D-MCが開く。

順11　主接点D-MCが開くと，回路6の駆動電動機Mに電流が流れず，電動機は停止し，シャッタはその位置で下降を止める（非常停止する）。

順12　下降用電磁接触器D-MCが復帰すると，回路7の自己保持メーク接点D-MC-mが開き，自己保持を解く。

順13　非常停止用ボタンスイッチPBS非を押す手を離すと，その非常停止ブレーク接点PBS非-bは閉じるが，回路7の自己保持メーク接点D-MC-mが開いているので，下降用電磁接触器D-MCは動作しない。

第15章 有極回路と表示灯点検回路

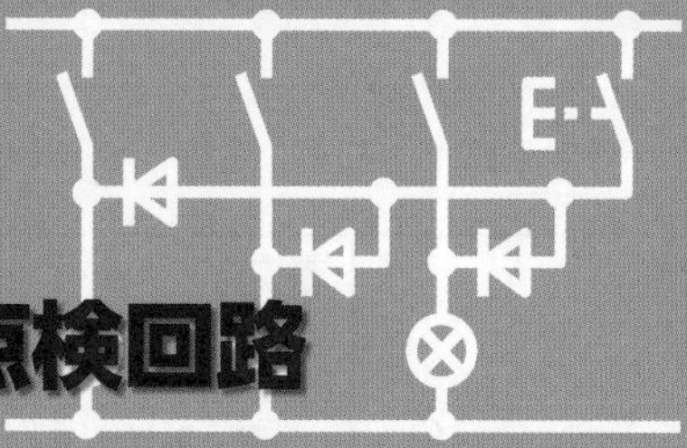

15・1 有極回路とは

有極回路とは，電磁リレーのコイルに直列または並列に整流器（Rectifier 記号 Rf）を接続し，その順方向および逆方向の抵抗特性を利用して，電磁コイルに印加される電圧の正，負の極性によって，電磁リレーが動作または不動作となる回路をいう。しかし，この回路は，直流回路にだけ適用されるものである。整流器としては，一般に，ダイオードが用いられるが，その動作のしかたについては，7・1 節を参照するとよい。また，有極回路は表示灯点検回路，逆流阻止回路（第 16 章参照）などとして用いられる。—ダイオード Rf のアノード A に正（+），カソード K に負（−）の電圧が印加している状態を**順方向**といい，電流が流れる—

15・2 整流器を直列に接続した有極回路

1 整流器を順方向に接続した場合

図 15.1 は，整流器 Rf を制御電源母線の電圧極性に対して順方向にし，電磁リレーのコイル X に直列に接続した場合のシーケンス図である。

次に，この動作順序について説明しよう。

図 15.1 の動作順序

ボタンスイッチ PBS入を押すと，電磁リレー X が動作する。

順 1　ボタンスイッチ PBS入を押すと，そのメーク接点 PBS入-m が閉じる。

順 2　回路1の整流器 Rf には，アノード A に正（+），カソード K に負（−）の電圧が順方向に印加されるので電流が流れ導通となる。

順 3　整流器 Rf が導通となるので，コイル X に電流が流れ，電磁リレー X が動作する。

順 4　電磁リレー X が動作すると，出力接点 X-m が閉じる。

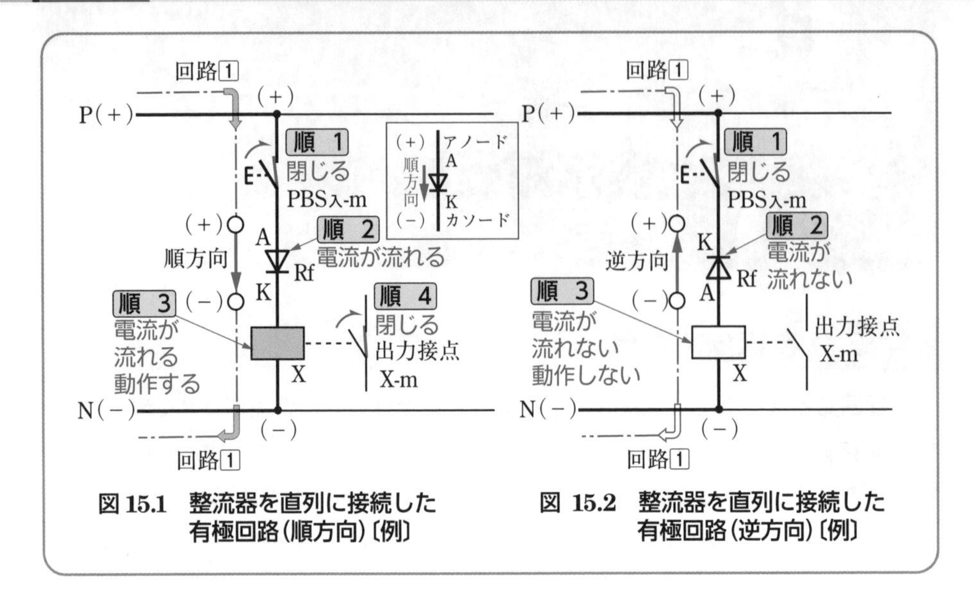

図 15.1　整流器を直列に接続した有極回路（順方向）〔例〕

図 15.2　整流器を直列に接続した有極回路（逆方向）〔例〕

2 整流器を逆方向に接続した場合

図 15.2 は，整流器 Rf を制御電源母線の電圧極性に対して逆方向に接続し，電磁リレー X のコイル X に直列に接続した場合のシーケンス図を示したものである。

次に，この動作順序について説明しよう。

図 15.2 の動作順序

ボタンスイッチ PBS入を押しても，電磁リレー X は動作しない。

順 1　ボタンスイッチ PBS入を押すと，そのメーク接点 PBS入-m が閉じる。

順 2　回路1の整流器 Rf には，アノード A に負（−），カソード K に正（+）の電圧が逆方向に印加されるので電流が流れず，不導通となる。

順 3　整流器 Rf が不導通のため，コイル X に電流が流れず，電磁リレー X は動作しない。

15・3 整流器を並列に接続した有極回路

1 整流器を順方向に接続した場合

図 15.3 は，整流器 Rf を制御電源母線の電圧極性に対して順方向にし，電磁リレー X のコイル X に並列に接続した場合のシーケンス図である。

次に，この動作順序について説明しよう。

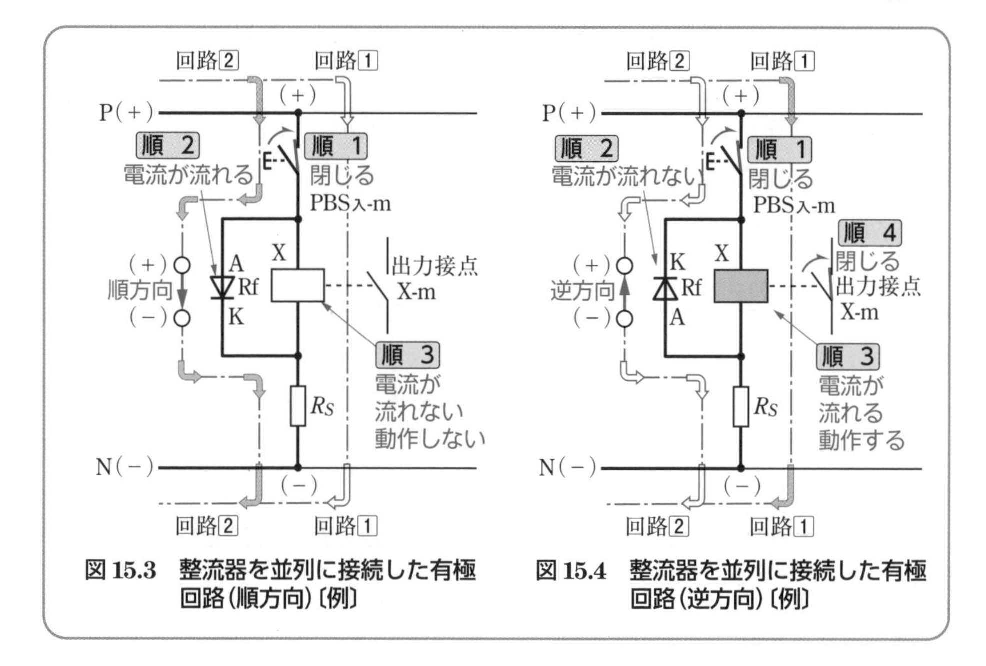

図 15.3　整流器を並列に接続した有極回路（順方向）〔例〕

図 15.4　整流器を並列に接続した有極回路（逆方向）〔例〕

図 15.3 の動作順序

ボタンスイッチ PBS入を押しても，電磁リレー X は動作しない。

順 1　ボタンスイッチ PBS入を押すと，そのメーク接点 PBS入-m が閉じる。

順 2　回路2の整流器 Rf には，アノード A に正（+），カソード K に負（−）の電圧が順方向に印加されるので，電流が流れ導通となる。

順 3　回路1のコイル X は，回路2の整流器 Rf の導通によって，両端が短絡されているので電流が流れず，電磁リレー X は動作しない。

〔注〕抵抗 R_S は，回路2だけに電流が流れた場合（順 2）に，電源が短絡するのを防止するために挿入されている。

2 整流器を逆方向に接続した場合

図 15.4 は，整流器 Rf を制御電源母線の電圧極性に対して逆方向にし，電磁リレー X のコイル X に並列に接続した場合のシーケンス図である。

次に，この動作順序について説明しよう。

図 15.4 の動作順序

ボタンスイッチ PBS入を押すと，電磁リレー X が動作する。

順 1　ボタンスイッチ PBS入を押すと，そのメーク接点 PBS入-m が閉じる。

順 2　回路2の整流器 Rf には，アノード A に負（−），カソード K に正（+）の電圧が逆方向に印加されるので，電流が流れず不導通になる。

順 3　そのため回路1のコイル X に電流が流れ電磁リレー X が動作する。

順 4　電磁リレー X が動作すると，出力接点 X-m が閉じる。

15・4　有極回路を用いた表示灯点検回路

1　表示灯点検回路とは

一般に，表示灯（ランプ表示器）はランプの故障のおそれがある。特に，故障表示器（機器または回路の故障状態を表示するもの）などとして用いるときは，平常時には点灯していないため，故障を発見することがむずかしい。そこで，定期的にランプ回路の点検を行う回路が必要となり，この回路を**表示灯点検回路**という。

●最近は発光ダイオードによる表示灯が多く用いられている。

2　シーケンス図

図 15.5 は，同時点灯の 3 個の表示灯点検に際し，各々に回り込み防止用（第 16 章参照）の阻止ダイオードを接続し，有極回路として，表示灯点検回路のシーケンス図を示した回路である。

表示灯 L_1，L_2，L_3 の入力接点 X-1m，X-2m，X-3m は検出リレー（あるいは補助リレー）X-1，X-2，X-3 の接点を示す。

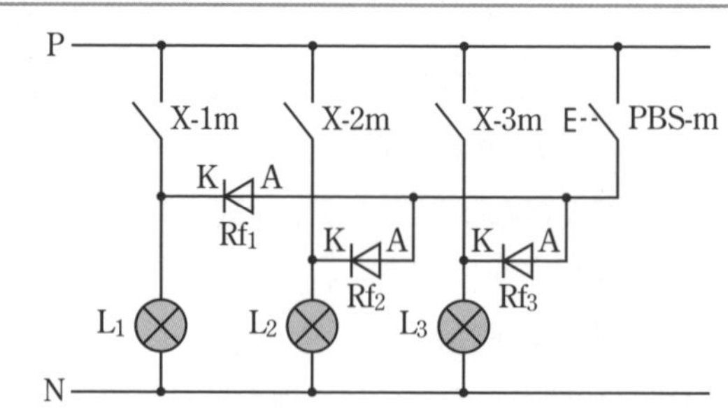

〔文字記号〕

Rf_1, Rf_2, Rf_3：阻止ダイオード

L_1, L_2, L_3：表示灯

X-1m, X-2m, X-3m：故障検出リレーまたはその補助リレーの接点

図 15.5　有極回路を用いた表示灯点検回路のシーケンス図〔例〕

3 表示灯点検のシーケンス動作

図15.6において，点検用ボタンスイッチPBS入を押すと，そのメーク接点PBS入-mが閉じ，表示灯L_1, L_2, L_3に故障がなければ，3灯とも同時に点灯する。これによって，表示灯点検を行うことができる。

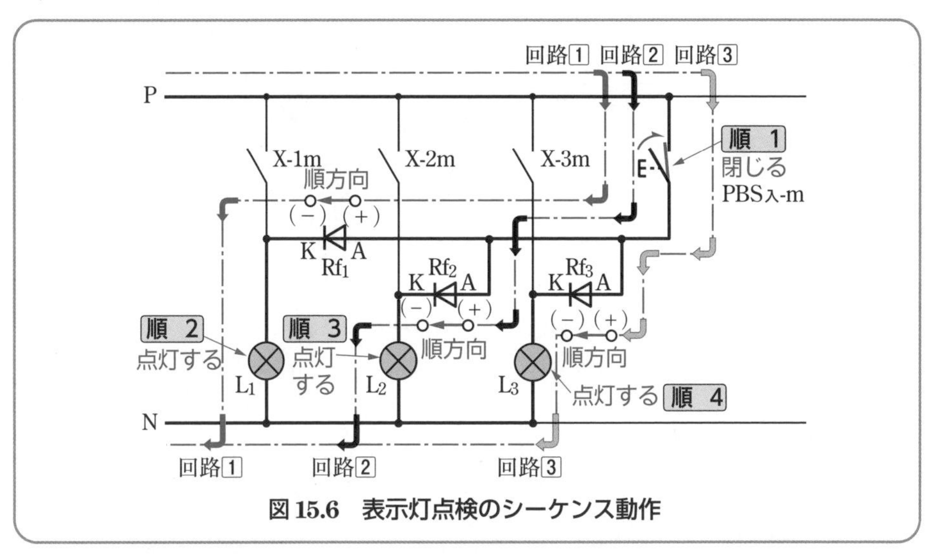

図15.6 表示灯点検のシーケンス動作

次に，この動作順序について説明しよう。

図15.6の動作順序

順 1 回路1のPBS入を押すと，そのメーク接点PBS入-mが閉じる。

また，PBS入-mが閉じると，次の 順 2，順 3，順 4 の動作が同時に行われる。

順 2 回路1の整流器Rf_1が順方向のため電流が流れ表示灯L_1は点灯する。

順 3 回路2の整流器Rf_2が順方向のため電流が流れ表示灯L_2は点灯する。

順 4 回路3の整流器Rf_3が順方向のため電流が流れ表示灯L_3は点灯する。

4 表示灯点灯のシーケンス動作

図15.7において，故障検出リレー（またはその補助リレー）の接点X-1mが閉じれば，表示灯L_1だけが点灯し，他の表示灯L_2およびL_3は点灯しない。

次に，この動作順序について説明しよう。

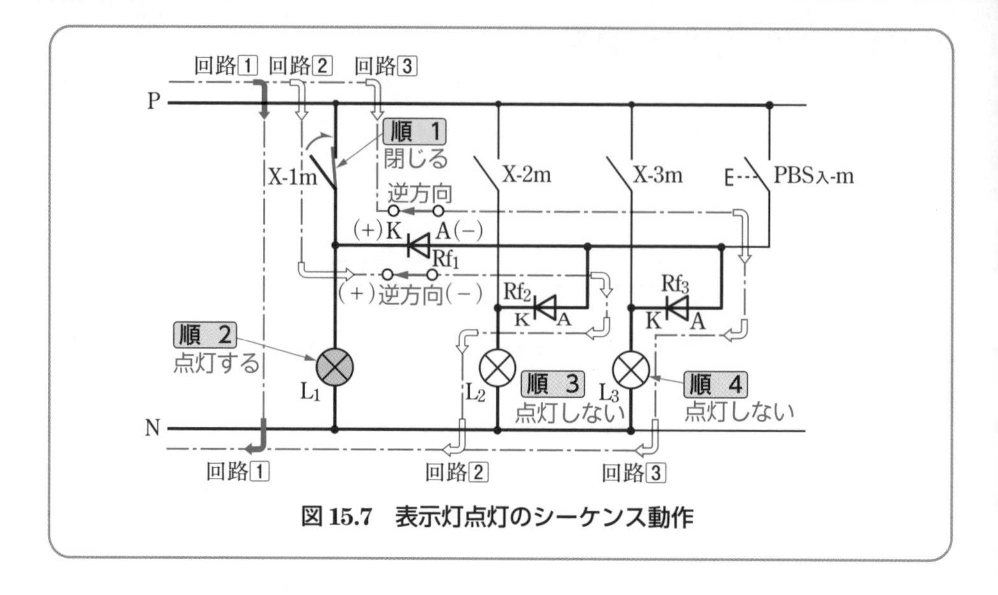

図 15.7　表示灯点灯のシーケンス動作

図 15.7 の動作順序

順 1　故障検出リレー（または補助リレー）X-1 が動作して，そのメーク接点 X-1m を閉じる。

順 2　メーク接点 X-1m が閉じると，回路1の表示灯 L_1 に電流が流れ，点灯する。

順 3　回路2では，整流器 Rf_1 のカソード K に正（+），アノード A に負（−）の電圧が逆方向に印加しているため，表示灯 L_2 には電流が流れず，点灯しない。

順 4　回路3では，整流器 Rf_1 のカソード K に正（+），アノード A に負（−）の電圧が逆方向に印加しているため，表示灯 L_3 には電流が流れず，点灯しない。

また，故障検出リレー（または補助リレー）X-2 が動作して，その接点 X-2m が閉じると，表示灯 L_2 だけが点灯し，整流器 Rf_2 に逆方向の電圧が印加しているため，表示灯 L_1, L_3 は点灯しない。また，接点 X-3m が閉じると，表示灯 L_3 だけが点灯し，整流器 Rf_3 に逆方向の電圧が印加しているため，表示灯 L_1，L_2 は点灯しない。

第16章 回り込み回路と逆流阻止回路

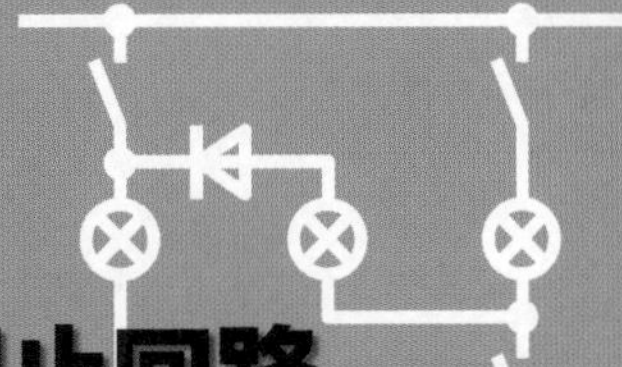

16・1 回り込み回路とは

回り込み回路とは，一つの接点でいくつかの電磁リレーのコイルを励磁したり，あるいは接点の位置が電磁リレーのコイルに対して不適当である場合，設計時に考えた回路以外に電流が回り込んで流れ予定外の回路ができ，異なった動作をする回路をいう。したがって，シーケンス制御回路の設計にあたっては，このような回り込み回路ができないように心がける必要がある。

16・2 回り込み回路〔例 1〕

表示灯点滅回路〔例〕

外部入力信号接点 A が閉じたとき表示灯 L_1 が点灯し，接点 A と接点 C が閉じたとき表示灯 L_1 と L_2 が点灯し，また，接点 B と接点 C が閉じたとき表示灯 L_3 が点灯するようにするには，どのようなシーケンス回路にすればよいか。

考え方

1 シーケンス図

図 16.1 のようなシーケンス回路を組んだとしよう。その動作順序は，次のようになる。

図 16.1 の動作順序

順 1　外部入力信号接点 A に入力信号を入れると，そのメーク接点 A-m が閉じる。

順 2　メーク接点 A-m が閉じると，回路1に電流が流れ，表示灯 L_1 が点灯する。

順 3　外部入力信号接点Cに入力信号を入れると，そのメーク接点C-mが閉じる。

順 4　メーク接点C-mが閉じると，メーク接点A-mが閉じているので，回路2に電流が流れ，表示灯L_2が点灯する。

順 5　外部入力信号接点Bに入力信号を入れると，そのメーク接点B-mが閉じる。

順 6　メーク接点B-mが閉じると，メーク接点C-mが閉じているので，回路3に電流が流れ，表示灯L_3が点灯する。

したがって，この回路は動作条件を満足する。

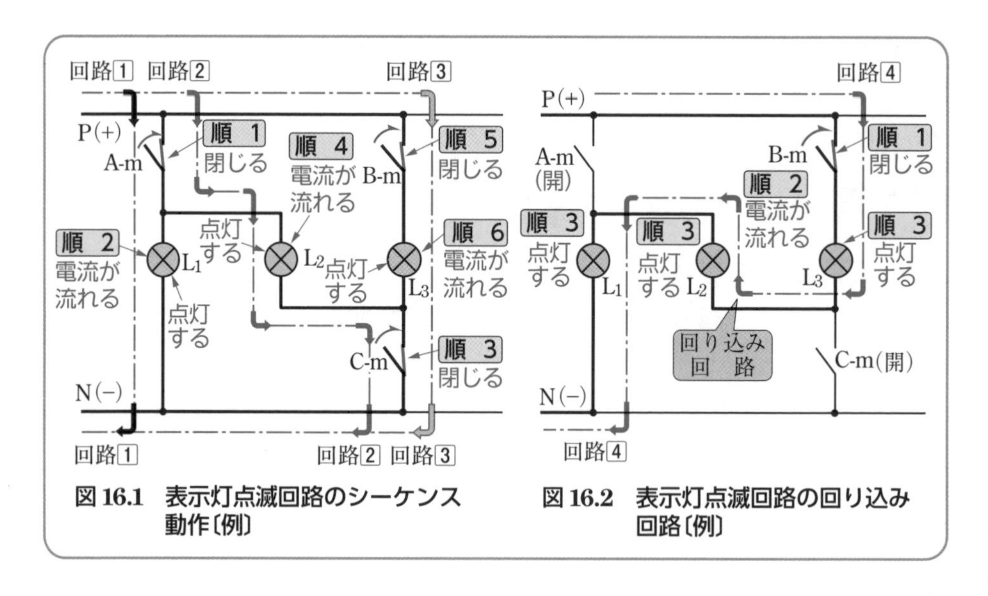

図 16.1　表示灯点滅回路のシーケンス動作〔例〕

図 16.2　表示灯点滅回路の回り込み回路〔例〕

2 回り込み回路

図16.1の回路は，動作条件を満足するが，一つ問題がある。それは図16.2のように，接点Bを閉じた場合に回路4ができ，三つの表示灯L_1，L_2，L_3が全部点灯してしまうことである。したがって，図16.1の状態で，接点Aおよび接点Cを開いても，接点Bが閉じていると，三つの表示灯は消えないことになる。この回路4のような回路を**回り込み回路**という。

次に，図16.2の例についてその動作順序を説明しよう。

図16.2の動作順序

順1　外部入力信号接点Bに入力信号を入れると，メーク接点B-mが閉じる。

順2　メーク接点B-mが閉じると，回路4に電流が流れる。

順3　回路4に電流が流れると，表示灯L_1，L_2，L_3が同時に点灯する。

〔注〕ただし，上記の動作は接点A-mおよび接点C-mが開いているものとする。

3 逆流阻止回路

図16.2の回り込み回路を防止するには，どうすればよいかというと，図16.3のように，回路4に整流器Rfを挿入して，有極回路にするとよい。

この整流器Rfのはたらきによって，回路4のように逆方向の電流を阻止する回路を**逆流阻止回路**といい，電流の回り込み防止回路として広く用いられている。

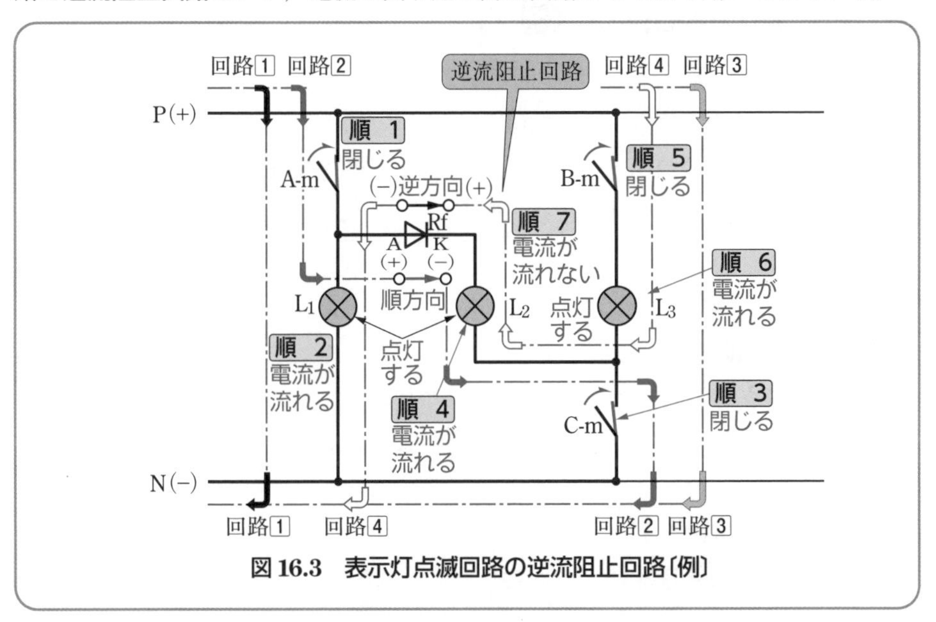

図16.3　表示灯点滅回路の逆流阻止回路〔例〕

次に，この逆流阻止回路の動作順序について説明しよう。

図16.3の動作順序

順1　外部入力信号接点Aに入力信号を入れると，メーク接点A-mが閉じる。

順2　メーク接点A-mが閉じると，回路1に電流が流れ，表示灯L_1が点灯する。

順 3　外部入力信号接点Cに入力信号を入れると，メーク接点C-mが閉じる。

順 4　メーク接点C-mが閉じると，メーク接点A-mが閉じているので，回路2の整流器Rfには順方向の電流が流れ表示灯L_2が点灯する。

順 5　外部入力接点Bに入力信号を入れると，メーク接点B-mが閉じる。

順 6　メーク接点B-mが閉じると，メーク接点C-mが閉じているので，回路3に電流が流れ，表示灯L_3が点灯する。

順 7　メーク接点B-mが閉じても，回路4の整流器Rfには，逆方向の電圧が印加されるので電流が流れず，表示灯L_1, L_2は点灯しない。したがって，2項で述べた回り込みを防止することができる。

16・3　回り込み回路〔例 2〕

ベル鳴動回路〔例〕

外部入力接点Aが閉じるとベルBLが鳴り，表示灯L_1が点灯し，また，接点Bが閉じるとベルBLが鳴り，表示灯L_2が点灯するようにするには，どのようなシーケンス回路にすればよいか。

考え方

1　シーケンス図

図16.4のようなシーケンス回路を組んだとしよう。

(**a**)　図16.4において，外部入力信号接点Aを閉じた場合の動作順序について調べてみよう。

図16.4の動作順序

順 1　外部入力信号接点Aに入力信号を入れると，メーク接点A-mが閉じる。

順 2　メーク接点A-mが閉じると，回路1に電流が流れ，表示灯L_1が点灯する。

順 3　メーク接点A-mが閉じると，回路2に電流が流れ，ベルBLが鳴る。

順 4　メーク接点A-mが閉じると，回路3に電流が流れ，表示灯L_2が点灯する。

接点 B が閉じなくても，電流が回路3を通って流れるので，表示灯 L_2 は点灯する。したがって，回路3は回り込み回路である。

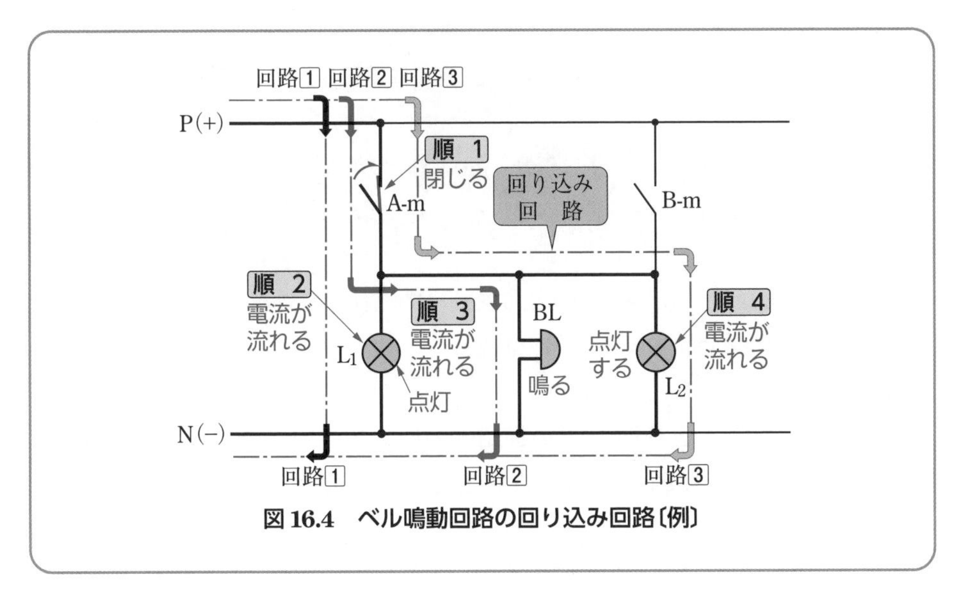

図 16.4　ベル鳴動回路の回り込み回路〔例〕

(b)　図 16.5 において，外部入力信号接点 B を閉じた場合の動作順序について調べてみよう。

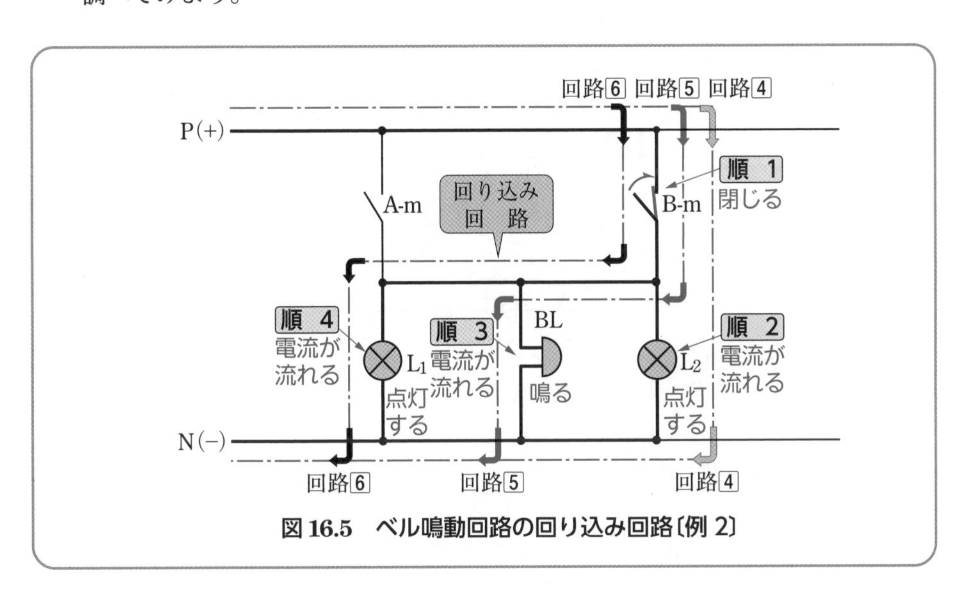

図 16.5　ベル鳴動回路の回り込み回路〔例 2〕

図 16. 5 の動作順序

順 1　外部入力信号接点 B に入力信号を入れると，メーク接点 B-m が閉じる。

順 2　メーク接点 B-m が閉じると，回路4に電流が流れ，表示灯 L_2 が点灯する。

順 3　メーク接点 B-m が閉じると，回路5に電流が流れ，ベル BL が鳴る。

順 4　メーク接点 B-m が閉じると，回路6に電流が流れ，表示灯 L_1 が点灯する。

接点 A が閉じなくても，電流が回路6を通って流れるので表示灯 L_1 は点灯する。したがって，回路6は回り込み回路である。

2 逆流阻止回路

図 16.4 の回路3および図 16.5 の回路6の回り込み回路を阻止するには，図 16.6 のように，整流器 Rf_1 および Rf_2 を接続して有極回路とし，逆流阻止回路をつくるとよい。

(a)　図 16.6 において，外部入力信号接点 A を閉じると，表示灯 L_1 が点灯しベル BL が鳴る（表示灯 L_2 は点灯しない）。

次に，この動作順序について調べてみよう。

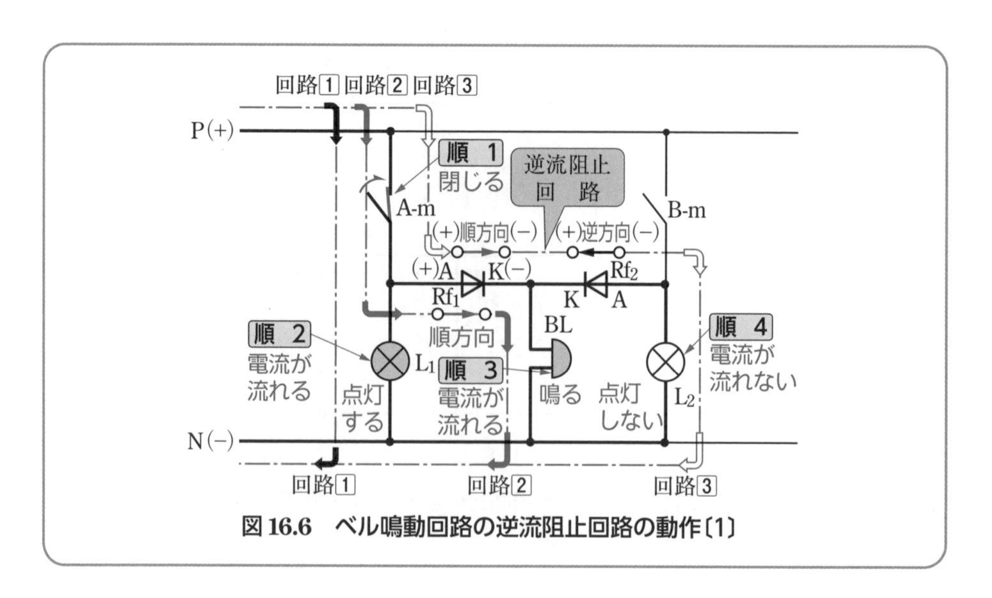

図 16.6　ベル鳴動回路の逆流阻止回路の動作〔1〕

図16.6の動作順序

順1　外部入力信号接点Aに入力信号を入れるとメーク接点A-mが閉じる。

順2　メーク接点A-mが閉じると回路1に電流が流れ表示灯L_1が点灯する。

順3　メーク接点A-mが閉じると，回路2の整流器Rf_1には，順方向に電圧が印加されるので電流が流れ，ベルBLが鳴る。

順4　メーク接点A-mが閉じると，回路3の整流器Rf_1は順方向であるが，整流器Rf_2は逆方向となるので電流が流れず，表示灯L_2は点灯しない。

(b)　図16.7において，外部入力信号接点Bを閉じると，表示灯L_2が点灯しベルBLが鳴る（表示灯L_1は点灯しない）。

次に，この動作順序について調べてみよう。

図16.7の動作順序

順1　外部入力接点Bに入力信号を入れると，メーク接点B-mが閉じる。

順2　メーク接点B-mが閉じると，回路4に電流が流れ，表示灯L_2が点灯する。

順3　メーク接点B-mが閉じると，回路5の整流器Rf_2には，順方向に電圧が印加されるので電流が流れ，ベルBLが鳴る。

順4　メーク接点B-mが閉じると，回路6の整流器Rf_2は順方向であるが，整流器Rf_1は逆方向となるので電流が流れず，表示灯L_1は点灯しない。

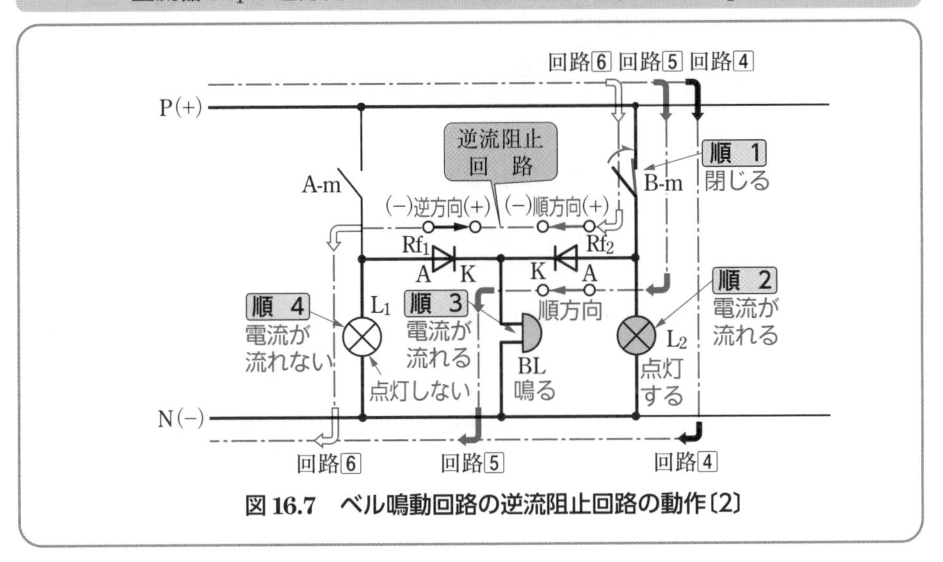

図16.7　ベル鳴動回路の逆流阻止回路の動作〔2〕

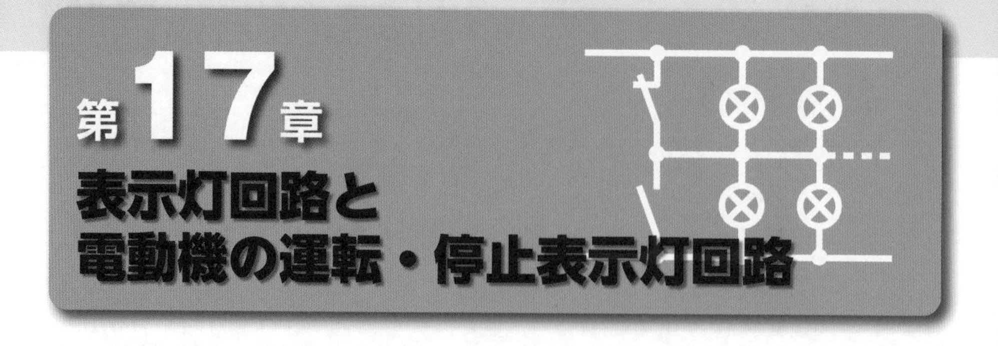

第17章 表示灯回路と電動機の運転・停止表示灯回路

17・1 表示灯回路とは

表示灯回路とは，シーケンス制御回路において，機器，装置の動作状態および制御の進行状態を監視者に知らせるための光示（ランプ）式表示回路をいう。

● 最近は発光ダイオードによる表示灯が多く用いられている。

表 17.1 は表示灯回路のおもな表示内容と，その回路を示した表である。

表 17.1　表示灯回路のおもな表示内容

表示内容	説　明	表示灯回路〔例〕
機器の動作状態表示	機器の運転・停止を直接開閉制御する電磁接触器，遮断器などの補助接点を用いて表示する。	MC-m　L　R MC-m：電磁接触器などの補助接点
開閉器類の開閉状態表示	電磁接触器，遮断器などの開路または閉路の状態を，その補助接点を用いて表示する。	MC-m　L　R MC-m：電磁接触器などの補助接点
弁類（電磁弁，電動弁）の開閉状態表示	電磁弁，電動弁を制御する検出スイッチなどの接点を開閉表示のための検出要素とする。	LS-m　L　R LS-m：リミットスイッチの接点
液位，圧力などの上限，下限状態表示	上下に変動する水面，油面などはレベルスイッチで，圧力は圧力スイッチによって検出して表示する。	PRS-m　L　R PRS-m：圧力スイッチの接点
電源の有無，回路の「死」，「活」の表示	電源の有無や回路の「死」，「活」は直接（低圧）あるいは計器用変圧器を介して表示する。	L　MCCB　L 電源　負荷 電源の有無　回路の「死」「活」

〔備考〕 L：表示灯　　R：表示灯用直列抵抗器（シーケンス図上は省略することもある）

17・2 1灯式表示灯回路

1 シーケンス図

1灯式表示灯回路とは，図17.1のように表示灯を閉路で点灯し，開路で消灯する回路で，補助リレーXのメーク接点を使えば動作を表示し，ブレーク接点を用いれば停止を表示することができる。しかし，この方法では，点灯しているときは確かに閉路しているが，消灯しているときは，開路しているのか，または表示灯の故障か，電源の停電かの区別が困難となる。

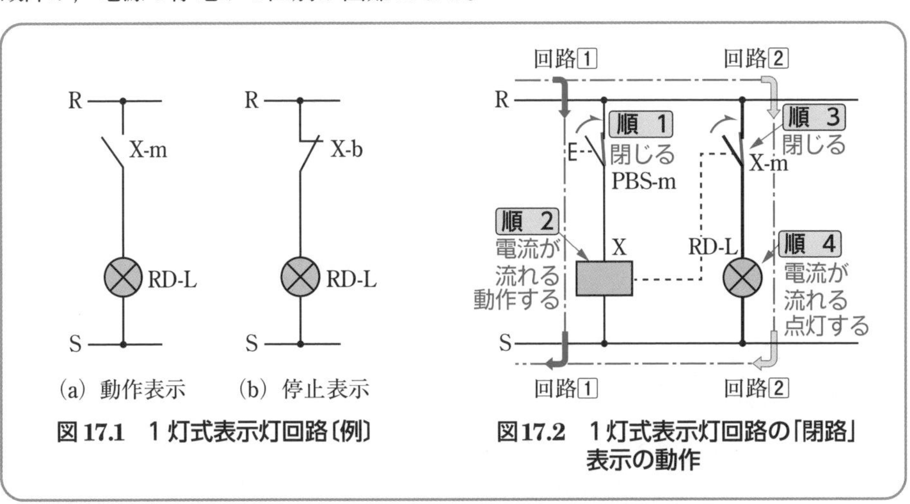

図17.1 1灯式表示灯回路〔例〕

図17.2 1灯式表示灯回路の「閉路」表示の動作

2 "閉路"表示の動作

図17.2の1灯式表示灯回路において，赤色表示灯RD-Lの点灯は，補助リレーXが動作し閉路していることを示す。

次に，この閉路表示の動作順序について説明しよう。

図17.2の動作順序

順1 回路1の押しボタンスイッチPBSを押すと，そのメーク接点PBS-mが閉じる。

順2 メーク接点PBS-mが閉じると，回路1のコイルXに電流が流れ、補助リレーXが動作する。

順3 補助リレーXが動作すると，回路2のメーク接点X-mが閉じる。

順4 メーク接点X-mが閉じると，赤色ランプRD-Lが点灯する。

3 “開路”表示の動作

図17.3の1灯式表示灯回路において，赤色表示灯RD-Lの消灯は，正常ならば補助リレーXが復帰し開路していることを示す。

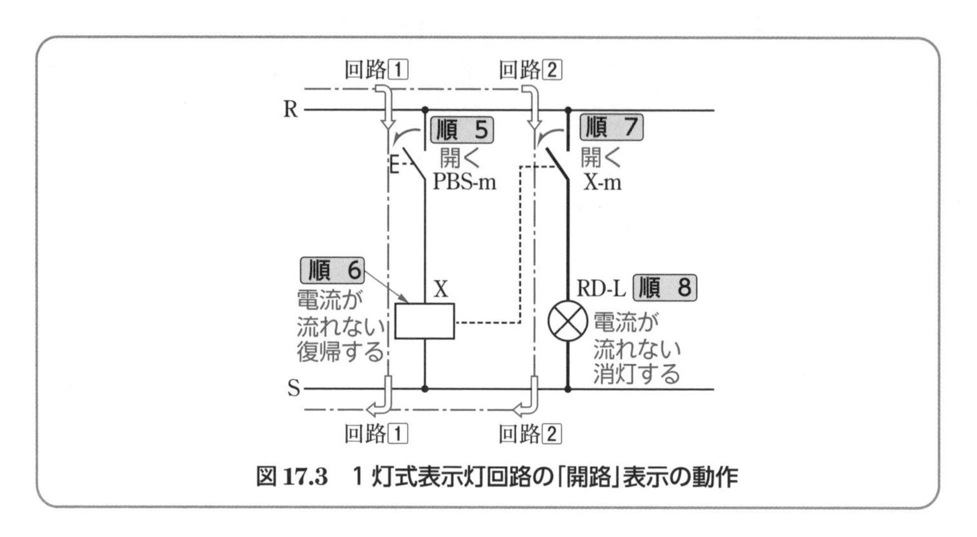

図17.3　1灯式表示灯回路の「開路」表示の動作

次に，この開路表示の動作順序について説明しよう。

図17.3の動作順序

順 5　図17.2の閉路表示の状態にて，回路1の押しボタンスイッチPBSを押す手を離すと，そのメーク接点PBS-mが開く。

順 6　メーク接点PBS-mが開くと，回路1のコイルXに電流が流れず，補助リレーXが復帰する。

順 7　補助リレーXが復帰すると，回路2のメーク接点X-mが開く。

順 8　メーク接点X-mが開くと，赤色表示灯RD-Lが消灯する。

17·3　明暗表示灯回路

1 シーケンス図

明暗表示による表示灯回路とは，図17.4のように補助リレーXが動作（コイルXに電流が流れる）すると表示灯が明るくなり，また，逆に補助リレーXが復帰（コイルXに電流が流れない）すると表示灯が暗くなることにより，補助リレーなどの動作状態を表示する回路をいう。

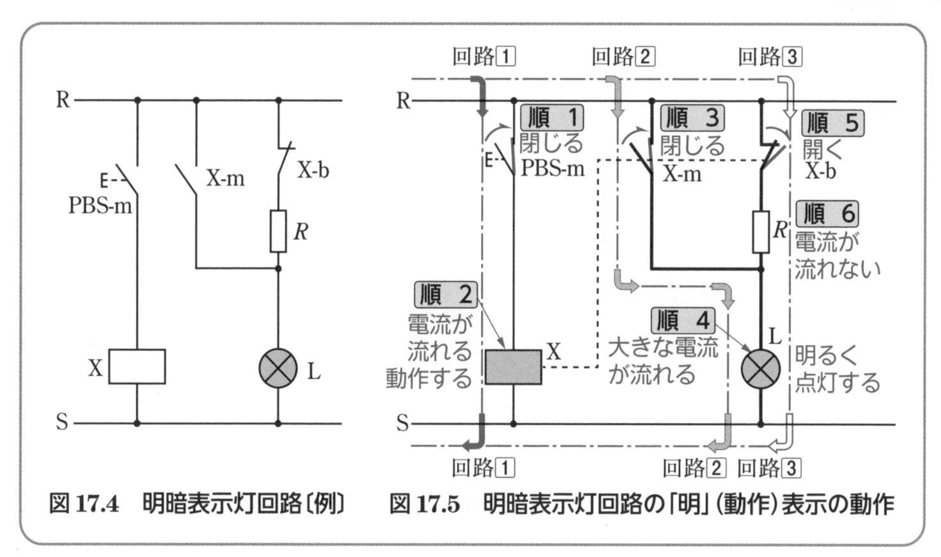

図 17.4　明暗表示灯回路〔例〕

図 17.5　明暗表示灯回路の「明」（動作）表示の動作

2 明（動作）表示の動作

図 17.5 の明暗表示灯回路において，表示灯 L が明るく点灯するのは，補助リレー X が動作していることを示す。

次に，この明（動作）表示の動作順序について説明しよう。

図 17.5 の動作順序

順 1　回路1のボタンスイッチ PBS を押すとメーク接点 PBS-m が閉じる。

順 2　メーク接点 PBS-m が閉じると，回路1のコイル X に電流が流れ，補助リレー X が付勢し動作する。

順 3　補助リレー X が動作すると，回路2のメーク接点 X-m が閉じる。

順 4　メーク接点 X-m が閉じると，回路2を通って電流が流れ，表示灯 L が明るく点灯する。

順 5　補助リレー X が動作すると，回路3のブレーク接点 X-b が開く。

順 6　ブレーク接点 X-b が開くと，回路3に電流が流れず，抵抗 R による電圧降下を生じない。

したがって，表示灯 L には制御電源電圧がそのまま加わるので，明るく点灯する。

3 暗（復帰）表示の動作

図 17.6 の明暗表示灯回路において，表示灯 L が暗く点灯するのは，補助リレー X が復帰していることを示す。

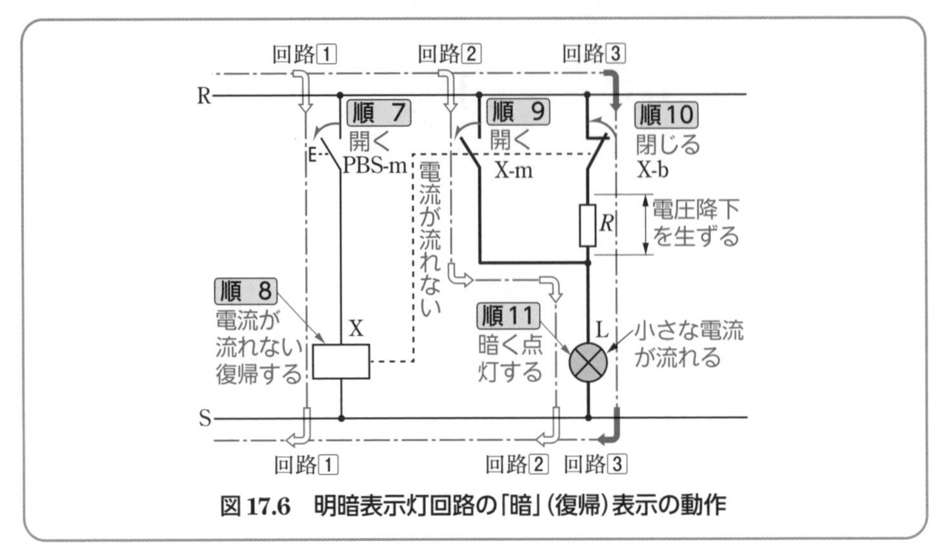

図 17.6　明暗表示灯回路の「暗」（復帰）表示の動作

次に，図 17.5 の明（動作）表示になっている状態からの，暗（復帰）表示の動作順序について説明しよう。

図 17.6 の動作順序

- 順 7　回路1の押しボタンスイッチ PBS を押す手を離すと，そのメーク接点 PBS-m が開く。
- 順 8　メーク接点 PBS-m が開くと，回路1のコイル X に電流が流れず，補助リレー X が復帰する。
- 順 9　補助リレー X の復帰により，回路2のメーク接点 X-m が開き，回路2には電流が流れない。
- 順10　補助リレー X の復帰により回路3のブレーク接点 X-b が閉じる。
- 順11　表示灯 L には，回路3の抵抗 R を通って電流が流れ，その電圧降下により暗く点灯する。

この場合，回路3には抵抗 R が接続されているので，この抵抗 R に電流が流れることにより電圧降下を生じる。

したがって，表示灯 L に加わる電圧は，制御電源電圧より抵抗 R による電圧降下分だけ低くなるので，暗く点灯する。

17・4 2灯式表示灯回路

1 シーケンス図

2灯式表示灯回路とは，制御電源母線に対して，図17.7のように赤色表示灯RD-Lと緑色表示灯GN-Lを，各々別々の接続線につないだ回路をいう。たとえば，補助リレーXが動作すると赤色表示灯RD-Lが点灯し，復帰すると緑色表示灯GN-Lが点灯するようにする。

2灯式では，どちらか1灯が必ず点灯しているため，2灯とも消灯していれば，表示灯の故障か停電かなどの異常であることがわかり，1灯式の欠点を補うことができる。

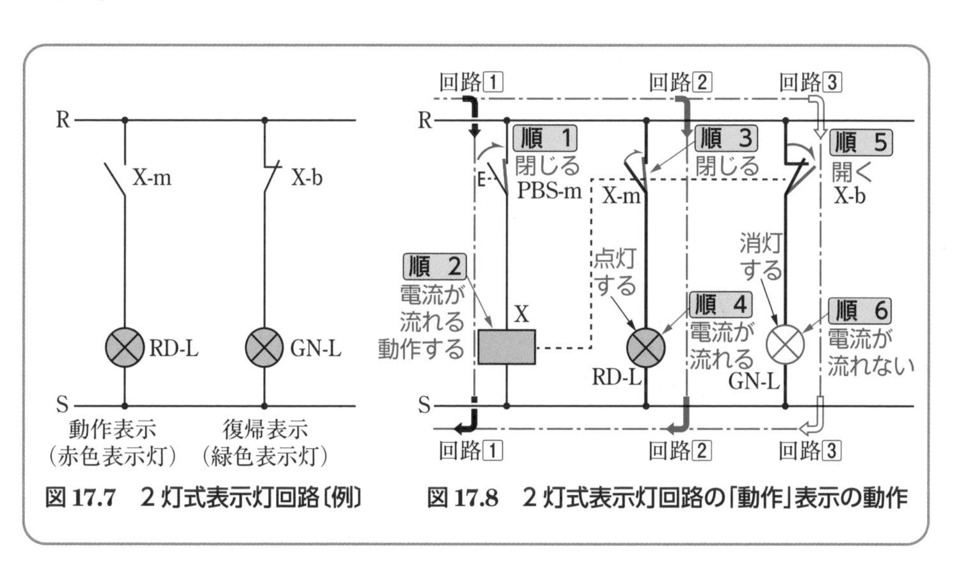

図17.7 2灯式表示灯回路〔例〕

図17.8 2灯式表示灯回路の「動作」表示の動作

2 動作表示の動作

図17.8は，2灯式表示灯回路において動作表示した図であり，この動作順序について説明しよう。

図17.8の動作順序

順 1 回路1のボタンスイッチPBSを押すとメーク接点PBS-mが閉じる。

順 2 メーク接点PBS-mが閉じると，回路1のコイルXに電流が流れ，補助リレーXが付勢し動作する。

順 3　補助リレーXが動作すると，回路2のメーク接点X-mが閉じる。
順 4　メーク接点X-mが閉じると，回路2の赤色表示灯RD-Lが点灯する。
順 5　補助リレーXが動作すると，回路3のブレーク接点X-bが開く。
順 6　ブレーク接点X-bが開くと，回路3の緑色表示灯GN-Lが消灯する。

3 復帰表示の動作

図17.9は，2灯式表示灯回路において，図17.8の動作表示になっている状態からの復帰表示の動作順序を示した図である。

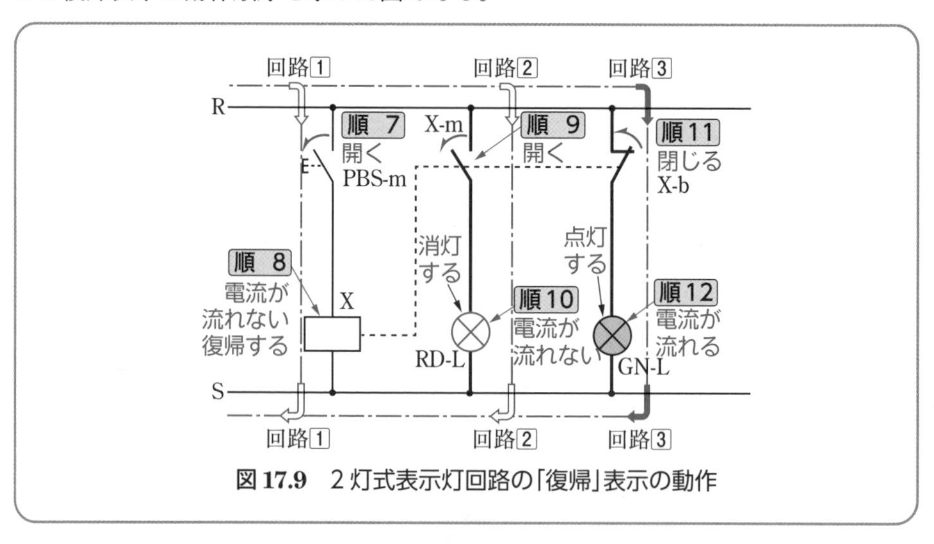

図17.9　2灯式表示灯回路の「復帰」表示の動作

次に，この復帰動作の順序について説明しよう。

図17.9の動作順序

順 7　回路1の押しボタンスイッチPBSを押す手を離すと，そのメーク接点PBS-mが開く。
順 8　メーク接点PBS-mが開くと，回路1のコイルXに電流が流れず，補助リレーXが復帰する。
順 9　補助リレーXが復帰すると，回路2のメーク接点X-mが開く。
順10　メーク接点X-mが開くと，回路2の赤色表示灯RD-Lが消灯する。
順11　補助リレーXが復帰すると，回路3のブレーク接点X-bが閉じる。
順12　ブレーク接点X-bが閉じると，回路3の緑色表示灯GN-Lが点灯する。

17・5 クロス表示灯回路

1 シーケンス図

クロス表示灯回路は，図 17.10 のように表示灯が何箇所にもある場合，電源が共通でありさえすれば，**"L"** 線を追加するだけですむため，接続電線の経済化に役立つといえる。しかし，メーク接点とブレーク接点とが直列に入っているため，メーク接点，ブレーク接点の切り換えが早かったりアークが大きいと，短絡事故となることがあるので注意を要する。

この回路では，メーク接点 X-m が " 閉 " で赤色表示灯 RD-L（$RD\text{-}L_1$，$RD\text{-}L_2$，…）が点灯し，ブレーク接点 X-b が " 閉 " で緑色表示灯 GN-L（$GN\text{-}L_1$，$GN\text{-}L_2$，…）が点灯する(表示灯定格の選定によっては, 常時両者とも暗く点灯することがある)。

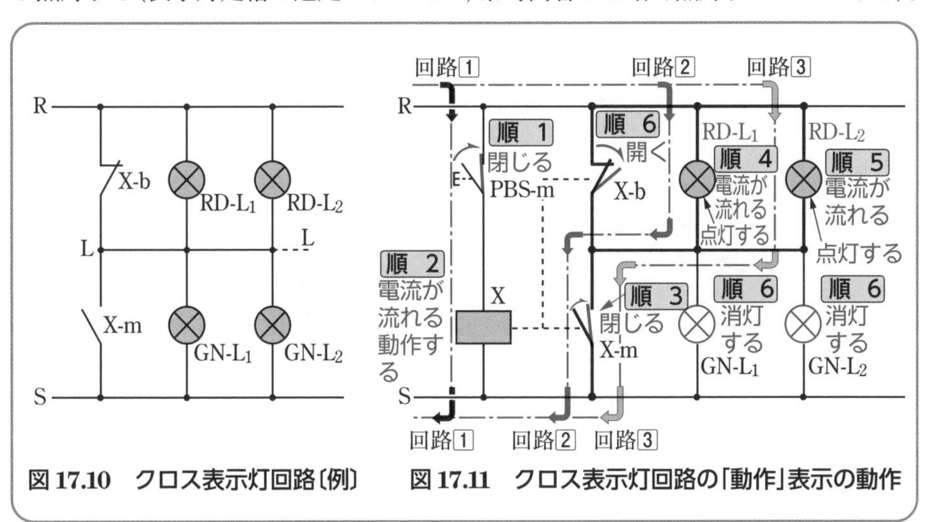

図 17.10　クロス表示灯回路〔例〕　　図 17.11　クロス表示灯回路の「動作」表示の動作

2 動作表示（赤色表示灯点灯）の動作

図 17.11 は，クロス表示灯回路において，赤色表示灯点灯により動作表示した図であり，この動作順序について説明しよう。

図 17.11 の動作順序

順 1　回路1のボタンスイッチ PBS を押すとメーク接点 PBS-m が閉じる。

順 2　メーク接点 PBS-m が閉じると，回路1のコイル X に電流が流れ，補助リレー X が付勢し動作する。

順 3　補助リレーXが動作すると，回路2，回路3のメーク接点X-mが閉じる。

順 4　メーク接点X-mが閉じると，回路2の赤色表示灯RD-L_1が点灯する。

順 5　メーク接点X-mが閉じると，回路3の赤色表示灯RD-L_2が点灯する。

順 6　補助リレーXが動作すると，回路4，回路5(図17.12参照)のブレーク接点X-bが開き，緑色表示灯GN-L_1およびGN-L_2が消える。

3 復帰表示（緑色表示灯点灯）の動作

図17.12は，クロス表示灯回路において，図17.11の動作表示になっている状態から，緑色表示灯点灯による復帰表示の動作順序を示した図である。

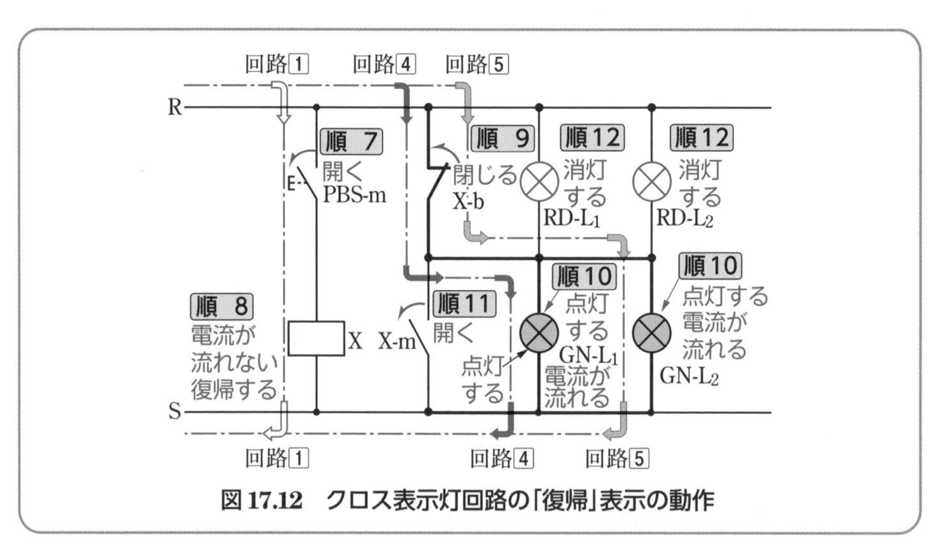

図17.12　クロス表示灯回路の「復帰」表示の動作

次に，復帰表示動作順序について説明しよう。

図17.12の動作順序

順 7　回路1の押しボタンスイッチPBSを押す手を離すと，そのメーク接点PBS-mが開く。

順 8　メーク接点PBS-mが開くと，回路1のコイルXに電流が流れず，補助リレーXが消勢し復帰する。

順 9　補助リレーXが復帰すると，回路4，回路5のブレーク接点X-bが閉じる。

順10　ブレーク接点X-bが閉じると，回路4，回路5に電流が流れ，緑色表示灯 GN-L_1 および GN-L_2 が点灯する。

順11　補助リレーXが復帰すると，回路2，回路3（図17.11参照）のメーク接点X-mが開く。

順12　メーク接点X-mが開くと，回路2，回路3に電流が流れず，赤色表示灯 RD-L_1 および RD-L_2 が消灯する。

17・6　電動機の運転・停止表示灯回路

1　シーケンス図

図17.13は，電磁接触器を用いた三相電動機の始動制御回路に2灯式表示灯回路を付加し，電動機の“運転”“停止”表示を行う場合のシーケンス図の一例を示したものである。

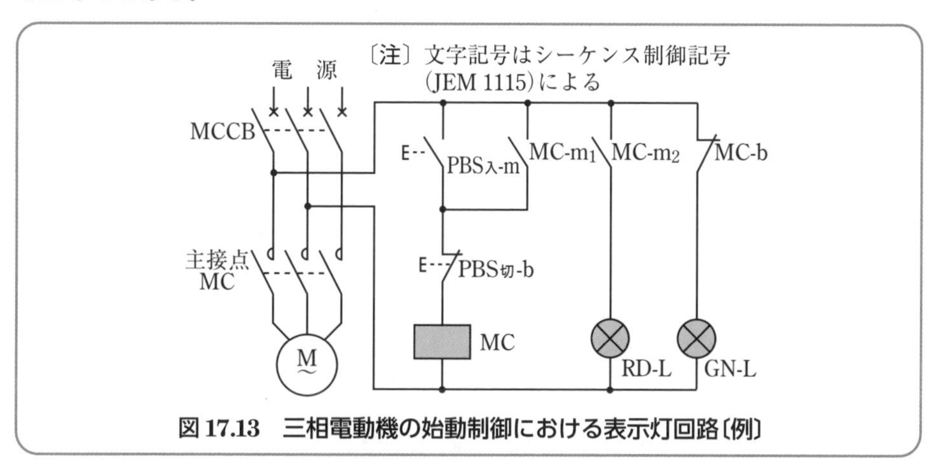

図17.13　三相電動機の始動制御における表示灯回路〔例〕

❶“運転”表示は，電磁接触器MCが動作し，“閉路”したとき点灯するように，補助メーク接点 MC-m_2 に赤色表示灯RD-Lを接続する。

❷“停止”表示は，電磁接触器MCが復帰し，“閉路”したとき点灯するように，補助ブレーク接点MC-bに緑色表示灯GN-Lを接続する。

2　運転表示の動作

図17.14のように，電動機が運転されるときは赤色表示灯RD-Lが点灯し，緑色表示灯GN-Lが消灯する。

次に，この運転表示の動作順序について説明しよう。

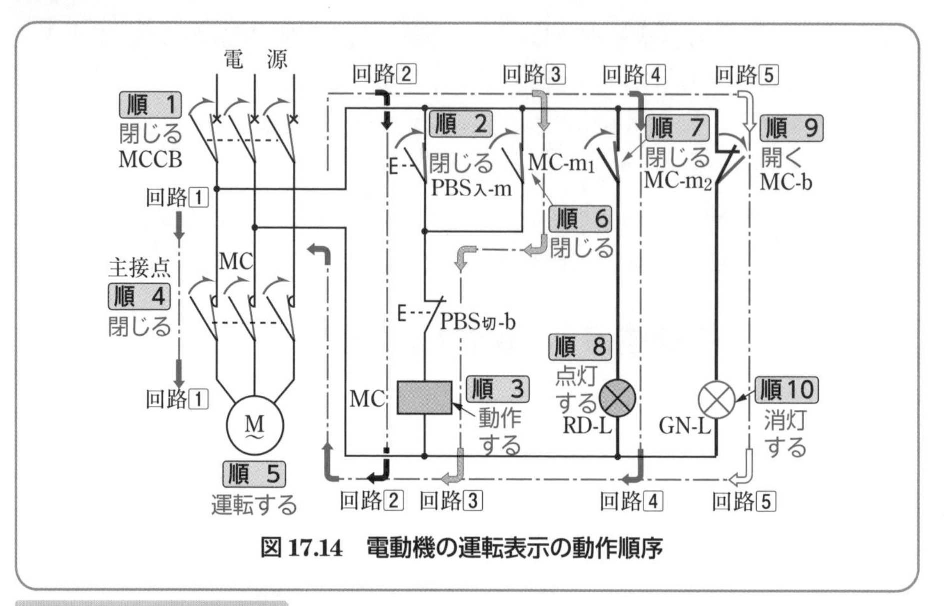

図 17.14　電動機の運転表示の動作順序

図 17.14 の動作順序

順 1　電源の配線用遮断器 MCCB を閉じる。

順 2　回路2の始動ボタンスイッチ PBS入を押すとそのメーク接点 PBS入-m が閉じる。

順 3　メーク接点 PBS入-m が閉じると，回路2のコイル MC に電流が流れ，電動接触器 MC が動作する。

順 4　電磁接触器 MC が動作すると，回路1の電磁接触器 MC の主接点 MC が閉じる。

順 5　主接点 MC が閉じると，回路1の電動機 M に電流が流れ運転する。

順 6　電磁接触器 MC が動作すると，回路3の自己保持メーク接点 MC-m_1 が閉じ，自己保持する。

順 7　電磁接触器 MC が動作すると，開路4のメーク接点 MC-m_2 が閉じる。

順 8　メーク接点 MC-m_2 が閉じると，回路4の赤色表示灯 RD-L に電流が流れ，点灯する（運転表示する）。

順 9　電磁接触器 MC が動作すると，回路5のブレーク接点 MC-b が開く。

順10　ブレーク接点 MC-b が開くと，回路5の緑色表示灯 GN-L に電流が流れず，消灯する。

3 停止表示の動作

図 17.15 のように，電動機が停止すると緑色表示灯 GN-L が点灯し，赤色表示灯 RD-L が消灯する。

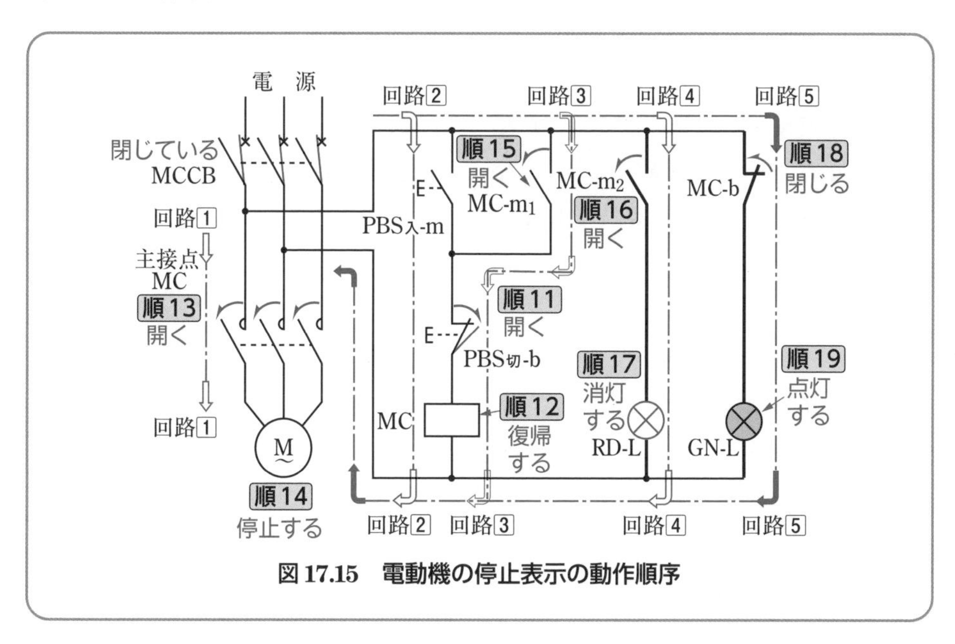

図 17.15　電動機の停止表示の動作順序

次に，図 17.14 において，運転表示になっている状態からの，停止表示の動作順序について説明しよう。

図 17.15 の動作順序

順11　回路3の停止ボタンスイッチ PBS切を押すと，そのブレーク接点 PBS切-b が開く。

順12　ブレーク接点 PBS切-b が開くと，回路3のコイル MC に電流が流れず，電動接触器 MC が復帰する。

ここで，電磁接触器 MC が復帰すると，次の順13，順15，順16，順18の動作が同時に行われる。

順13　電磁接触器 MC が復帰すると，回路1の電磁接触器 MC の主接点 MC が開く。

順14　主接点 MC が開くと，回路1の電動機 M に電流が流れず，電動機 M は停止する。

順15 電磁接触器 MC が復帰すると，回路3の自己保持メーク接点 $MC\text{-}m_1$ が開き，自己保持を解く。

順16 電磁接触器 MC が復帰すると，回路4のメーク接点 $MC\text{-}m_2$ が開く。

順17 メーク接点 $MC\text{-}m_2$ が開くと，回路4の赤色表示灯 RD-L に電流が流れず，消灯する。

順18 電磁接触器 MC が復帰すると，回路5のブレーク接点 MC-b が閉じる。

順19 ブレーク接点 MC-b が閉じると，回路5の緑色表示灯 GN-L に電流が流れて点灯する（停止表示する）。

第3編 実用設備のシーケンス回路の読み方

第18章 温度リレーによる恒温室の温度制御

18・1 恒温室の温度制御

1 シーケンス図

恒温室における温度調整を行うには，図 18.1 で示すようにヒータとクーラを設置し，室内温度を一定に保つため，温度リレーでその温度を検出して温度制御を行う必要がある。そして，このシーケンス図の一例を示したのが，図 18.2 である。

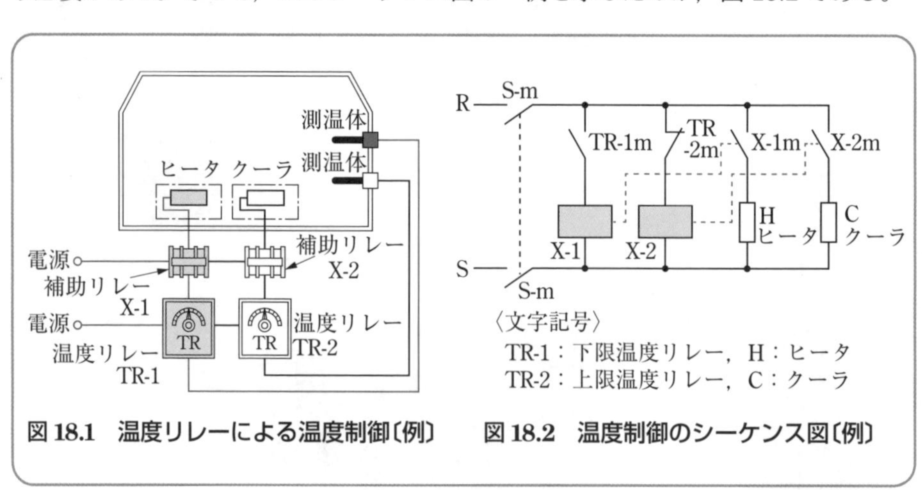

図 18.1 温度リレーによる温度制御〔例〕　図 18.2 温度制御のシーケンス図〔例〕

2 動作の概要

室内の温度範囲として，図 18.3 のように下限と上限をもうけ，温度が温度リレー TR-1 の下限整定値以下になるとヒータのスイッチが入り，そして，その加熱によって下限整定値以上の温度になると，ヒータのスイッチが切れるようにする。

また，室内温度が温度リレー TR-2 の上限整定値以上になると，クーラのスイッチが入り室内を冷却し，上限整定値以下の温度になると，クーラのスイッチを切って，つねに一定範囲の温度に保つよう制御する。

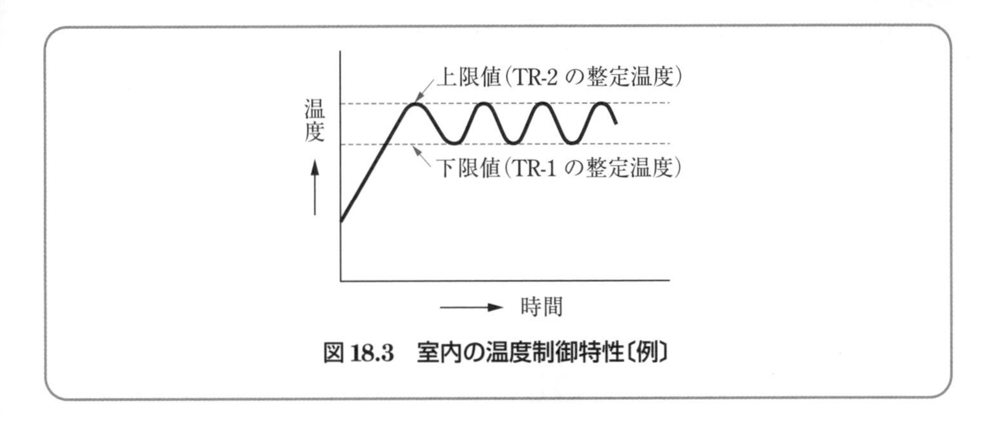

図 18.3　室内の温度制御特性〔例〕

18・2　温度リレーのはたらき

1 温度リレーとは

温度が整定値に達したとき，動作する検出リレーを**温度リレー**という。

2 温度リレーの構成

温度リレーは，温度をサーミスタの測温体（感熱素子）で直接検出し，整定温度になると本体（検出器）に組み込まれた補助リレーによって開閉動作を行うリレーである。図 18.4 は，温度リレーの一例を示した図である。また，図 18.5 はその内部構成図の一例を示したブロック図で，温度の整定は整定つまみを回して，指針を温度目盛に合わせて行う。

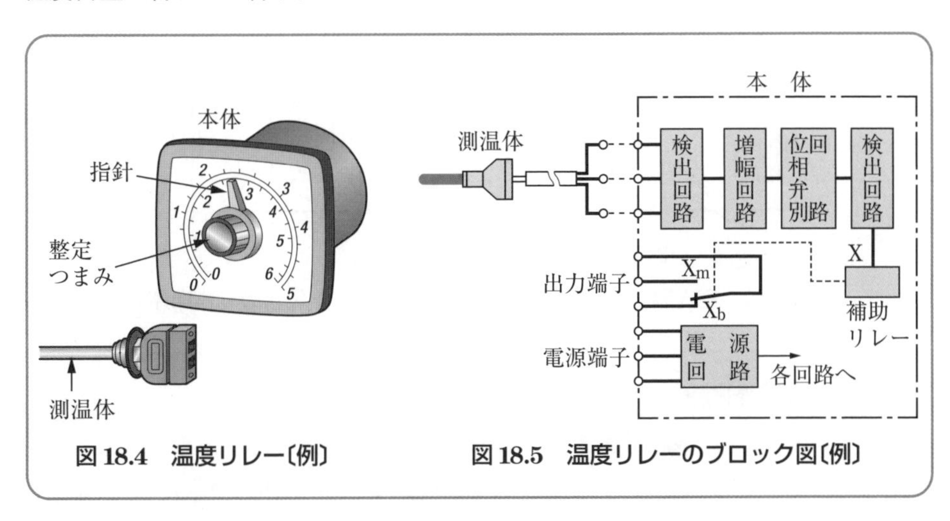

図 18.4　温度リレー〔例〕

図 18.5　温度リレーのブロック図〔例〕

3 温度リレーの動作

被制御体の温度が整定温度よりも低い場合には，内臓の補助リレーは動作（付勢）状態となり，出力メーク接点は“ON”（閉じる），出力ブレーク接点は“OFF”（開く）となる。

また，被制御体の温度が整定温度よりも高い場合には，内臓の補助リレーは復帰（消勢）状態となり，出力メーク接点は“OFF”（開く），出力ブレーク接点は“ON”（閉じる）となる。

18・3 温度制御の動作のしかた

室内温度の下限値に温度リレー TR-1 を整定し，上限値に温度リレー TR-2 を整定すると，ヒータおよびクーラは室内温度の変化によって ON・OFF し，温度を一定範囲に制御する。

1 下限整定温度値以下になった場合の動作

図 18.6 において，室内温度が下限整定温度値以下になった場合の動作順序について説明しよう。

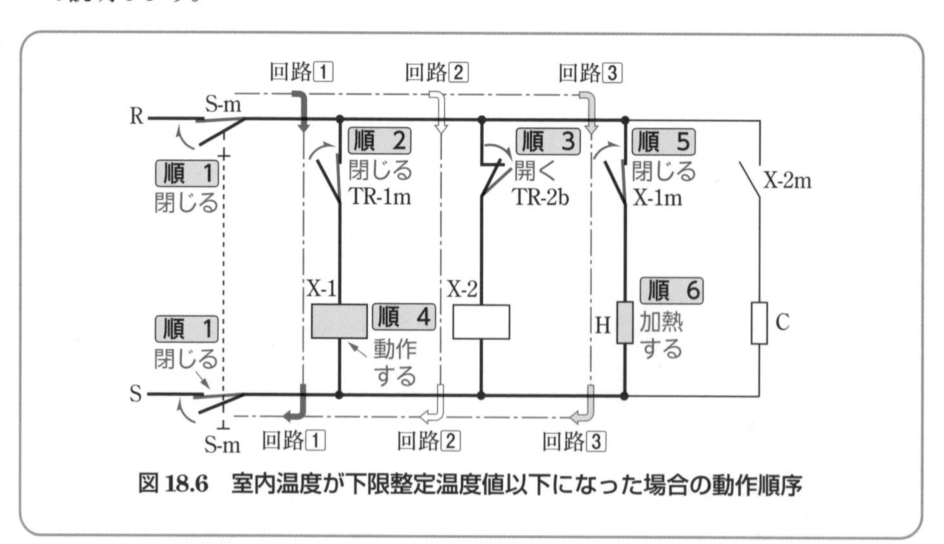

図 18.6 室内温度が下限整定温度値以下になった場合の動作順序

図 18.6 の動作順序

順 1 制御電源母線開閉器 S を入れると，そのメーク接点 S-m が閉じる。

順 2 室内温度が下限整定温度値以下になると，回路1の温度リレー TR-1

（下限値に整定）の出力メーク接点 TR-1m は動作して閉じる。

順 3 下限整定温度値以下では，回路2の温度リレー TR-2（上限値に整定）の出力ブレーク接点 TR-2b は動作して開く。

順 4 メーク接点 TR-1m が閉じると，回路1のコイル X-1 に電流が流れ，補助リレー X-1 は動作する。

順 5 補助リレー X-1 が動作すると，回路3のメーク接点 X-1m は閉じる。

順 6 メーク接点 X-1m が閉じると，回路3のヒータ H に電流が流れ加熱する。

2 下限整定温度値をこえ，上限整定温度値以上になった場合の動作

図 18.7 において，室内温度が下限整定温度値をこえ，上限整定温度値以上になった場合の動作順序について説明しよう。

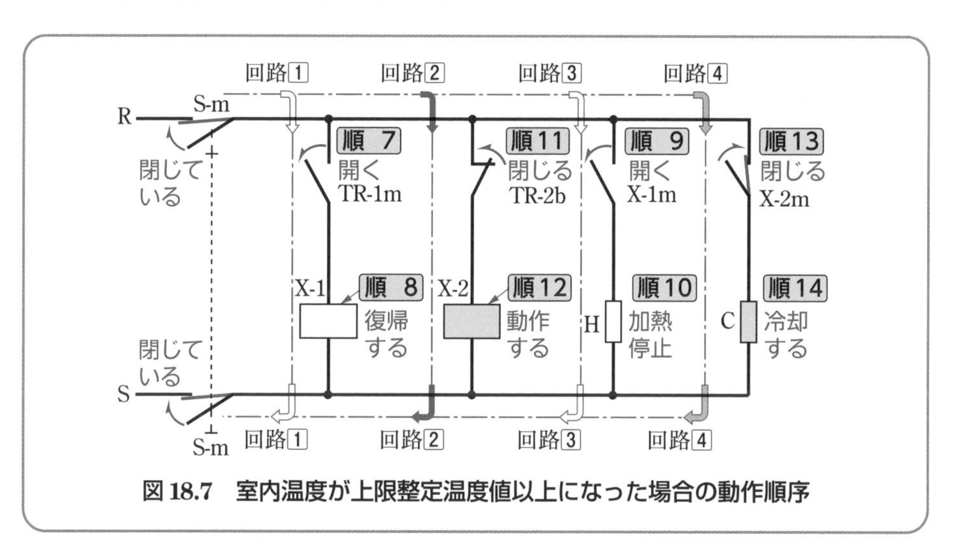

図 18.7 室内温度が上限整定温度値以上になった場合の動作順序

図 18.7 の動作順序

順 7 室内温度が下限整定温度値をこえると，回路1の温度リレー TR-1（下限値に整定）は復帰して，出力メーク接点 TR-1-m を開く。

順 8 メーク接点 TR-1m が開くと，回路1のコイル X-1 に電流が流れず，補助リレー X-1 は復帰する。

順 9 補助リレー X-1 が復帰すると，回路3のメーク接点 X-1m が開く。

順10 メーク接点X-1mが開くと，回路3のヒータHに電流が流れず，加熱を停止する。

順11 室内温度が上限整定温度値以上になると，回路2の温度リレーTR-2（上限値に整定）は復帰して，出力ブレーク接点TR-2bを閉じる。

順12 ブレーク接点TR-2bが閉じると，コイルX-2に電流が流れ，補助リレーX-2は動作する。

順13 補助リレーX-2が動作すると，回路4のメーク接点X-2mが閉じる。

順14 メーク接点X-2mが閉じると，回路4のクーラCに電流が流れ冷却する。

クーラCの冷却により室内温度が低下して，上限整定温度値以下になると，温度リレーTR-2が動作し，その出力ブレーク接点TR-2bを開いて，補助リレーX-2を復帰させ，クーラを停止する。

なお，室内温度がさらに低下して下限整定温度値以下になると，1の動作によってヒータHに電流が流れ加熱する。この1と2の動作の繰り返しによって室内の温度が一定範囲に制御される。

第19章 リミットスイッチによる組立コンベヤの間欠運転制御

19・1 コンベヤの間欠運転制御

1 シーケンス図

組立作業をコンベヤラインで行う場合，図 19.1 のように作業者が一つの作業工程を完了したら，コンベヤを自動的に作業者間隔だけ送って，次の作業を行う時間だけ停止させるということを繰り返す制御を，**コンベヤの間欠**（タクト）**運転制御**という。この場合，リミットスイッチ（19・2 節参照）と接触してリミットスイッチを動作させるドッグは，コンベヤの端に作業者間隔と一致させて配置する。

図 19.2 は，タイマ TLR とリミットスイッチ LS とを用いたコンベヤの間欠運転制御のシーケンス図の一例を示したものである。

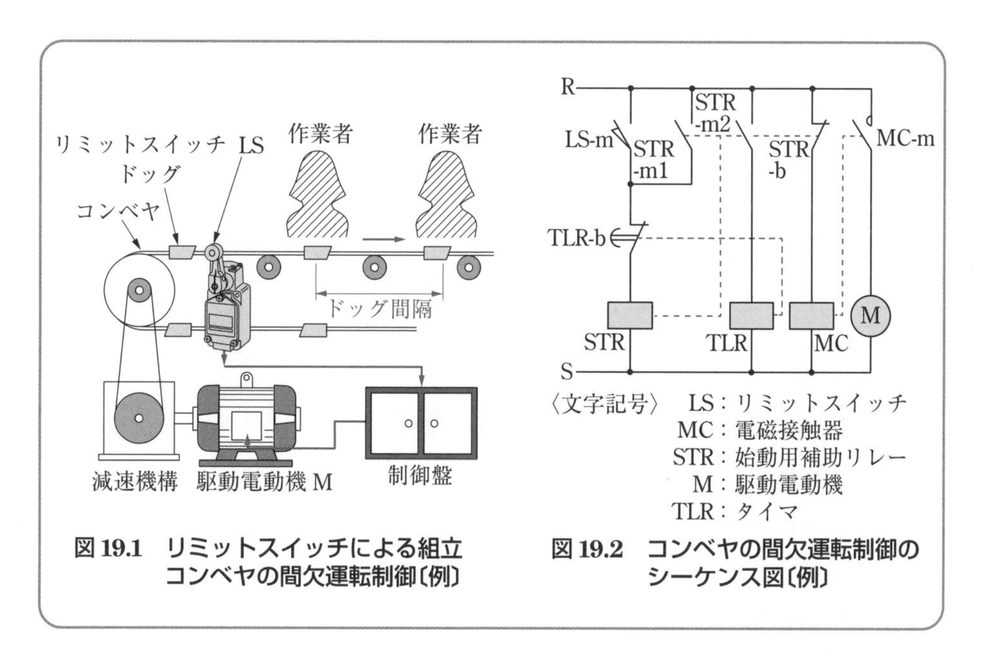

図 19.1 リミットスイッチによる組立コンベヤの間欠運転制御〔例〕

図 19.2 コンベヤの間欠運転制御のシーケンス図〔例〕

2 動作の概要

(a) 図19.1に示すように，コンベヤが移動し，その端に取り付けたドッグに接触して，リミットスイッチLSを動作させると，始動用補助リレーSTR（図19.2参照）が動作する。これにより，タイマTLRが付勢されるとともに，電磁接触器MCが復帰して駆動電動機Mを停止し，コンベヤを定められた位置に止める。

(b) タイマTLRの整定時限が経過すると，その限時動作瞬時復帰ブレーク接点TLR-bが動作し開いて，始動用補助リレーSTRが復帰する。これにより，タイマTLRが消勢し瞬時に復帰するとともに，電磁接触器MCが動作して駆動電動機Mを運転し，コンベヤを移動する。

以上の動作を繰り返すことによって，コンベヤは間欠運転（19.3節参照）する。

3 タイムチャート

図19.3は，コンベヤの間欠運転制御（図19.2参照）におけるタイムチャートを示した図である。

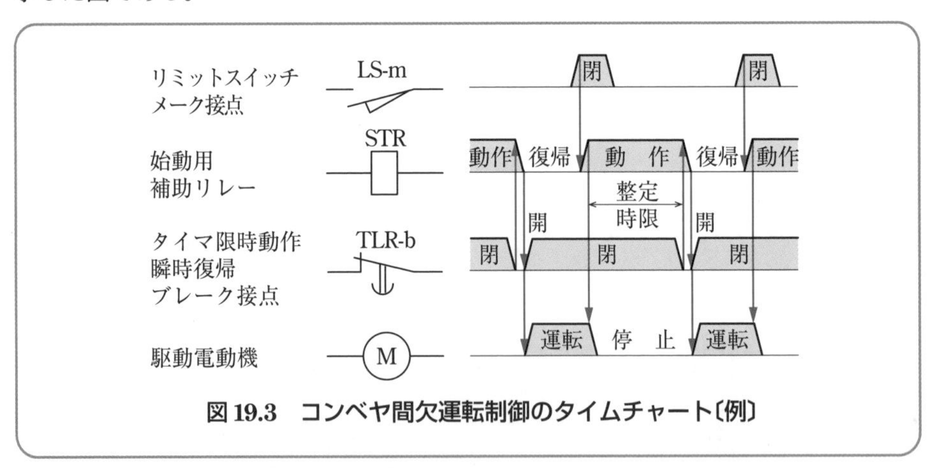

図19.3　コンベヤ間欠運転制御のタイムチャート〔例〕

19·2 リミットスイッチのはたらき

1 リミットスイッチとは

機器の運転行程中の定められた位置で動作し，位置および動きを検出するスイッチを**リミットスイッチ**という。このスイッチは，機器の可動部分（接触子）の動きによって機械的運動を開閉接点機構に伝達し開閉動作の電気的信号に変換する。

2 リミットスイッチの構成

リミットスイッチの構成は，図 19.4 のように接触子（アクチュエータ），開閉接点機構（コンタクトブロック），封入外箱（エンクロージャ）からなっている。

❶ 接触子は，外部の機械的な動きや力を検出して，その動きや力を内部の開閉接点機構に伝達する作動機構をいう。

❷ 開閉接点機構は，内部の電気回路開閉の接点機構をいう（図 19.4 参照）。

❸ 封入外箱は，開閉接点機構の保護封入ケースで，取り付け用の機能を果す部分と電線用の接続部分からなっている。

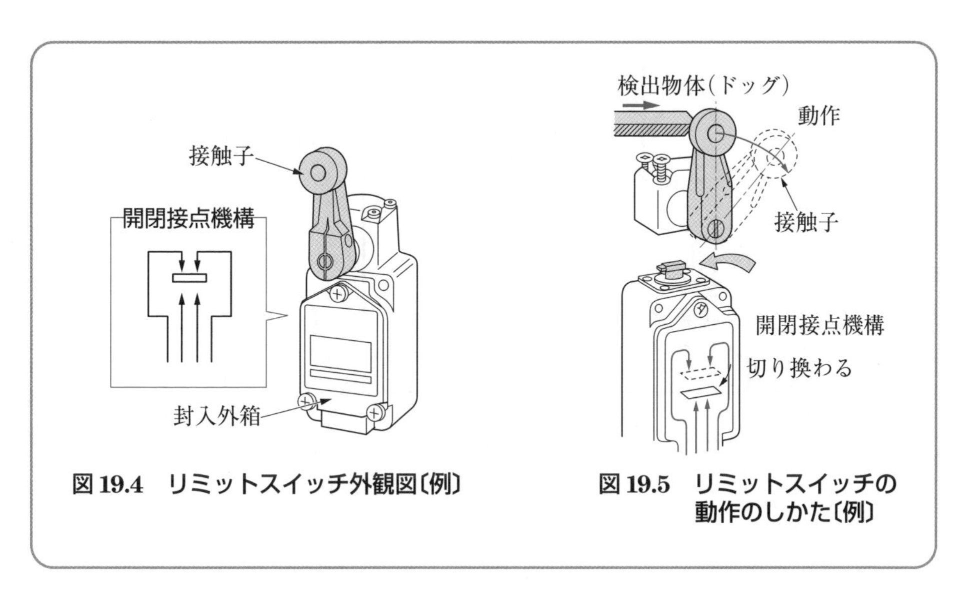

図 19.4　リミットスイッチ外観図〔例〕

図 19.5　リミットスイッチの動作のしかた〔例〕

3 リミットスイッチの動作

図 19.5 に示すように，検出物体（ドッグ，カムなど）の機械的な動きや力によってリミットスイッチの接触子を押すと，その力が内部の開閉接点機構に伝達され，出力接点の開閉動作を行う。

この場合，検出物体が接触子と接触している間だけ開閉機構を動作させ，検出物体がなくなるかまたはもとにもどるかすると，開閉機構はばねなどの力によって復帰する。

19・3　コンベヤの間欠運転制御の動作のしかた

1　コンベヤ停止の動作

コンベヤが移動し，リミットスイッチLSの接触子に次のドッグが接触すると動作して，リミットスイッチLSの出力メーク接点LS-mが閉じ，始動用補助リレーSTRを動作させ，そのブレーク接点STR-bが開き，電磁接触器MCを復帰させて駆動電動機Mを停止し，コンベヤを止める（図19.6参照)。

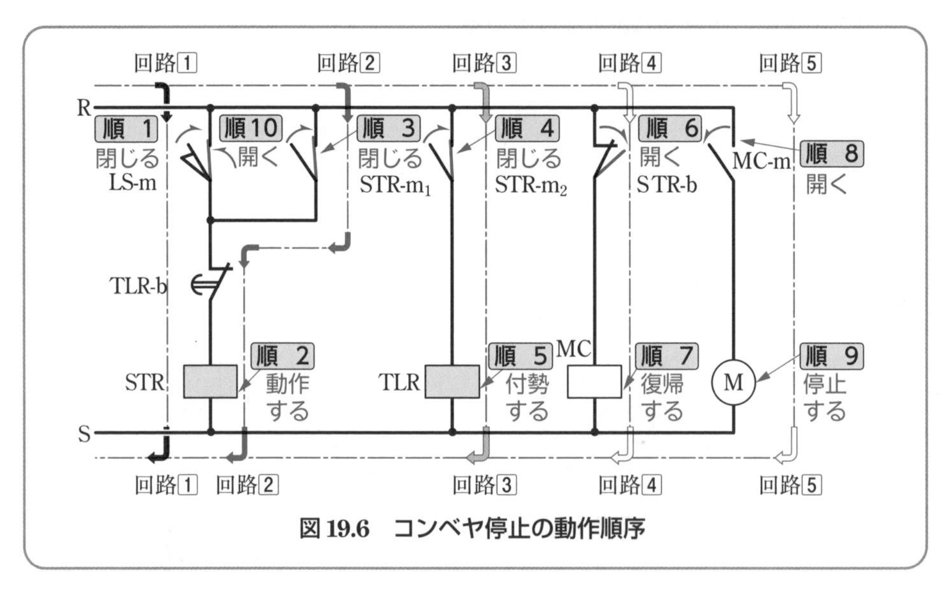

図19.6　コンベヤ停止の動作順序

次に，この動作順序について説明しよう。

図19.6の動作順序

順1　リミットスイッチLSの接触子にドッグが接触すると動作して，リミットスイッチLSの出力メーク接点LS-mが閉じる。

順2　メーク接点LS-mが閉じると，回路1のコイルSTRに電流が流れ，始動用補助リレーSTRが動作する。

ここで，始動用補助リレーSTRが動作すると，次の順3，順4，順6の動作が同時に行われる。

順3　始動用補助リレーSTRが動作すると，回路2の自己保持メーク接点$STR\text{-}m_1$が閉じ，自己保持する。

順 4　始動用補助リレー STR が動作すると，回路3のメーク接点 STR-m_2 が閉じる。

順 5　メーク接点 STR-m_2 が閉じると，回路3の作動部 TLR に電流が流れ，タイマ TLR は付勢する。

順 6　始動用補助リレー STR が動作すると，回路4のブレーク接点 STR-b が開く。

順 7　ブレーク接点 STR-b が開くと，回路4のコイル MC に電流が流れず，電磁接触器 MC が復帰する。

順 8　電磁接触器 MC が復帰すると，回路5のメーク接点 MC-m が開く。

順 9　メーク接点 MC-m が開くと，回路5の駆動電動機 M に電流が流れず，駆動電動機 M は停止しコンベヤはその位置で止まる。

順10　コンベヤが停止し，回路1のリミットスイッチ LS の接触子がドッグを離れると復帰して，出力メーク接点 LS-m が開く。

2 コンベヤ運転の動作

作業時間がタイマ TLR の整定時限を経過すると動作して，タイマの限時動作瞬時復帰ブレーク接点 TLR-b が開いて，始動用補助リレー STR が復帰する。

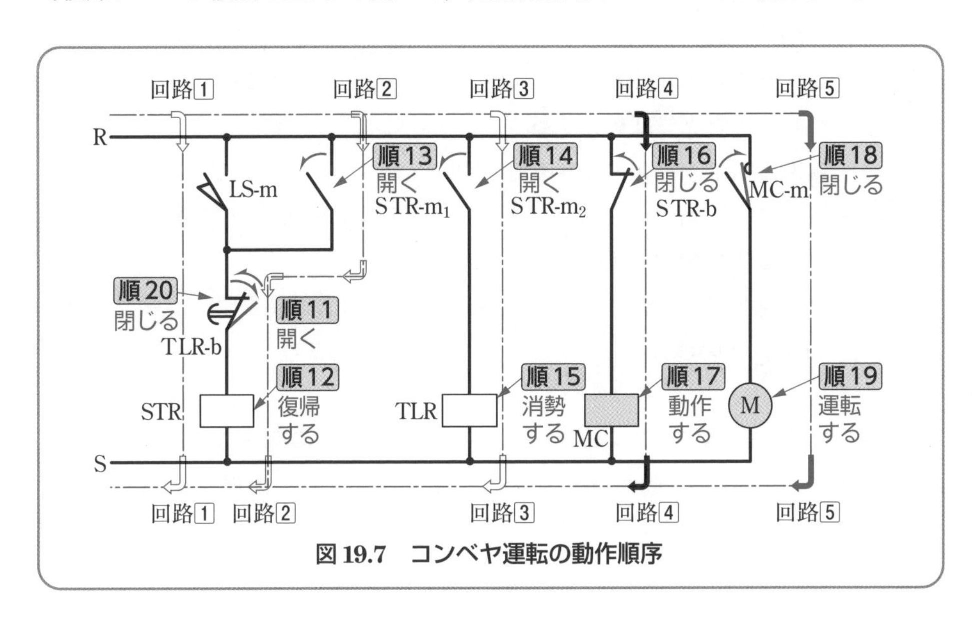

図 19.7　コンベヤ運転の動作順序

STRが復帰すると，STRのブレーク接点STR-bが閉じて，電磁接触器MCを動作させ，駆動電動機Mを運転しコンベヤを移動する（図19.7参照）。

次に，この動作順序について説明しよう。

図19.7の動作順序

順11　タイマTLRの整定時限が経過すると，回路2の限時動作瞬時復帰ブレーク接点TLR-bが開く。

順12　ブレーク接点TLR-bが開くと，回路2のコイルSTRに電流が流れず，始動用補助リレーSTRは復帰する。

ここで，始動用補助リレーSTRが復帰すると，次の順13，順14，順16の動作が同時に行われる。

順13　始動用補助リレーSTRが復帰すると，回路2の自己保持メーク接点$STR\text{-}m_1$が開き，自己保持を解く。

順14　始動用補助リレーSTRが復帰すると，回路3のメーク接点$STR\text{-}m_2$が開く。

順15　メーク接点$STR\text{-}m_2$が開くと，回路3の作動部TLRに電流が流れず，タイマTLRは消勢し復帰する。

順16　始動用補助リレーSTRが復帰すると，回路4のブレーク接点STR-bが閉じる。

順17　ブレーク接点STR-bが閉じると，回路4のコイルMCに電流が流れ，電磁接触器MCが動作する。

順18　電磁接触器MCが動作すると，回路5のメーク接点MC-mが閉じる。

順19　メーク接点MC-mが閉じると，回路5の駆動電動機Mに電流が流れ，駆動電動機Mは運転しコンベヤを移動する。

順20　タイマTLRが復帰すると，回路2の限時動作瞬時復帰ブレーク接点TLR-bが閉じる。

コンベヤが移動することによって，リミットスイッチの接触子が次のドッグに接触し動作すると，1の停止動作が行われる。この1と2の動作の繰り返しによって，コンベヤの間欠運転制御が行われる。

第20章 近接スイッチによる給水配管の断水警報制御

20・1 給水配管の断水警報制御

1 シーケンス図

ボイラ給水や冷却用水などが，配管途中の事故などにより断水したときの警報回路として，図 20.1 のように配管内に鉄板製の浮子を設置し，常時は水流によって持ち上げられているが，断水すると自重によって落下し，これを近接スイッチで検出して警報を出すようにするのが給水配管の断水警報制御である。また，配管は塩化ビニルパイプまたはその部分のみガラスなどを用いるとよい。図 20.2 は，この場合のシーケンス図の一例を示したものである。

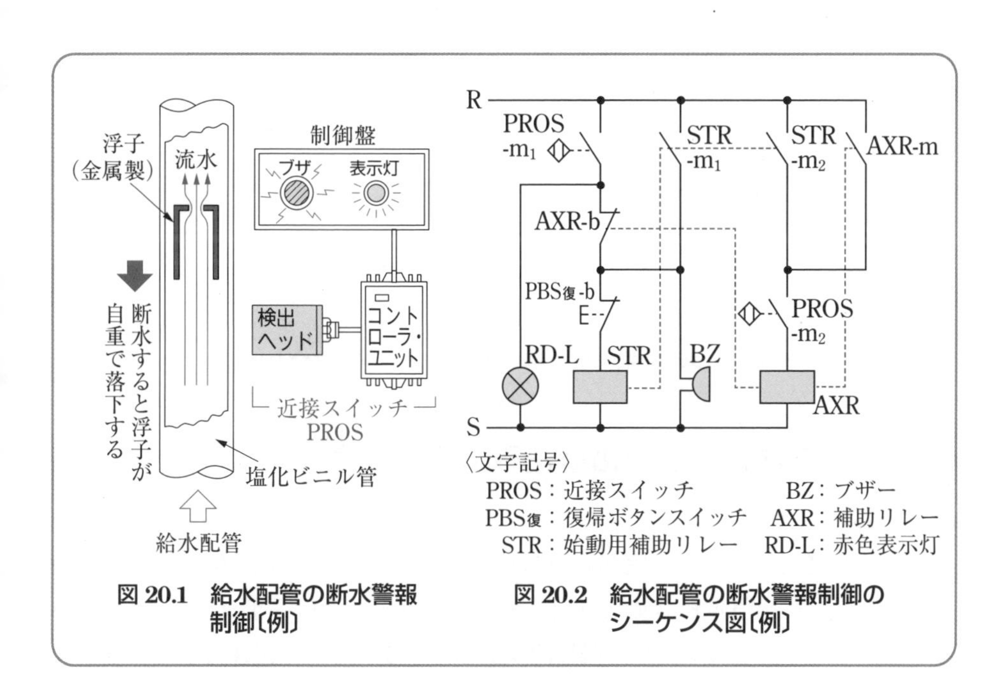

図 20.1 給水配管の断水警報制御〔例〕

図 20.2 給水配管の断水警報制御のシーケンス図〔例〕

2 動作の概要

（a）給水配管が断水すると，水流によって持ち上げられていた鉄板製の浮子が自重で落ちてくる。これを近接スイッチ PROS が検出して，警報赤色表示灯 RD-L を点灯すると同時に，始動用補助リレー STR を動作させるとともに，警報ブザー BZ を鳴らす。

（b）断水事故が継続中でも，復帰ボタンスイッチ PBS復を押すと，ブザーは鳴りやむが，警報赤色表示灯 RD-L はそのまま点灯する。

（c）給水配管の断水が復旧すると近接スイッチ PROS のメーク接点 PROS-m_1 が開き，警報赤色表示灯 RD-L を消灯する。—動作説明：20.3 節参照—

3 タイムチャート

図 20.3 は，断水警報制御（図 20.2 参照）のタイムチャートを示した図である。

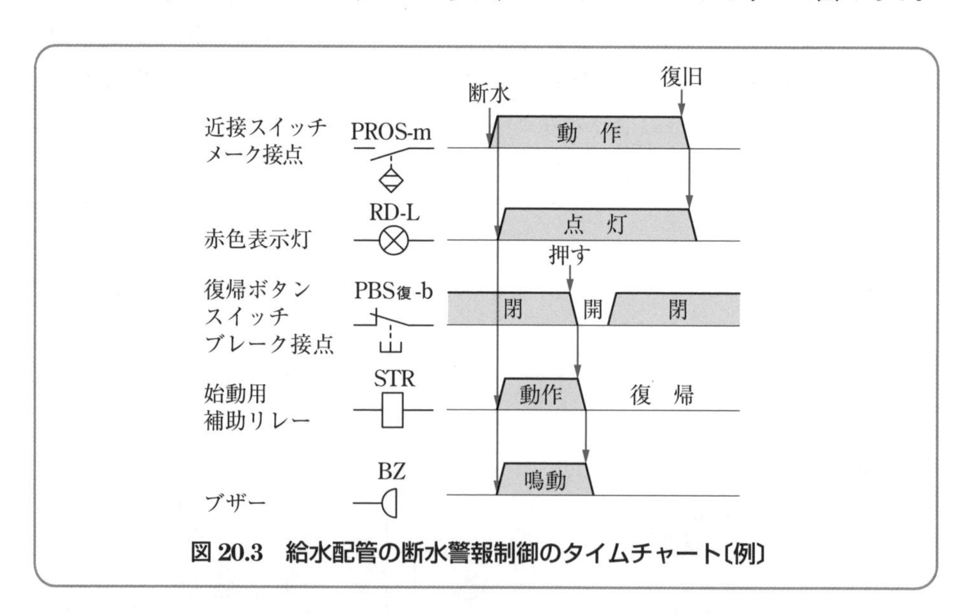

図 20.3　給水配管の断水警報制御のタイムチャート〔例〕

20・2 近接スイッチのはたらき

1 近接スイッチとは

検出体が接近し，ある一定の距離に近づくと，物理的な接触なしに対象物の有無を電気的検出信号として送り出す検出スイッチを**近接スイッチ**（proximity switch）という。これにより，機械的な接触をしないで，検出体の位置の検出ならびに存在の確認を行うことができる。

2 近接スイッチの構成

近接スイッチには，高周波発振を原理とする高周波発振形，検出金属体の電磁的な力を利用した磁気形，電磁誘導を利用した電磁誘導形などがある。

図 20.4 は，最近多く用いられている高周波発振形近接スイッチの外観およびそのブロック図の例を示した図である。

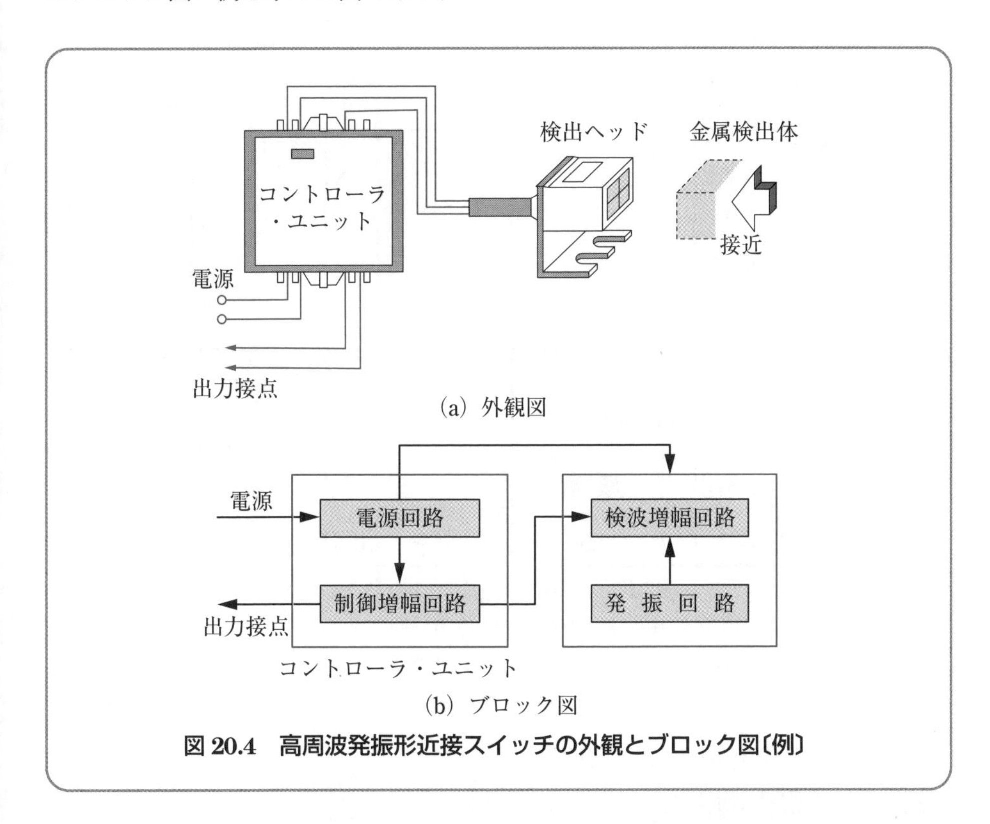

図 20.4　高周波発振形近接スイッチの外観とブロック図〔例〕

高周波発振形は金属検出体の有無や位置または移動状態などを，直接検出する検出ヘッド（センサ）と，検出信号を受けて出力信号を発するコントローラ・ユニットから構成されている。

3 近接スイッチの動作

高周波発振形近接スイッチの動作は検出ヘッドを高周波発振させ，金属検出体が接近した場合の発振回路の変化を増幅して，リレー出力接点の開閉動作を行う。

20・3　給水配管の断水警報制御の動作のしかた

1 給水配管が断水した場合の動作

図20.5において，断水警報制御は給水配管が断水した場合，浮子が自重により落ちてくるようになっており，それを近接スイッチPROSにより検出して，警報赤色表示灯RD-Lを点灯し，警報ブザーBZを鳴らし警報を発する。

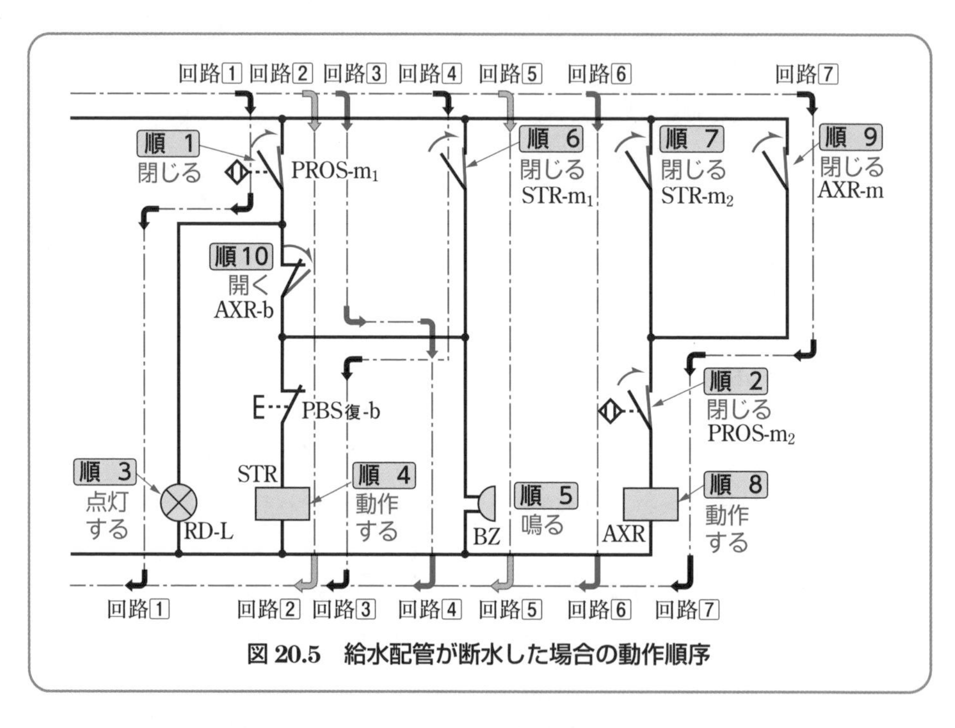

図20.5　給水配管が断水した場合の動作順序

次に，この動作順序について説明しよう。

図20.5の動作順序

順1　給水配管が断水すると近接スイッチPROSが動作し，回路1のメーク接点PROS-m_1を閉じる。

順2　近接スイッチPROSが動作すると，回路6のメーク接点PROS-m_2が閉じる。

ここで，回路1の近接スイッチのメーク接点PROS-m_1が閉じると，次の順3，順4，順5の動作が同時に行われる。

順 3　メーク接点 PROS-m_1 が閉じると，回路1の警報赤色表示灯 RD-L に電流が流れ，点灯する。

順 4　メーク接点 PROS-m_1 が閉じると，回路2のコイル STR に電流が流れ，始動用補助リレー STR が動作する。

順 5　メーク接点 PROS-m_1 が閉じると，回路3のブザー BZ に電流が流れ，ブザー BZ が鳴る。

順 6　始動用補助リレー STR が動作すると，回路4の自己保持メーク接点 STR-m_1 が閉じ，自己保持する。

順 7　始動用補助リレー STR が動作すると，回路の6のメーク接点 STR-m_2 が閉じる。

順 8　メーク接点 STR-m_2 が閉じると，回路6のコイル AXR に電流が流れ，補助リレー AXR が動作する。

順 9　補助リレー AXR が動作すると，回路7の自己保持メーク接点 AXR-m が閉じ，自己保持する。

順10　補助リレー AXR が動作すると，回路2のブレーク接点 AXR-b は開くが，回路4および回路5を通って電流が流れるので，始動用補助リレー STR は動作をつづけ，ブザー BZ は鳴りつづける。

また，回路2のブレーク接点 AXR-b を開くのは，復帰ボタンを押した場合（図20.6 順14 参照）にブザー BZ を鳴りやませるためである。もし，ブレーク接点 AXR-b が開いていないと，回路3によりブザー BZ に電流が流れるので，回路5のメーク接点 STR-m_1 が開いてもブザー BZ は鳴りやまないことになる。

2 断水警報中に復帰ボタンスイッチを押した場合の動作

図 20.6 において，給水配管が断水警報中（図 20.5 の状態参照）に，復帰ボタンスイッチ PBS復を押すと，始動用補助リレー STR が復帰し，ブザー BZ は鳴りやむが，警報赤色表示灯 RD-L は点灯しつづけ，断水であることを表示する。

次に，この動作順序について説明しよう。

図 20.6 の動作順序

順11　回路4の復帰ボタンスイッチ PBS復を押すと，そのブレーク接点 PBS復 -b が開く。

順12　ブレーク接点 PBS復-b が開くと，回路4のコイル STR に電流が流れず，始動用補助リレー STR は復帰する。

順13　始動用補助リレー STR が復帰すると，回路4の自己保持メーク接点 STR-m_1 が開き，自己保持を解く。

順14　自己保持メーク接点 STR-m_1 が開くと，回路5のブザー BZ に電流が流れず，ブザーは鳴りやむ。

順15　始動用補助リレー STR が復帰すると，回路6のメーク接点 STR-m_2 が開く。

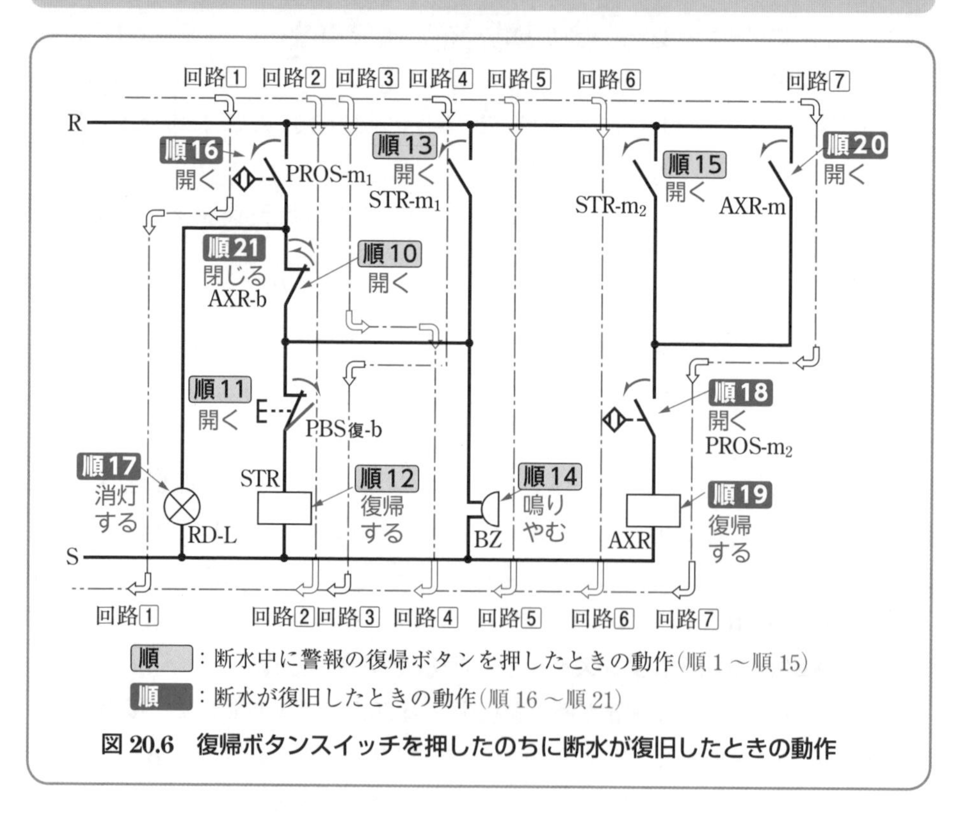

図 20.6　復帰ボタンスイッチを押したのちに断水が復旧したときの動作

3 断水が復旧した場合の動作

図 20.6 において，復帰ボタンスイッチ PBS復を押したあとに断水が復旧すると，浮子が流水で持ち上げられるので近接スイッチ PROS が復帰し，そのメーク接点 PROS-m_1 を開いて警報赤色表示灯 RD-L を消灯する。

次に，この動作順序について説明しよう。

図 20.6 の動作順序

順16 断水が復旧すると，浮子が流水で持ち上げられ，近接スイッチ PROS が復帰し，回路1のメーク接点 PROS-m_1 が開く。

順17 メーク接点 PROS-m_1 が開くと，回路1の警報赤色表示灯 RD-L に電流が流れず，消灯する。

順18 近接スイッチ PROS が復帰すると，回路7のメーク接点 PROS-m_2 が開く。

順19 メーク接点 PROS-m_2 が開くと，回路7のコイル AXR に電流が流れず，補助リレー AXR が復帰する。

順20 補助リレー AXR が復帰すると，回路7の自己保持メーク接点 AXR-m を開き，自己保持を解く。

順21 補助リレー AXR が復帰すると，回路2のブレーク接点 AXR-b が閉じる。

これで，給水配管は断水前の状態にもどる。

第21章 三相ヒータの自動定時始動・定時停止制御

21・1 自動定時始動・定時停止制御

三相ヒータを用いる電気炉あるいは乾燥炉などでは，その熱処理時間が長く深夜にわたることがある。そこで，操作者が帰宅時に始動ボタンスイッチを押すだけで，あとは自動的に一定時限（待ち時限）後に，所要時限（加熱時限）だけ熱処理を行い，これがすべて完了したら自動的に停止するような制御を**自動定時始動・定時停止制御**という。

1 シーケンス図

図 21.1 は，2 個のタイマを用いる遅延動作回路，間隔動作回路（第 12 章参照）を応用して，三相ヒータの自動定時始動・定時停止制御のシーケンス図を示したものである。

2 動作の概要

三相ヒータの動作（図 21.1）としては，始動ボタンスイッチ PBS入を押すと，待ち時限用タイマ TLR-1 が付勢される。このタイマ TLR-1 の整定時限 T_1（待ち時限）が経過すると，限時動作瞬時復帰メーク接点 TLR-1m が動作して閉じ，加熱時限用タイマ TLR-2 を付勢すると同時に，電磁接触器 MC を動作させ，三相ヒータを始動し加熱する。

タイマ TLR-2 の整定時限 T_2（加熱時限）が経過すると，限時動作瞬時復帰ブレーク接点 TLR-2b が動作して開き，始動用補助リレー STR を復帰し，タイマ TLR-1 を消勢して，電磁接触器 MC を復帰させ，三相ヒータを停止する。

3 タイムチャート

図 21.1 において，三相ヒータの制御回路の始動ボタンスイッチ PBS入を押すと，タイマ TLR-1 の整定時限 T_1（待ち時限）経過後に，三相ヒータが始動し加熱を開始する。次に，タイマ TLR-2 の整定時限 T_2（加熱時限）の間，三相ヒータは継続

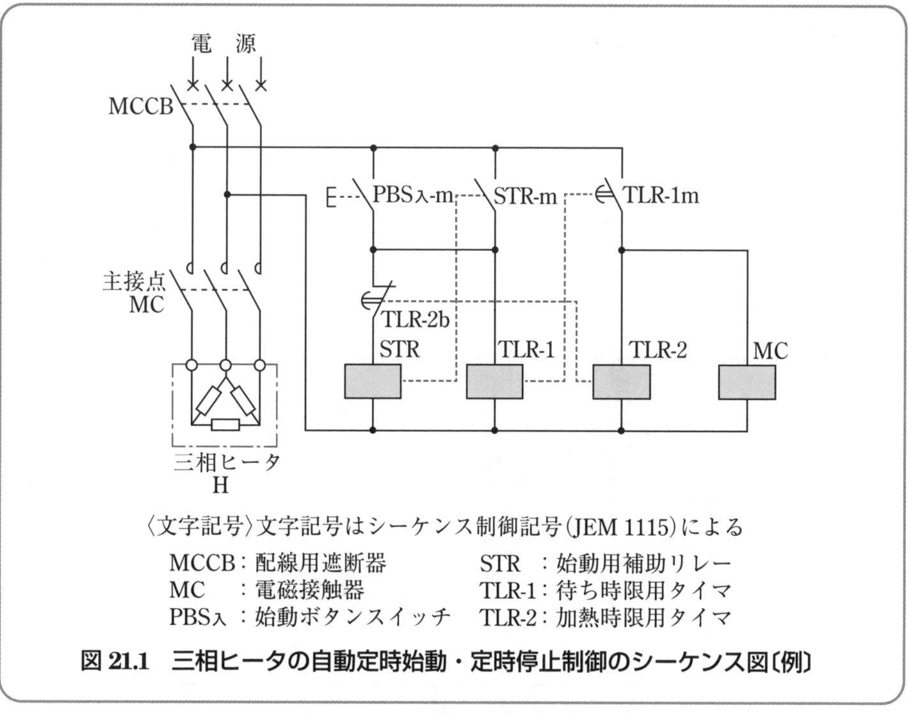

図 21.1 三相ヒータの自動定時始動・定時停止制御のシーケンス図〔例〕

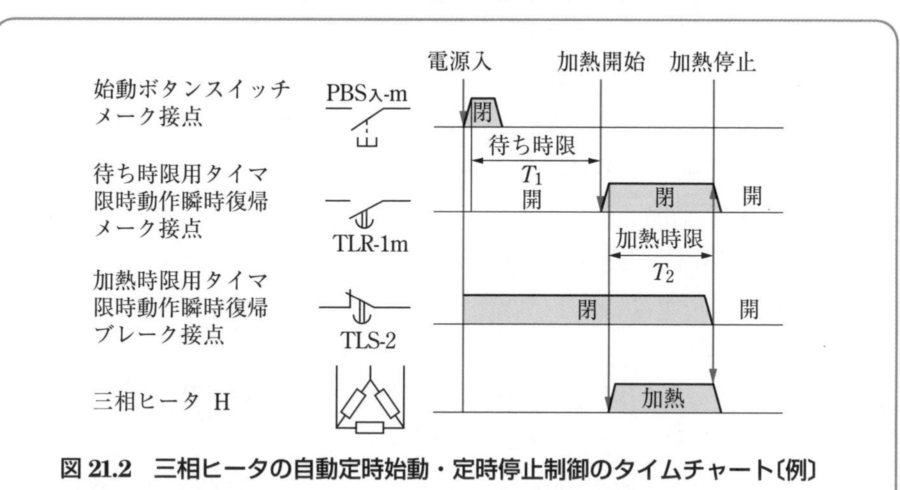

図 21.2 三相ヒータの自動定時始動・定時停止制御のタイムチャート〔例〕

的に加熱されて，その後，自動的に停止する。その時限的な変化をタイムチャートに示したのが，図 21.2 である。

21・2 三相ヒータの自動定時始動の動作

図 21.3 において，三相ヒータの制御回路の始動ボタンスイッチを押してから，一定時限（待ち時限 T_1）が経過すると，自動的に始動して加熱する。

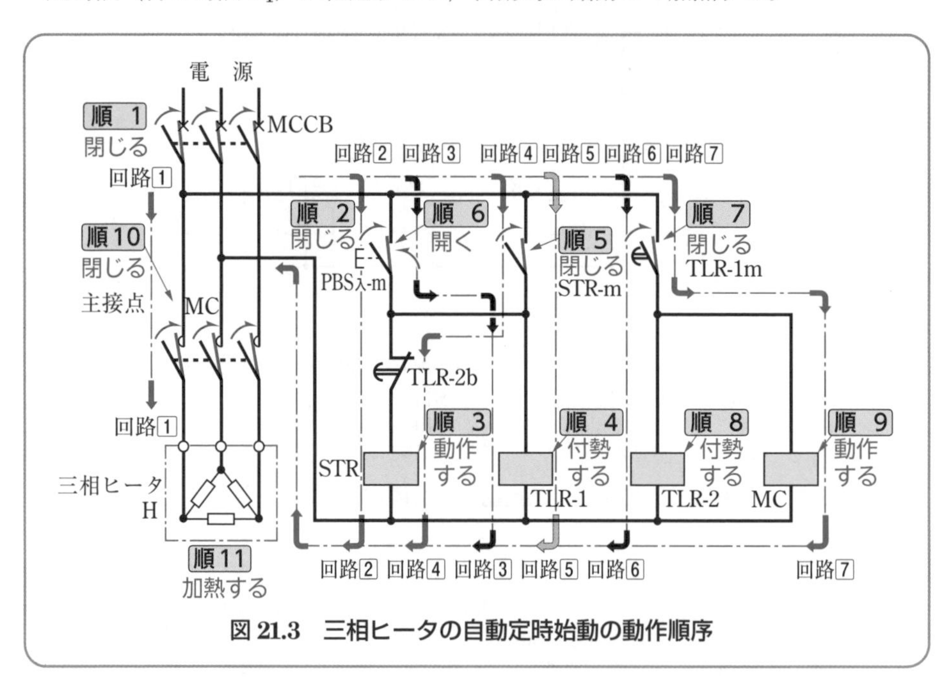

図 21.3 三相ヒータの自動定時始動の動作順序

次に，この動作順序について説明しよう。

図 21.3 の動作順序

順 1 電源の配線用遮断器 MCCB を閉じる。

順 2 回路2の始動ボタンスイッチ PBS入を押すと，そのメーク接点 PBS入-m が閉じる。

順 3 メーク接点 PBS入-m が閉じると，回路2のコイル STR に電流が流れ，始動用補助リレー STR が動作する。

順 4 メーク接点 PBS入-m が閉じると，回路3の作動部 TLR-1 に電流が流れ，待ち時限用タイマ TLR-1 が付勢される。

順 5 始動用補助リレー STR が動作すると，回路4の自己保持メーク接点 STR-m が閉じ，自己保持する。

順 6 始動ボタンスイッチ PBS入を押す手を離すと，そのメーク接点 PBS入-m は開くが，電流は回路4および回路5を通って流れ，始動用補助リレー STR は動作をつづけ，タイマ TLR-1 は付勢されつづける。

ここで，タイマ TLR-1 の整定時限 T_1（待ち時限）が経過したあとの動作は，次のとおりである。

順 7 タイマ TLR-1 の整定時限 T_1 が経過すると，回路6の限時動作瞬時復帰メーク接点 TLR-1m が動作して閉じる。

順 8 メーク接点 TLR-1m が閉じると，回路6の作動部 TLR-2 に電流が流れ，加熱時限用タイマ TLR-2 が付勢される。

順 9 メーク接点 TLR-1m が閉じると，回路7のコイル MC に電流が流れ，電磁接触器 MC が動作する。

順 10 電磁接触器 MC が動作すると，回路1の主接点 MC が閉じる。

順 11 主接点 MC が閉じると，回路1の三相ヒータ H に電流が流れ，ヒータは加熱を開始する。

21・3 三相ヒータの自動定時停止の動作

図 21.4 において，三相ヒータが加熱を開始してから，加熱時限用タイマ TLR-2 の整定時限 T_2（加熱時限）が経過すると，自動的にヒータは加熱を停止する。

次に，この動作順序について説明しよう。

図 21.4 の動作順序

順 12 タイマ TLR-2 の整定時限 T_2（加熱時限）が経過すると，回路4の限時動作瞬時復帰ブレーク接点 TLR-2b が動作して開く。

順 13 ブレーク接点 TLR-2b が開くと，回路4のコイル STR に電流が流れなくなり，始動用補助リレー STR が復帰する。

順 14 始動用補助リレー STR が復帰すると，回路5の自己保持メーク接点 STR-m が開き，自己保持を解く。

順 15 自己保持メーク接点 STR-m が開くと，回路5の作動部 TLR-1 に電流が流れなくなり，タイマ TLR-1 が消勢し復帰する。

順 16 タイマ TLR-1 が復帰すると，回路6の限時動作瞬間復帰メーク接点 TLR-1m が開く。

順17　メーク接点 TLR-1m が開くと，回路6の作動部 TLR-2 に電流が流れなくなり，タイマ TLR-2 が消勢し復帰する。

順18　メーク接点 TLR-1m が開くと，回路7のコイル MC に電流が流れなくなり，電磁接触器 MC が復帰する

順19　電磁接触器 MC が復帰すると，回路1の主接点 MC が開く。

順20　主接点 MC が開くと，回路1の三相ヒータ H に電流が流れず加熱を停止する。

ここで，三相ヒータはすべて始めの 順1 の状態にもどる。

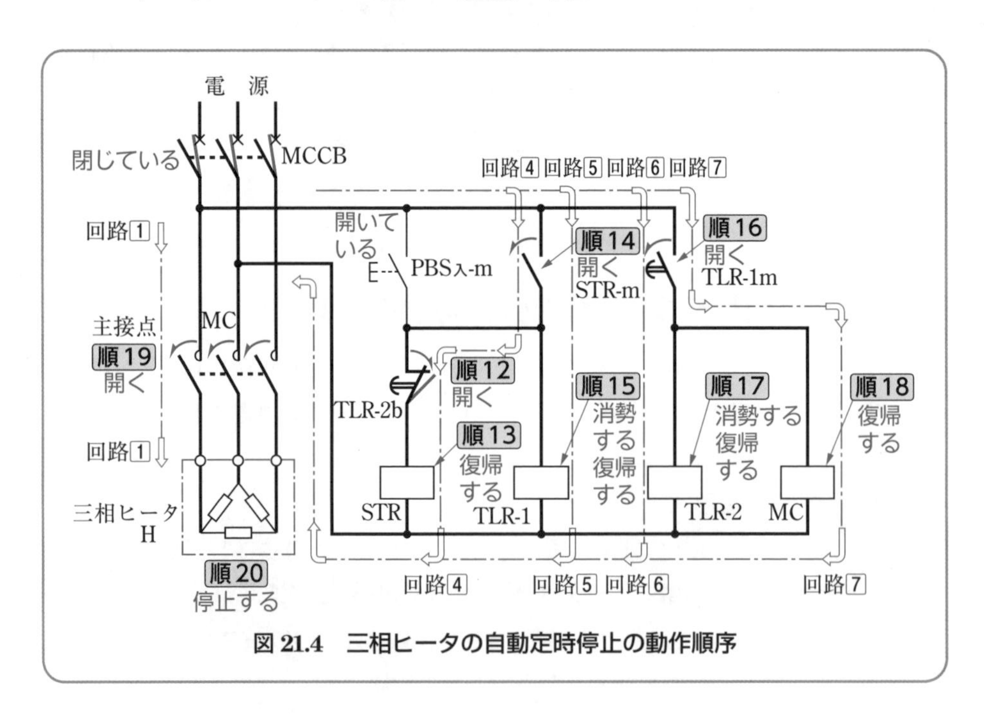

図 21.4　三相ヒータの自動定時停止の動作順序

第22章 電動ファンの繰り返し運転制御

22・1 繰り返し運転制御

1 シーケンス図

電動ファンは始動ボタンスイッチを押すとすぐに始動し，一定時限運転すると自動的に停止する。そして，電動ファンはある時限停止すると，再び自動的に始動，運転する動作を繰り返す。このような制御を**繰り返し運転制御**という。

図 22.1 は，2 個のタイマを用いた電動ファンの繰り返し運転制御のシーケンス図の一例を示したものである。

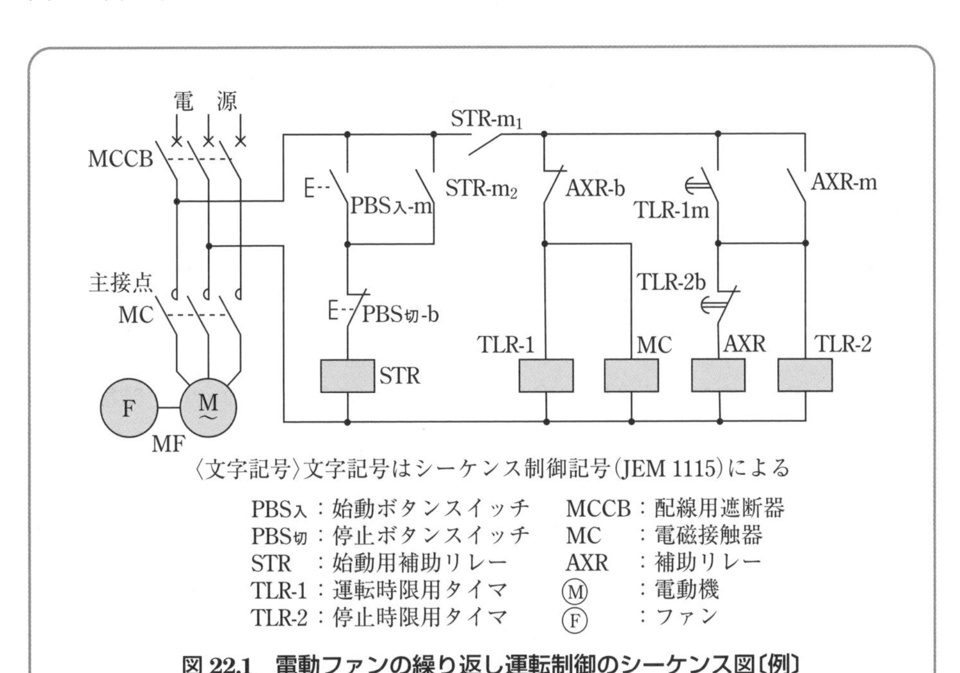

図 22.1 電動ファンの繰り返し運転制御のシーケンス図〔例〕

2 動作の概要

(1) 始動ボタンスイッチによる運転動作　図22.1において，始動ボタンスイッチPBS入を押すと，始動用補助リレーSTRが動作する。これにより電磁接触器MCが動作して，電動ファンを始動，運転すると同時に，運転時限用タイマTLR-1を付勢する。

(2) タイマTLR-1による停止動作　運転時限用タイマTLR-1の整定時限T_1(運転時限）が経過すると，限時動作瞬時復帰メーク接点TLR-1mが閉じて，補助リレーAXRを動作させると同時に，停止時限用タイマTLR-2を付勢する。補助リレーAXRが動作すると，そのブレーク接点AXR-bが開いて電磁接触器MCを復帰し，電動ファンMFを停止させると同時に，運転時限用タイマTLR-1を消勢し復帰する。

(3) タイマTLR-2による運転動作　停止時限用タイマTLR-2の整定時限T_2（停止時限）が経過すると，限時動作瞬時復帰ブレーク接点TLR-2bが開いて補助リレーAXRを復帰させると同時に，タイマTLR-2を消勢し復帰する。補助リレーAXRが復帰すると，そのブレーク接点AXR-bが閉じ電磁接触器MCを動作して，電動ファンを運転させると同時にタイマTLR-1を付勢する。次に上記（**2**）の動作が行われ，電動ファンMFの運転，停止が繰り返される。

(4) 停止ボタンスイッチによる停止動作　電動ファンMFの運転中に停止ボタンスイッチPBS切を押すと，始動用補助リレーSTRが復帰する。これにより上側制御電源母線のメーク接点STR-m_1（図22.1参照）が開き，電磁接触器MC，運転時限用タイマTLR-1，停止時限用TLR-2を復帰して，電動ファンMFを停止する。

この停止ボタンスイッチPBS切の操作は，平常の停止のほかに“**非常停止**”とすることもできる。—非常停止回路として機能している—

3 タイムチャート

図22.1において，電動ファンMFは始動ボタンスイッチPBS入を押すと，運転時限用タイマTLR-1の整定時限T_1（運転時限）だけ運転して自動的に停止する。そして，停止時限用タイマTLR-2の整定時限T_2（停止時限）の間停止してから，再び自動的に運転する動作を繰り返す。この時限的変化をタイムチャートに示したのが図22.2である。

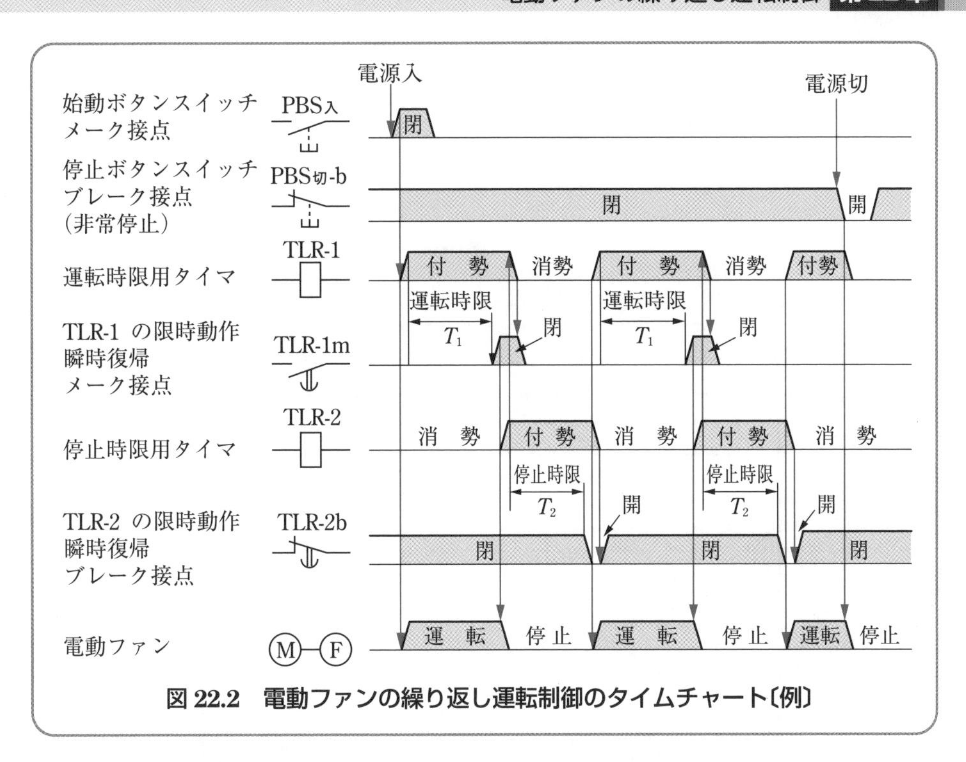

図 22.2　電動ファンの繰り返し運転制御のタイムチャート〔例〕

22・2 電動ファンの始動ボタンによる運転とタイマによる停止動作

1 始動ボタンスイッチによる運転動作

図 22.3 において，始動ボタンスイッチ PBS入を押すと電磁接触器 MC が動作し，運転動作が行われる。

次に，この運転動作順序について説明しよう。

図 22.3 の運転動作順序

順 1　電源の配線用遮断器 MCCB を閉じる。

順 2　回路2の始動ボタンスイッチ PBS入を押すと，そのメーク接点 PBS入-m が閉じる。

順 3　メーク接点 PBS入-m が閉じると，回路2のコイル STR に電流が流れ，始動用補助リレー STR が動作する。

順 4　始動用補助リレー STR が動作すると，回路3の自己保持メーク接点 $STR\text{-}m_2$ が閉じて自己保持する。

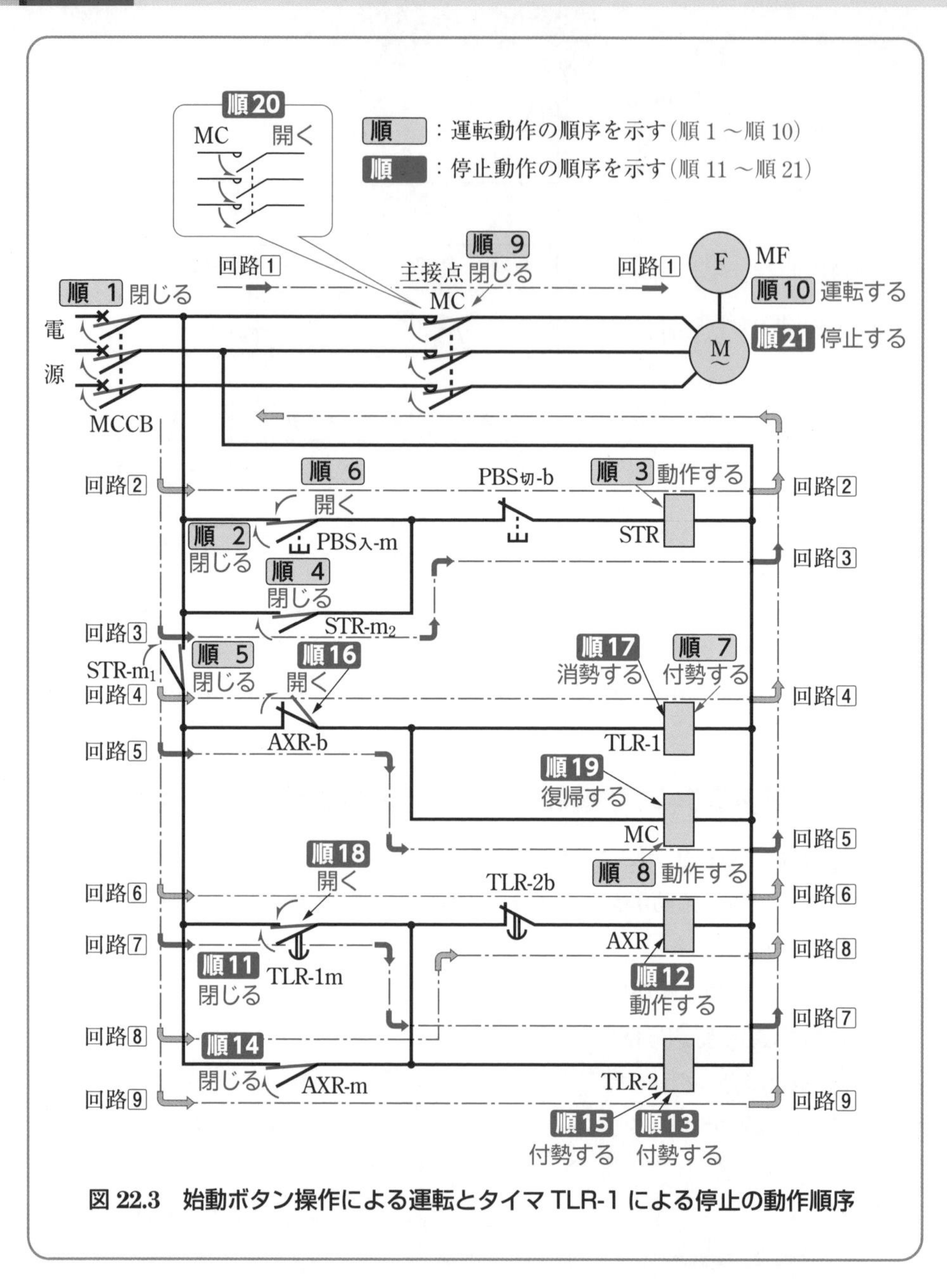

図 22.3　始動ボタン操作による運転とタイマ TLR-1 による停止の動作順序

順 5　始動用補助リレー STR が動作すると，左側制御電源母線のメーク接点 STR-m_1 が閉じる。

順 6　回路2の始動ボタンスイッチ PBS入を押す手を離すと，そのメーク接点 PBS入-m は開くが，電流は回路3を通って流れ，始動用補助リレー STR は自己保持し動作しつづける。

順 7　制御電源母線のメーク接点 STR-m_1 が閉じると，回路4に電流が流れ，運転時限用タイマ TLR-1 は付勢する。

順 8　制御電源母線のメーク接点 STR-m_1 が閉じると，回路5に電流が流れ，電磁接触器 MC が動作する。

順 9　電磁接触器 MC が動作すると，回路1の主接点 MC が閉じる。

順10　主接点 MC が閉じると，回路1の電動機 M に電流が流れ，電動ファン MF は運転される。

電動ファン MF の運転は，運転時限用タイマ TLR-1 の整定時限 T_1 である運転時限が経過するまでつづけられる。

2 タイマ TLR-1 による停止動作

図 22.3 において，始動ボタンスイッチを押して運転時限用タイマ TLR-1 が付勢されてから，その整定時限 T_1（運転時限）が経過すると，停止動作が行われる。

次に，この停止動作順序について説明しよう。

図 22.3 の停止動作順序

順11　運転時限用タイマ TLR-1 は整定時限 T_1（運転時限）が経過すると動作して，回路6の限時動作瞬時復帰メーク接点 TLR-1m が閉じる。

順12　限時動作瞬時復帰メーク接点 TLR-1m が閉じると，回路6に電流が流れ，補助リレー AXR が付勢して動作する。

順13　限時動作瞬時復帰メーク接点 TLR-1m が閉じると，回路7に電流が流れ，停止時限用タイマ TLR-2 が付勢する。

順14　補助リレー AXR が動作すると，回路8の自己保持メーク接点 AXR-m が閉じ，自己保持する。

順15　メーク接点 AXR-m が閉じると回路9に電流が流れ，停止時限用タイマ TLR-2 は回路7と回路9の両方から付勢されることになる。

ここで回路9は，順18 で限時動作瞬間復帰メーク接点 TLR-1m が開いても，タイマ TLR-2 が付勢されつづけるようにするための回路である。

順 16 補助リレー AXR が動作すると，回路4のブレーク接点 AXR-b が開く。

順 17 ブレーク接点 AXR-b が開くと，回路4に電流が流れず，運転時限用タイマ TLR-1 は消勢する。

順 18 運転時限用タイマ TLR-1 が消勢すると，回路6の限時動作瞬間復帰メーク接点 TLR-1m が復帰して開くが，電流は回路8および回路9を通って流れるので，補助リレー AXR は動作をつづけ，停止時限用タイマ TLR-2 は付勢されつづける。

順 19 補助リレー AXR が動作して，回路5のブレーク接点 AXR-b が開くと，コイル MC に電流が流れなくなり，電磁接触器 MC が復帰する。

順 20 電磁接触器 MC が復帰すると，回路1の主接点 MC が開く。

順 21 主接点 MC が開くと，回路1の電動機 M に電流が流れなくなり，電動ファン MF は停止する。

電動ファン MF の停止は，停止時限用タイマ TLR-2 の整定時限 T_2 である停止時限が経過するまでつづけられる。

22・3 電動ファンのタイマによる運転と停止ボタンによる停止動作

1 タイマ TLR-2 による運転動作

図 22.4 において，停止時限用タイマ TLR-2 が付勢されてから，その整定時限 T_2（停止時限）が経過すると，運転動作が行われる。

次に，この運転動作順序について説明しよう。

図 22.4 の運転動作順序

順 22 停止時限用タイマ TLR-2 の整定時限 T_2（停止時限）が経過すると，回路8の限時動作瞬時復帰ブレーク接点 TLR-2b が動作して開く。

順 23 ブレーク接点 TLR-2b が開くと，回路8に電流が流れず，補助リレー AXR が復帰する。

順 24 補助リレー AXR が復帰すると，回路9の自己保持メーク接点 AXR-m が開き，自己保持を解く。

順 25 自己保持メーク接点 AXR-m が開くと，回路9に電流が流れず，停止時限用タイマ TLR-2 が消勢し復帰する。

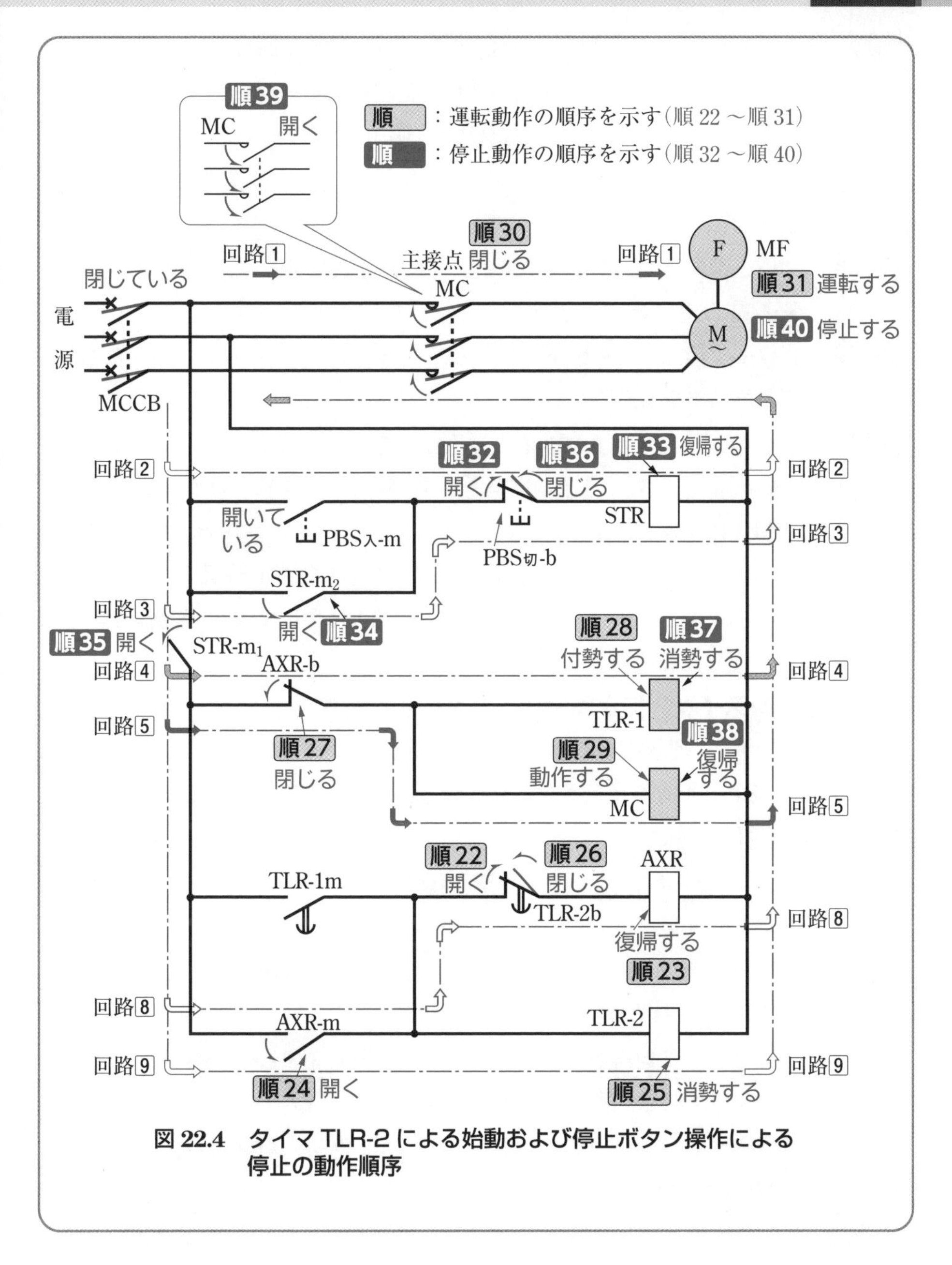

図 22.4　タイマ TLR-2 による始動および停止ボタン操作による停止の動作順序

順26 停止時限用タイマ TLR-2 が復帰すると，回路8の限時動作瞬間復帰ブレーク接点 TLR-2b が閉じるが，自己保持メーク接点 AXR-m が開いているので，補助リレー AXR は復帰したままとなる。

順27 補助リレー AXR が復帰すると，回路4のブレーク接点 AXR-b が閉じる。

順28 ブレーク接点 AXR-b が閉じると，回路4に電流が流れ，運転時限用タイマ TLR-1 が付勢する。

順29 ブレーク接点 AXR-b が閉じると，回路5に電流が流れ，電磁接触器 MC が動作する。

順30 電磁接触器 MC が動作すると，回路1の主接点 MC が閉じる。

順31 主接点 MC が閉じると，回路1の電動機 M に電流が流れ，電動ファン MF は運転される。

電動ファン MF の運転は，運転時限用タイマ TLR-1 の整定時限 T_1（運転時限）が経過するまで行われ，次に，停止時限用タイマ TLR-2 による停止動作というように，順次繰り返し運転制御が行われる。

2 停止ボタンスイッチによる停止（非常停止）動作

図 22.4 において，運転中の電動ファン MF を停止ボタンスイッチ PBS切の手動操作によって停止（非常停止）させる動作順序は，次のとおりである。

図 22.4 の動作順序

順32 回路2の停止ボタンスイッチ PBS切を押すと，そのブレーク接点 PBS切-b が開く。

順33 ブレーク接点 PBS切-b が開くと，回路2に電流が流れず，始動用補助リレー STR が復帰する。

順34 始動用補助リレー STR が復帰すると，回路3の自己保持メーク接点 STR-m_2 が開き，自己保持を解く。

順35 始動用補助リレー STR が復帰すると，左側制御電源母線のメーク接点 STR-m_1 が開く。

順36 回路2の停止ボタンスイッチ PBS切を押す手を離すと，そのブレーク接点 PBS切-b は閉じるが，回路3のメーク接点 STR-m_2 が開いているので，始動用補助リレー STR は復帰したままとなる。

順37 左側制御電源母線のメーク接点 STR-m_1 が開くと，回路4に電流が流れず，運転時限用タイマ TLR-1 は消勢し復帰する。

順38 左側制御電源母線のメーク接点 STR-m_1 が開くと，回路5に電流が流れず，電磁接触器 MC が復帰する。

順39 電磁接触器 MC が復帰すると，回路1の主接点 MC が開く。

順40 主接点 MC が開くと，回路1の電動機 M に電流が流れず，電動ファン MF は停止する。

これですべての動作が復帰し，始動前の状態にもどる。

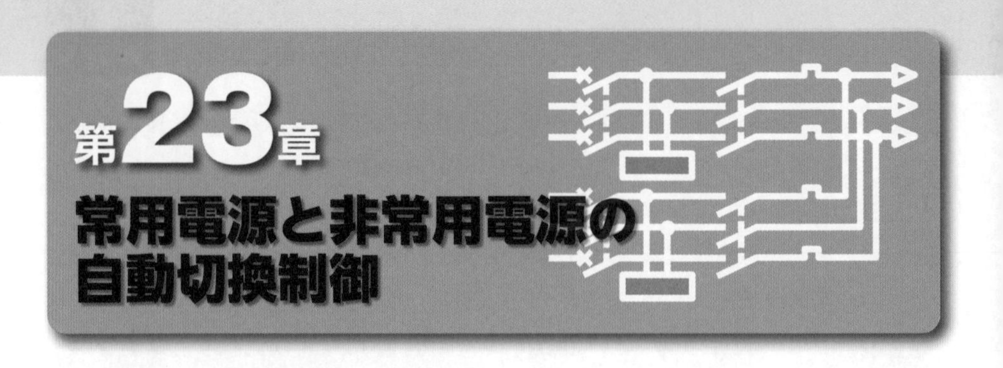

第23章 常用電源と非常用電源の自動切換制御

23・1 電源自動切換制御

1 電源自動切換制御とは

停電によって機能がまひする恐れのある設備については，電源供給の信頼性を高めるため，一般送配電事業者からの常用電源のほかに非常用電源を設備して，常用電源が異常のときには，非常用電源から電力の供給を行う方式がとられている。

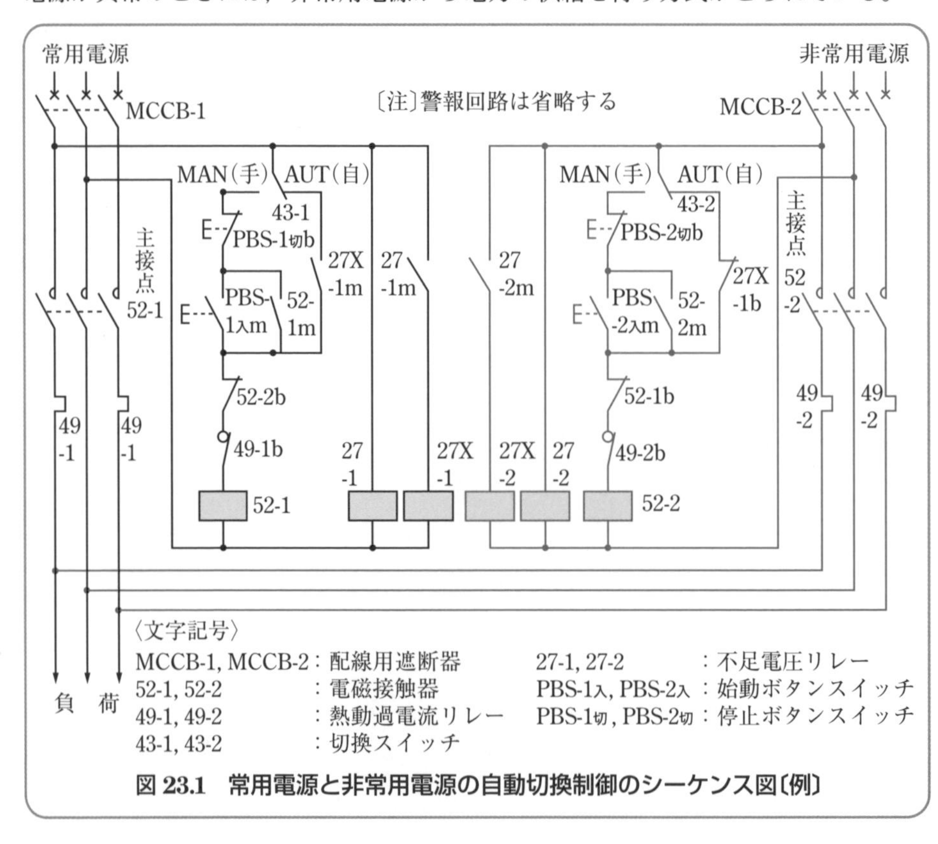

図 23.1 常用電源と非常用電源の自動切換制御のシーケンス図〔例〕

非常用電源としては，2回線受電によるか，または構内にディーゼル発電機設備を設置する場合があるが，いずれも電源自動切換回路によって，常用電源が停電など異常になると自動的に非常用電源に切り換わるようにする。

2 シーケンス図

図23.1は，説明を簡単にするため，低圧回路の常用電源と非常用電源の電源自動切換制御のシーケンス図の一例を示したものである。

3 動作の概要

(a) 常用電源および非常用電源の開閉操作は，手動および自動で行えるようになっている。いずれの場合も投入，遮断を行う電磁接触器52-1および52-2は，常用電源と非常用電源とが同時に投入されないようにインタロックする。

(b) 負荷回路の短絡および過電流事故の場合には，いずれの電磁接触器も切換スイッチ43の自動，手動の選択状態に関係なく，熱動過電流リレー49によって自動遮断する。

23・2 常用電源から非常用電源への自動切換動作

1 常用電源から電力を供給する動作

図23.2において，常用電源および非常用電源の各切換スイッチ43を自動側に切り換えると，常用電源，非常用電源がともに定格電圧のときは，不足電圧リレー27-1，27-2のメーク接点はともに“閉路”している。常用電源が正常のときは，その補助リレー27X-1が動作することによって電磁接触器52-1は動作するが，電磁接触器52-2は動作しないので，常用電源が優先されることになる。

次に，この動作順序について説明しよう。

図23.2の動作順序

- 順1　回路1の常用電源の配線用遮断器MCCB-1を閉じる。
- 順2　回路6の非常用電源の配線用遮断器MCCB-2を閉じる。
- 順3　回路2の切換スイッチ43-1をAUT（自動）側に入れる。
- 順4　回路5の切換スイッチ43-2をAUT（自動）側に入れる。
- 順5　MCCB-1を閉じると，回路3のコイル27-1に定格電圧が印加される。
- 順6　不足電圧リレー27-1に定格電圧が印加されると動作して，回路4のメーク接点27-1mが閉じる。

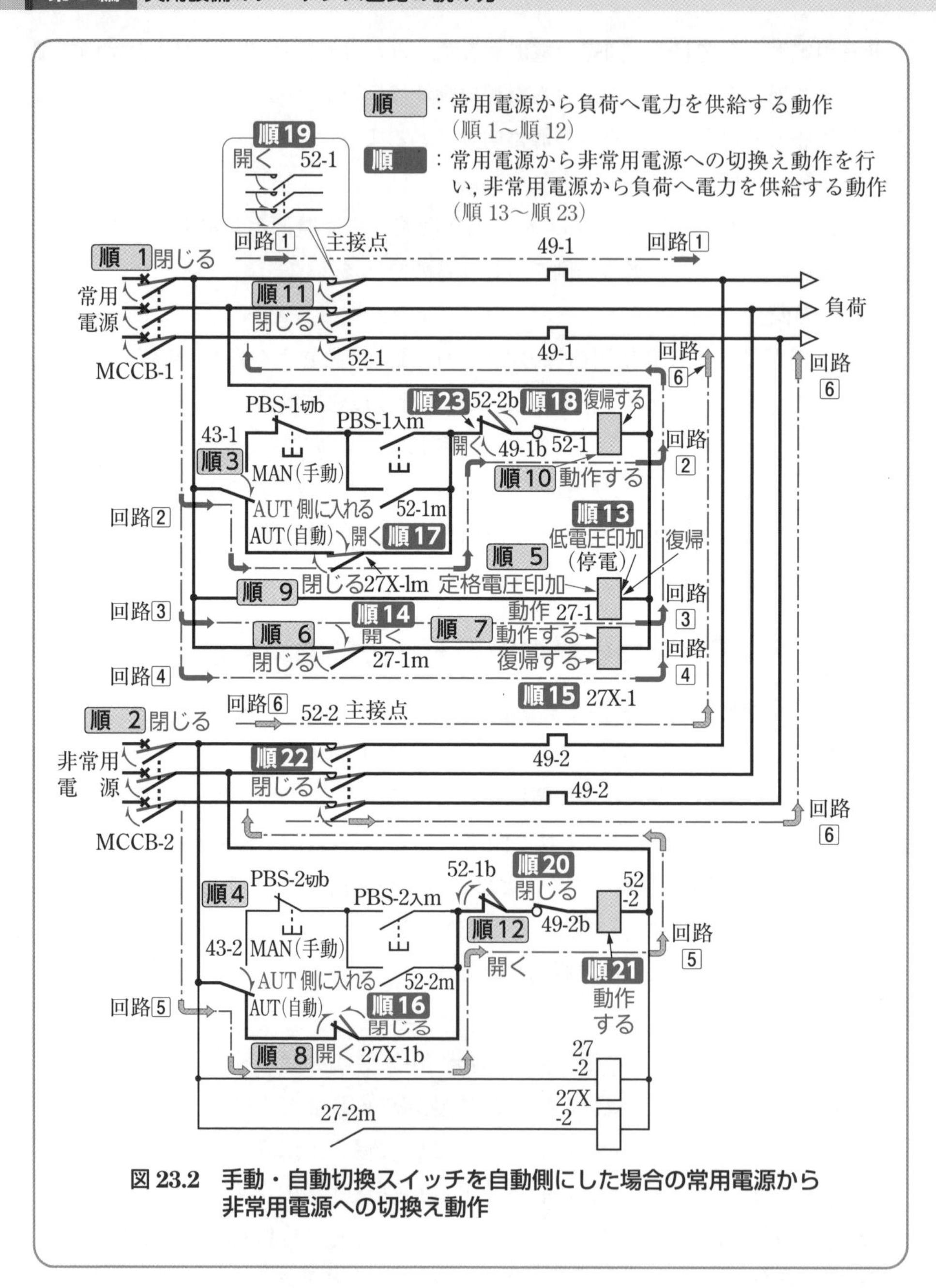

図 23.2　手動・自動切換スイッチを自動側にした場合の常用電源から非常用電源への切換え動作

順 7 メーク接点 27-1m が閉じると，回路4のコイル 27X-1 に電流が流れ，補助リレー 27X-1 が動作する。

順 8 補助リレー 27X-1 が動作すると，回路5のブレーク接点 27X-1b が開くので，非常用電源用電磁接触器 52-2 は動作しない。

順 9 補助リレー 27X-1 が動作すると，回路2のメーク接点 27X-1m が閉じる。

順 10 メーク接点 27X-1m が閉じると，回路2のコイル 52-1 に電流が流れ，常用電源用電磁接触器 52-1 が動作する。

順 11 常用電源用電磁接触器 52-1 が動作すると，回路1の主接点 52-1 が閉じ，常用電源から負荷に電力を供給する。

順 12 常用電源用電磁接触器 52-1 が動作すると，回路5の補助ブレーク接点 52-1b が開き，インタロックする。

2 常用電源異常による非常用電源への自動切換動作

図 23.2 において，常用電源が事故などにより低い電圧（停電を含む）になると，不足電圧リレー 27-1 が復帰して，自動的に 52-1 を復帰させると同時に，52-2 を動作させて，常用電源から非常用電源への切換動作を行う。

次に，この動作順序について説明しよう。

図 23.2 の動作順序

順 13 常用電源が低い電圧（または停電）になると，回路3の不足電圧リレー 27-1 が復帰する。

順 14 不足電圧リレー 27-1 が復帰すると回路4のメーク接点 27-1m が開く。

順 15 メーク接点 27-1m が開くと，回路4のコイル 27X-1 に電流が流れず，補助リレー 27X-1 が復帰する。

順 16 補助リレー 27X-1 が復帰すると，回路5のブレーク接点 27X-1b が閉じる。

順 17 補助リレー 27X-1 が復帰すると，回路2のメーク接点 27X-1m が開く。

順 18 メーク接点 27X-1m が開くと，回路2のコイル 52-1 に電流が流れず，常用電源用電磁接触器 52-1 が復帰する。

順 19 常用電源用電磁接触器 52-1 が復帰すると，回路1の主接点 52-1 が開き，常用電源から負荷への電力供給が行われなくなる。

順20 常用電源用電磁接触器 52-1 が復帰すると，回路5の補助ブレーク接点 52-1b が閉じる（インタロックを解く）。

順21 補助ブレーク接点 52-1b が閉じると，回路5のコイル 52-2 に電流が流れ，非常用電源用電磁接触器 52-2 が動作する。

順22 非常用電源用電磁接触器 52-2 が動作すると，回路6の主接点 52-2 が閉じ，非常用電源から負荷に電力が供給される。

順23 非常用電源用電磁接触器 52-2 が動作すると，回路2の補助ブレーク接点 52-2b が開き，インタロックする。

23・3 常用電源から非常用電源への手動切換動作

1 常用電源から手動で電力を供給する動作

図 23.3 において，常用電源および非常用電源の各切換スイッチ 43 を手動側 MAN に切り換え，始動ボタンスイッチ PBS-1入を手動操作して，常用電源から負荷へ電力の供給を行う。

次に，この動作順序について説明しよう。

図 23.3 の動作順序

順 1 回路1の常用電源の配線用遮断器 MCCB-1 を閉じる。

順 2 回路6の非常用電源の配線用遮断器 MCCB-2 を閉じる。

順 3 回路7の切換スイッチ 43-1 を MAN（手動）側に入れる。

順 4 回路9の切換スイッチ 43-2 を MAN（手動）側に入れる。

順 5 回路7の始動ボタンスイッチ PBS-1入を押すと，そのメーク接点 PBS-1入m が閉じる。

順 6 メーク接点 PBS-1入m が閉じると，回路7のコイル 52-1 に電流が流れ，常用電源用電磁接触器 52-1 が動作する。

順 7 常用電源用電磁接触器 52-1 が動作すると，回路8の自己保持メーク接点 52-1m が閉じ，自己保持する。

順 8 常用電源用電磁接触器 52-1 が動作すると，回路1の主接点 52-1 が閉じ，常用電源から負荷に電力が供給される。

順 9 常用電源用電磁接触器 52-1 が動作すると，回路9の補助ブレーク接点 52-1b が開き，インタロックする。

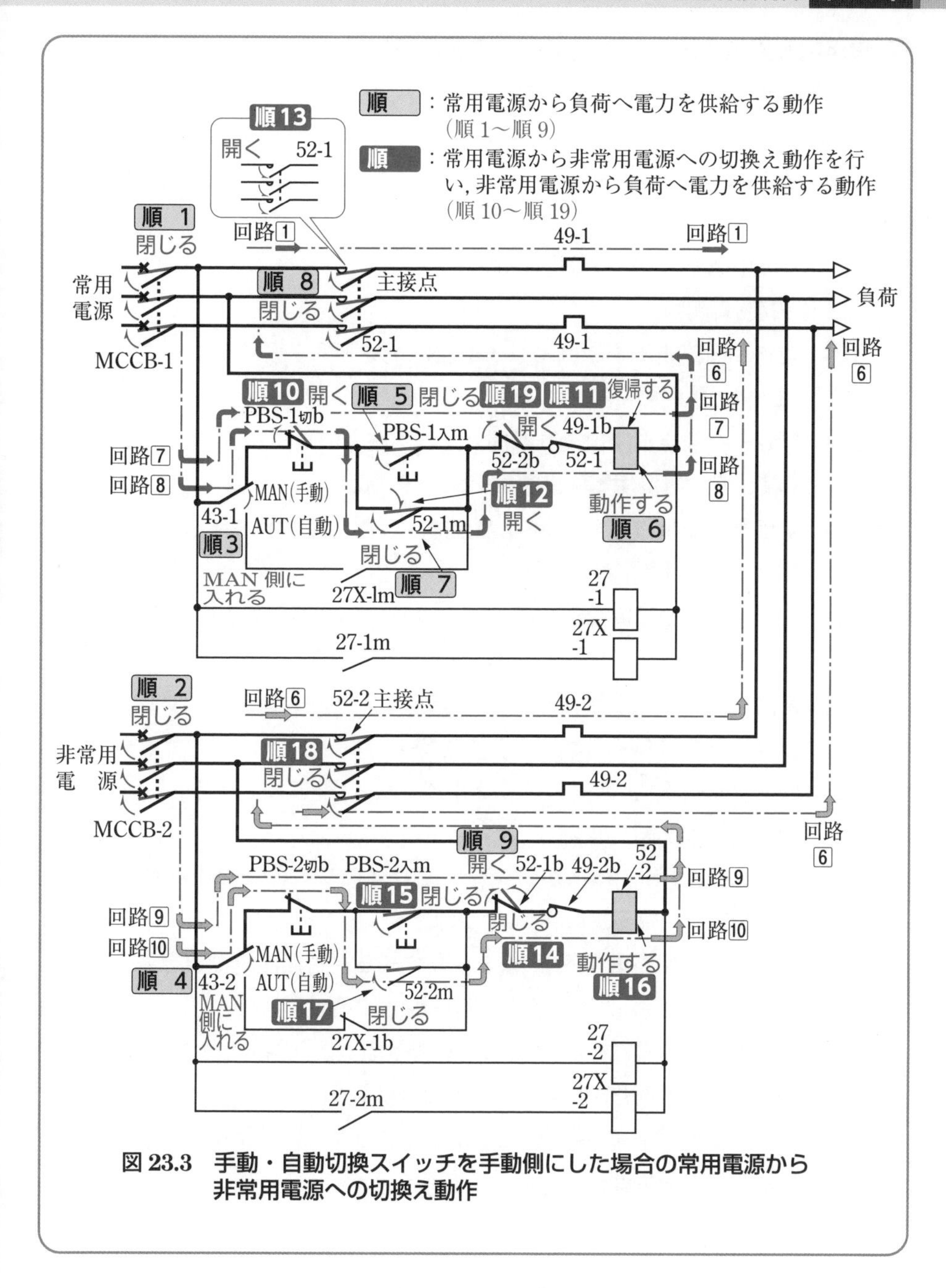

図 23.3　手動・自動切換スイッチを手動側にした場合の常用電源から非常用電源への切換え動作

2 常用電源異常による非常用電源への手動切換動作

図 23.3 において，常用電源が事故などにより低い電圧（停電を含む）になったら，手動操作によって停止ボタンスイッチ PBS-1切を押し，常用電源回路を切ったのちに始動ボタンスイッチ PBS-2入を押して，非常用電源に切換え，負荷に電力を供給する。

次に，この動作順序について説明しよう。

図 23.3 の動作順序

順 10　回路8の停止ボタンスイッチ PBS-1切を押すと，そのブレーク接点 PBS-1切 b が開く。

順 11　ブレーク接点 PBS-1切 b が開くと，回路8のコイル 52-1 に電流が流れず，常用電源用電磁接触器 52-1 が復帰する。

順 12　常用電源用電磁接触器 52-1 が復帰すると，回路8の自己保持メーク接点 52-1m が開き，自己保持を解く。

順 13　常用電源用電磁接触器 52-1 が復帰すると，回路1の主接点 52-1 が開き，常用電源から負荷への電力供給が行われなくなる。

順 14　常用電源用電磁接触器 52-1 が復帰すると，回路9の補助ブレーク接点 52-1b が閉じる（インタロックを解く）。

順 15　回路9の始動ボタンスイッチ PBS-2入を押すと，そのメーク接点 PBS-2入m が閉じる。

順 16　メーク接点 PBS-2入m が閉じると，回路9のコイル 52-2 に電流が流れ，非常用電源用電磁接触器 52-2 が動作する。

順 17　非常用電源用電磁接触器 52-2 が動作すると，回路10の自己保持メーク接点 52-2m が閉じ，自己保持する。

順 18　非常用電源用電磁接触器 52-2 が動作すると，回路6の主接点 52-2 が閉じ，非常用電源から負荷に電力を供給する。

順 19　非常用電源用電磁接触器 52-2 が動作すると，回路7の補助ブレーク接点 52-2b を開き，インタロックする。

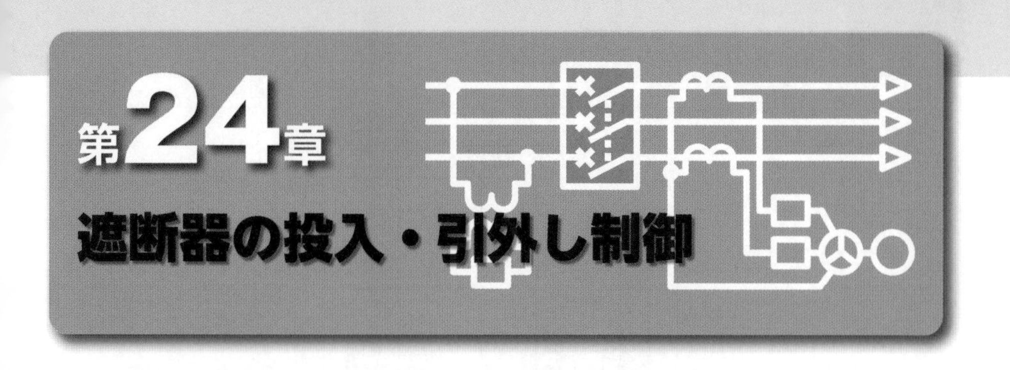

第24章 遮断器の投入・引外し制御

24・1 遮断器の制御回路の基本

1 遮断器の操作方式

遮断器の操作方式としては，一般に完全手動式かまたはソレノイド操作による電磁操作方式が多く用いられている。このうち，電磁操作方式は，投入制御命令が出されると操作電磁石の投入コイルが励磁され，この電磁力で遮断器の投入動作を行い，完了と同時に投入コイルは消勢されるが，投入機構は機械的に保持するものとする。また，引外し動作は，引外しコイルを励磁し，この動作で機械的投入保持機構（ラッチ機構）を外し，引外し動作を行うものとする。

用語 **引外し**とは，投入保持機構を外し，開閉器などを開路させることをいう

2 遮断器の基本制御回路

遮断器は電磁接触器と同様に，シーケンス制御回路の出力段機器として用いられ，その動作の確実性が強く要求される。また，その制御回路は開閉操作機構と関連して，メーカによって多少異なっているのが普通である。

しかし，遮断器の基本的な制御回路としては，図 24.1 のように，投入回路と引外し回路とからなる内部回路と，投入命令と引外し命令を与える外部回路からなるといえる。

外部回路の投入命令回路に操作ハンドル 3-52入のメーク接点 3-52入m が，また，引外し命令回路に操作ハンドル 3-52切のメーク接点 3-52切m だけが示されているが，これらは使用目的によって保護リレーなどの接点を用いてもよい。

用語 **保護リレー**とは，電気回路の事故その他の異常状態を検出し，その状態を報知するか，または電気回路の健全部分を分離するなどの機能を目的としたリレー（継電器）をいう

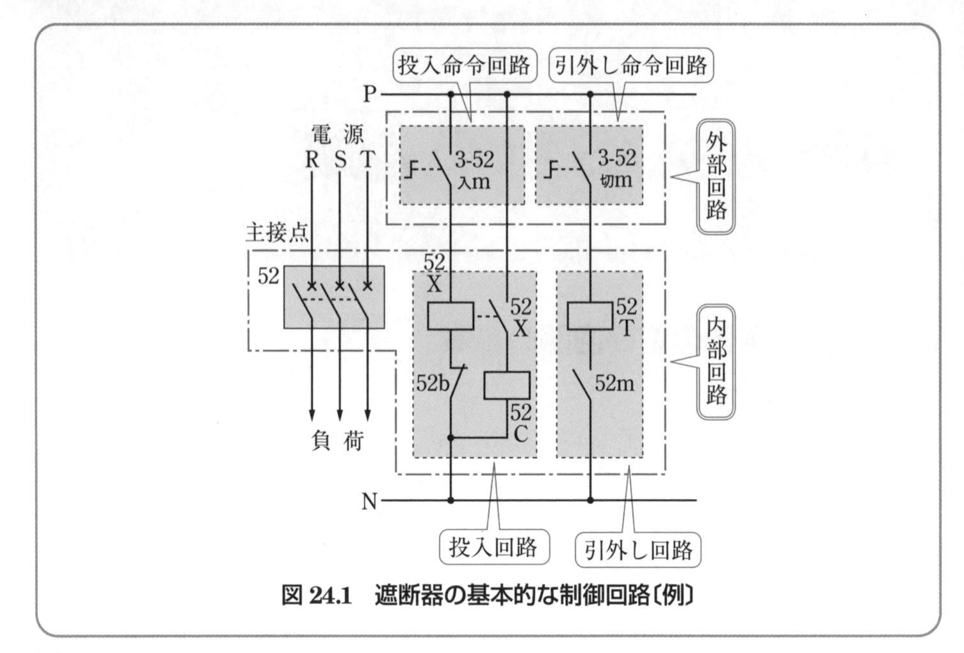

図 24.1　遮断器の基本的な制御回路〔例〕

3 制御回路の基本機能

遮断器は高電圧大電流の遮断を行うとともに，その制御回路に**引外し自由**（trip free）あるいは**反復動作防止**（anti-pumping）の機能をもっている。

遮断器の制御回路の基本機能としては，通常次のようなことがあげられる。

❶ **1回の投入命令に対して，1回だけの投入動作を行う**（反復動作防止）。

❷ **投入動作が完了すると，自から投入回路を開路する。**

❸ **投入動作中に引外し命令信号が入ると引外し動作が優先する**（引外し自由）。

〔**注**〕投入命令と引外し命令とが，同時に成立したとき，引外し動作を優先されることを，一般に**引外し自由**という。

4 シーケンス図

図24.2は，遮断器の標準的な引外し自由機能を有する電磁操作方式制御回路のシーケンス図の一例を示したものである。

遮断器の開閉操作には，投入用コイル52Cと引外し用コイル52Tの二つのコイルを用いる。コイルの投入電流は大きいため，操作ハンドル3-52入で直接励磁せず，投入用補助リレー52Xを介して投入動作を行うものとする。また，引外し自由リレー94は，引外し命令を優先させる目的で設けられた補助リレーである。

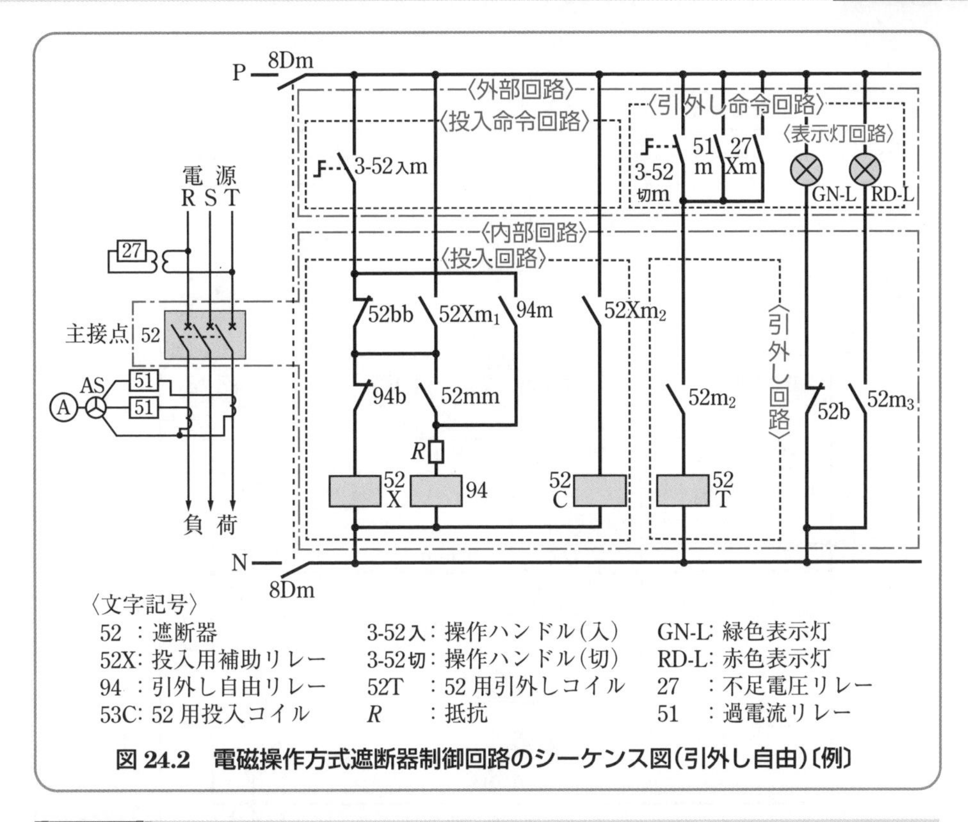

図 24.2　電磁操作方式遮断器制御回路のシーケンス図（引外し自由）〔例〕

24・2　遮断器の投入動作

1　投入動作の概要

図 24.2 において，投入命令回路の操作ハンドル 3-52入を閉じると，投入用補助リレー 52X が動作し，投入コイル 52C を付勢して，遮断器の主接点 52 を閉路するとともに，機械的に保持される。この投入動作により，遮断器の補助接点 52mm が閉じて引外し自由リレー 94 を動作させ，投入用補助リレー 52X を復帰するので，投入コイル 52C が消勢される（投入動作が完了すると，自ら投入回路を開路する）。

また，遮断器の補助接点 52bb は，主接点が投入完了してからわずかに遅れて開く接点で，投入が完了する前に投入命令接点である 3-52入がもどって，その接点を開くと，投入の確実を期することができないので，投入を確実にするため投入回路に挿入される接点である。

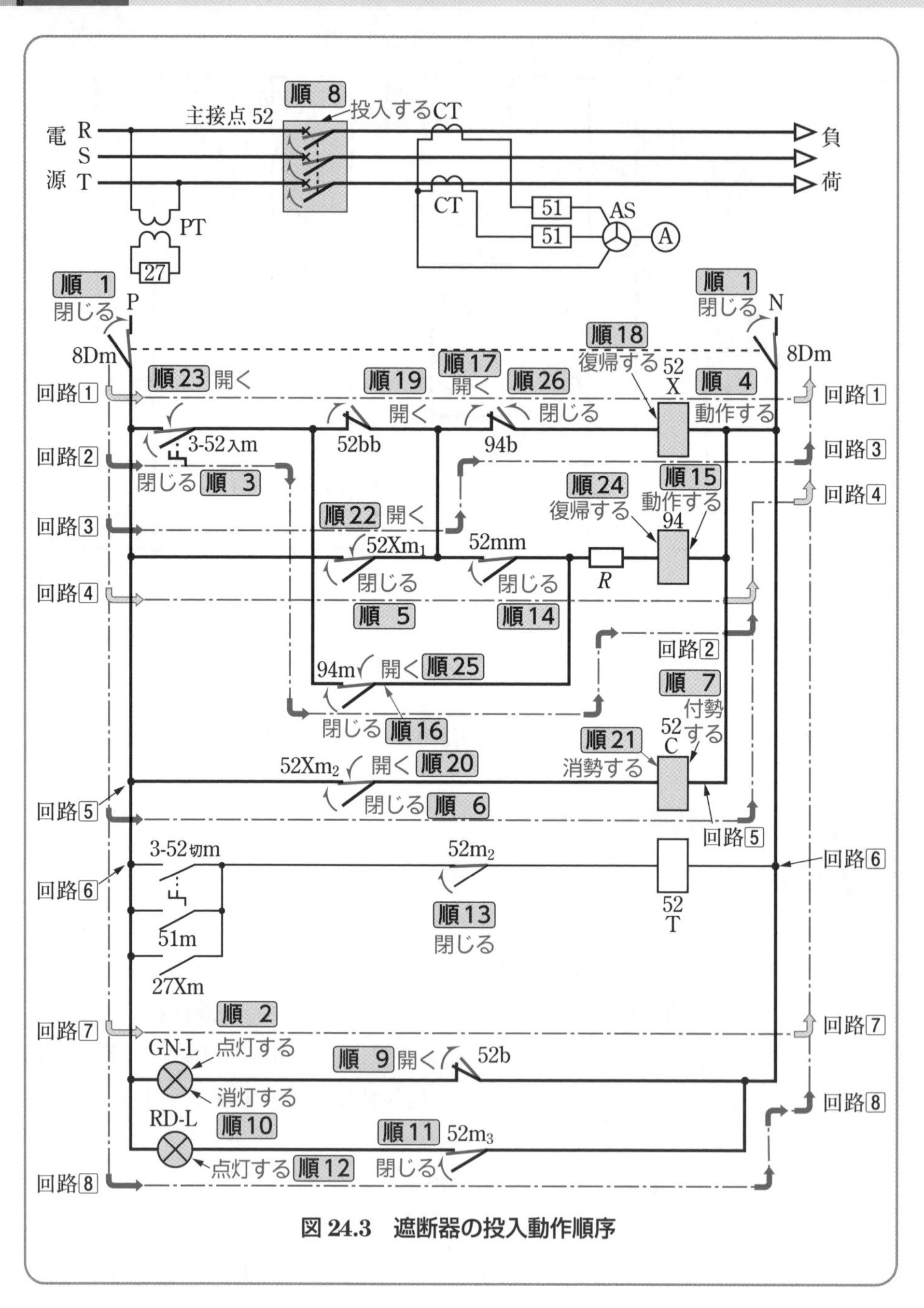

図 24.3　遮断器の投入動作順序

2 投入動作の順序

図24.3は，遮断器の投入動作を示した図であり，この動作順序について説明しよう。

図24.3の動作順序

順 1　制御電源母線の開閉器8Dを入れると，メーク接点8Dmが閉じる。

順 2　メーク接点8Dmが閉じると，回路7の緑色表示灯GN-Lが点灯する。（遮断器“開”表示）。

順 3　回路1の操作ハンドル3-52入を入側に回すとそのメーク接点3-52入mが閉じる。

順 4　メーク接点3-52入mが閉じると，回路1のコイル52Xに電流が流れ，投入用補助リレー52Xが付勢し動作する。

順 5　投入用補助リレー52Xが動作すると，回路3の自己保持メーク接点$52Xm_1$が閉じ，自己保持する。

順 6　補助リレー52Xが動作すると，回路5のメーク接点$52Xm_2$が閉じる。

順 7　メーク接点$52Xm_2$が閉じると，回路5の投入コイル52Cに電流が流れ，付勢する。

順 8　投入コイル52Cの付勢と同時に，その電磁力で主接点52が投入する。

順 9　主接点52の投入とともに，回路7の遮断器の補助ブレーク接点52bが開く。

順10　ブレーク接点52bが開くと，回路7の緑色表示灯GN-Lが消灯する。

順11　主接点52の投入とともに，回路8の遮断器の補助メーク接点$52m_3$が閉じる。

順12　メーク接点$52m_3$が閉じると，回路8の赤色表示灯RD-Lが点灯する（遮断器“閉”表示）。

順13　主接点52の投入とともに，回路6の遮断器の補助メーク接点$52m_2$が閉じる。

順14　主接点52の投入よりわずかに遅れて，回路4の遮断器の補助メーク接点52mm（遮断器の主接点より，わずかに遅れて閉じるメーク接点）が閉じる。

順15　メーク接点52mmが閉じると，回路4のコイル94に電流が流れ，引外し自由リレー94が付勢し動作する。

順16 引外し自由リレー94が動作すると，回路2の自己保持メーク接点94mが閉じ，自己保持する。

順17 引外し自由リレー94が動作すると，回路1のブレーク接点94bが開く。

順18 ブレーク接点94bが開くと，回路1の投入用補助リレー52Xが消勢し復帰する。

順19 主接点52の投入よりわずかに遅れて，回路1の遮断器の補助ブレーク接点52bb（遮断器の主接点より，わずかに遅れて開くブレーク接点）が開く。

順20 投入用補助リレー52Xが復帰すると，回路5のメーク接点$52Xm_2$が開く。

順21 メーク接点$52Xm_2$が開くと，回路5の投入コイル52Cが消勢する（遮断器の主接点は投入と同時に機械的に保持されるので，そのまま閉路の状態を保つ）。

順22 補助リレー52Xが復帰すると，回路3の自己保持メーク接点$52Xm_1$が開き，自己保持を解く。

順23 回路2の操作ハンドル3-52入を回す手を離すと，メーク接点3-52入mが開く。

順24 メーク接点3-52入mが開くと，回路2のコイル94に電流が流れず，引外し自由リレー94は消勢し復帰する。

順25 引外し自由リレー94が復帰すると，回路2の自己保持メーク接点94mが開き，自己保持を解く。

順26 引外し自由リレー94が復帰すると，回路1のブレーク接点94bが閉じる（94bが閉じても3-52入m，$52Xm_1$が開いているので，投入用補助リレー52Xは動作しない）。

以上が，普通の投入操作の場合の動作である。

24・3 遮断器の引外し動作

1 引外し動作の概要

図 24.4 において，引外しの条件が成り立ち，引外し命令回路の操作ハンドル 3-52切を閉じると，引外しコイル 52T が付勢されて遮断器の保持機構を外し，瞬時に引外し動作を行い開路する。引外し動作が完了すると遮断器の補助メーク接点 $52m_2$ が開き，引外しコイル 52T を消勢し，引外しコイルの過熱を防止する。

2 引外し動作の順序

図 24.4 は，遮断器の引外し動作を示した図である。

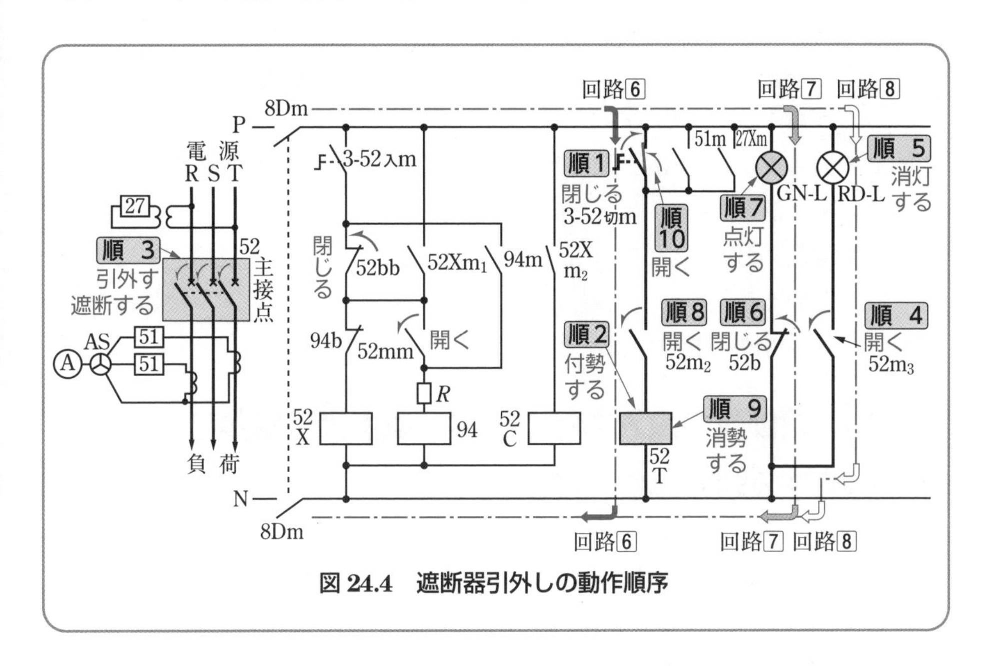

図 24.4 遮断器引外しの動作順序

次に，引外し動作の動作順序を次に説明しよう。

図 24.4 の動作順序

順 1 回路6の操作ハンドル 3-52切を切側に回すとそのメーク接点 3-52切m が閉じる（保護リレーの接点 51m，接点 27Xm が閉じてもよい）。

順 2 メーク接点 3-52切m が閉じると，回路6に電流が流れ，引外しコイル 52T を付勢する。

順3　引外しコイル52Tの付勢によって保持機構が外れ，主接点52が遮断し開放する。

順4　主接点52の開放とともに，回路8の遮断器の補助メーク接点$52m_3$が復帰して開く。

順5　メーク接点$52m_3$が開くと，回路8の赤色表示灯RD-Lに電流が流れず，消灯する。

順6　主接点52の開放とともに，回路7の遮断器の補助ブレーク接点52bが復帰して閉じる。

順7　ブレーク接点52bが閉じると，回路7の緑色表示灯GN-Lに電流が流れ，点灯する（遮断器“開”表示）。

順8　主接点52の開放とともに，回路6の遮断器の補助メーク接点$52m_2$が復帰して開く。

順9　メーク接点$52m_2$が開くと，回路6の引外しコイル52Tに電流が流れず，消勢する。

順10　回路6の操作ハンドル3-52切を回す手を離すと，メーク接点3-52切mが開く。

以上が普通の引外し操作の動作である。

24・4　遮断器の投入動作中における引外し動作

1　投入動作中の引外し動作の概要

遮断器の投入の命令と引外しの命令が同時に与えられると，24・2節で説明した一連の投入動作によって遮断器は投入されるが，ただちに引外し命令によって，引外し動作に移り，一度閉路した遮断器はすぐ開路し，引外し自由となる。

2　投入動作中の引外し動作

まず，投入操作によって，遮断器主接点52が投入，引外し自由リレー94が動作して，投入コイル52Cが消勢し，投入用補助リレー52Xの自己保持を解くまでの投入動作（すなわち，図24.3の順1から順22まで）が行われた状態で，図24.5に示す回路6の操作ハンドル3-52切の“閉”または接点51m“閉”，接点27Xm“閉”によって引外し命令が出たとする。その後のシーケンス動作については，図24.5において順　内に動作順序を示す番号を書き入れるようにした。

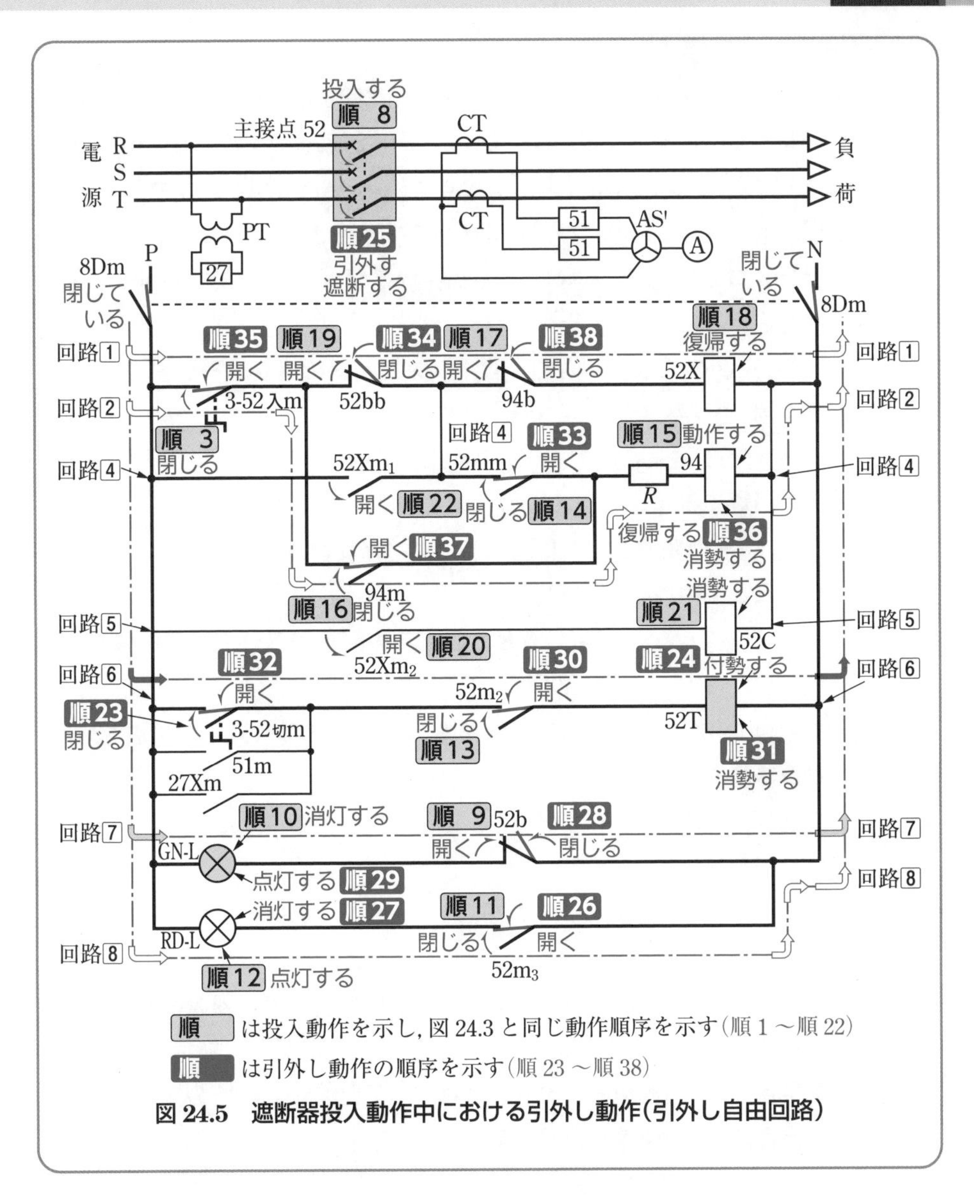

図 24.5　遮断器投入動作中における引外し動作（引外し自由回路）

図 24.5 における，投入動作については，図 24.3 でその動作順序（ 順1 から 順22 まで）を説明してあるので，それ以後の引外し命令による 順23 から 順38 までの引外し動作について，次に説明しよう。

図 24.5 の動作順序

順23　回路6の操作ハンドル3-52切を“切”側に回すと，メーク接点3-52切mが閉じる（保護リレーの接点51m，接点27Xmが閉じてもよい）。

順24　メーク接点3-52切m（または接点51m，接点27Xm）が閉じると，回路6に電流が流れ，引外しコイル52Tを付勢する。

順25　引外しコイル52Tの付勢により保持機構が外れ，主接点52が遮断し開放する。

順26　主接点52の開放とともに，回路8の遮断器の補助メーク接点$52m_3$が復帰して開く。

順27　メーク接点$52m_3$が開くと，回路8の赤色表示灯RD-Lに電流が流れず，消灯する。

順28　主接点52の開放とともに，回路7の遮断器の補助ブレーク接点52bが復帰して閉じる。

順29　ブレーク接点52bが閉じると，回路7の緑色表示灯GN-Lに電流が流れ，点灯する（遮断器“開”表示）。

順30　主接点52の開放とともに，回路6の遮断器の補助メーク接点$52m_2$が復帰して開く。

順31　補助メーク接点$52m_2$が開くと，回路6の引外しコイル52Tに電流が流れず，消勢する。

順32　回路6の操作ハンドル3-52切を回す手を離すと，メーク接点3-52切mが開く。

順33　主接点52の開放からわずかに遅れて，回路4の遮断器の補助メーク接点52mmが復帰して開く。

順34　主接点52の開放からわずかに遅れて，回路1の遮断器の補助ブレーク接点52bbが復帰して閉じる。

順35　図24.3の［順3］で投入している，回路2の操作ハンドル3-52入を回す手を離すと，メーク接点3-52入mが開く。

順36　メーク接点接点3-52入mが開くと，回路2のコイル94に電流が流れず，引外し自由リレー94は消勢して復帰する。

順37　引外し自由リレー94が復帰すると，回路2の自己保持メーク接点

94m が開き，自己保持を解く。

順 38 引外し自由リレー 94 が復帰すると，回路1のブレーク接点 94b が復帰して閉じる。

以上のことから，回路1の操作ハンドル 3-52 入が閉じていることによる投入命令が出ていても，引外し命令により遮断器は引外され，再投入しない。これは，引外し自由リレー 94 が回路2により自己保持をつづけ，回路1に挿入されたそのブレーク接点 94b が開いたままとなっているので，投入用補助リレー 52X が動作せず，そのため投入コイル 52C が消勢しているので，遮断器は再投入しないことになる。このように遮断器の投入はただ一回だけにとどまり，引外し動作が優先され引外し自由となる（反復動作防止：1 回の投入命令に対して，1 回だけの投入動作を行う）。

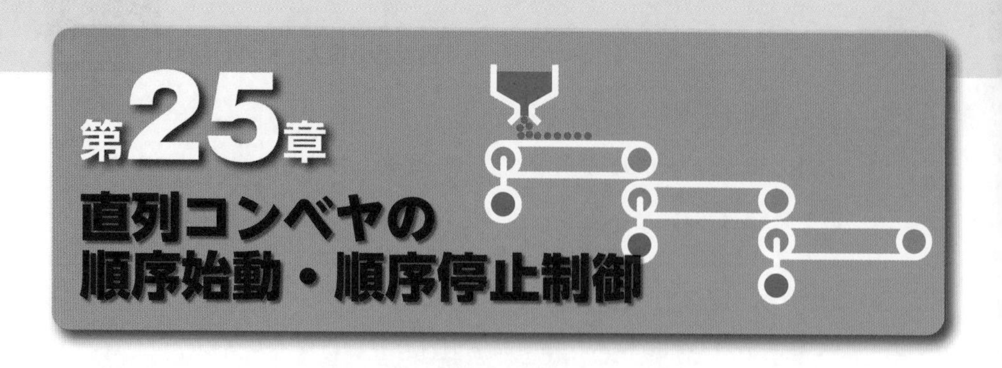

第25章 直列コンベヤの順序始動・順序停止制御

25・1 コンベヤ系統の制御

1 シーケンス図

図 25.1 のように，直列に配置されたコンベヤ系統の制御において，運搬を円滑に行うには，途中で荷物が停滞しないように，送り方向と反対から順序始動して，全部が始動した状態で輸送を始め，停止するときは，送り方向の側から順序停止するのが原則である。

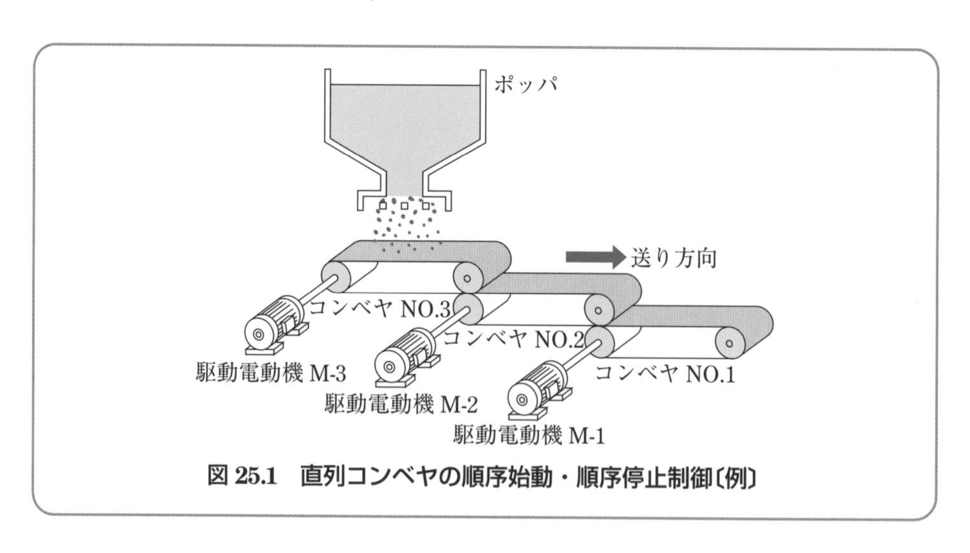

図 25.1　直列コンベヤの順序始動・順序停止制御〔例〕

そこで，自己保持回路を有する電源側優先回路（図 13.7 参照）による直列コンベヤの順序始動・順序停止制御のシーケンス図の一例を示したのが，図 25.2 である。図 25.2 では，説明の便宜上から電磁接触器 42 と電動機回路は 1 台分しか記していないが，同じような回路が各コンベヤごとに必要である。

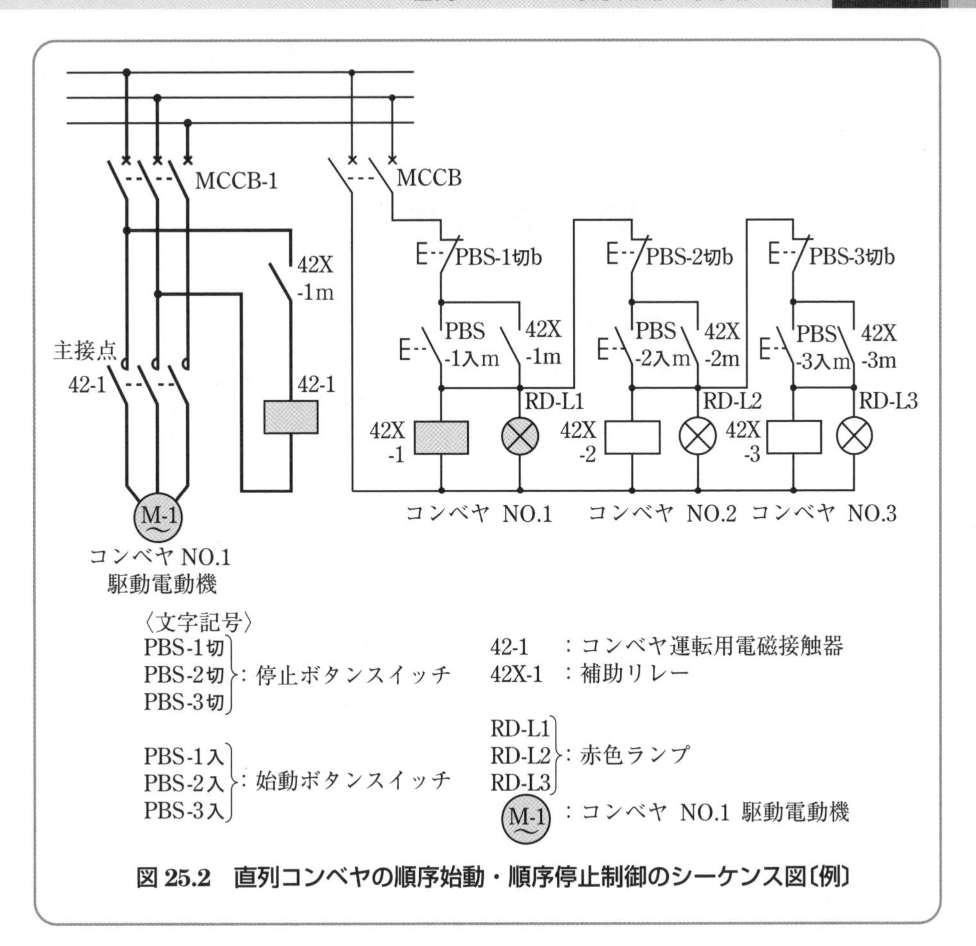

図 25.2　直列コンベヤの順序始動・順序停止制御のシーケンス図〔例〕

2 動作の概要

(a) コンベヤの始動は，図 25.1 に示す送り方向と反対の NO.1 を始動しないかぎり NO.2, NO.3 は始動しないようにする。もし, NO.1 が停止している状態で, NO.2, NO3 が運転され荷物が送られると，NO.1 と NO.2 の間に荷物が停滞してしまう。したがって，コンベヤは送り方向とは反対の終端に近い方から NO.1，NO.2，NO.3 の順に始動する。

(b) コンベヤの停止は，送り始め側の NO.3 を止めないかぎり NO.2，NO.1 は停止しないようにする。もし，NO.3 が運転されているのに，NO.2，NO.1 を停止すると，荷物は NO.3 と NO.2 の間に停滞してしまう。したがって，コンベヤは送り始めの側から NO.3，NO.2，NO.1 の順に停止する。

(c) 3台のコンベヤを一括して非常停止する場合には，終端の NO.1 の停止ボタンスイッチ PBS-1切を操作するとよい。

25・2 コンベヤの順序始動の動作

コンベヤの始動は NO.1，NO.2，NO.3 の順序で行う。

1 NO.1 コンベヤの始動動作

図 25.3 は，NO.1 コンベヤの始動の動作を示した図である。

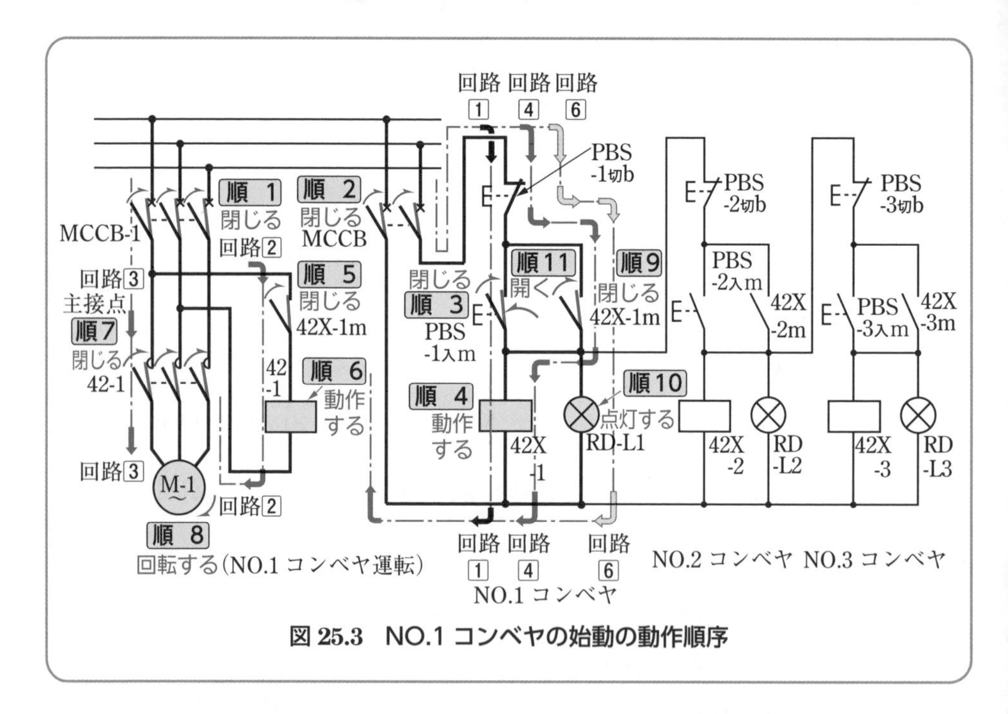

図 25.3　NO.1 コンベヤの始動の動作順序

次に，この始動の動作順序について説明しよう。

図 25.3 の動作順序

順 1　回路3の NO.1 コンベヤの電源の配線用遮断器 MCCB-1 を閉じる。

順 2　回路1の制御電源の配線用遮断器 MCCB を閉じる。

順 3　回路1の始動ボタンスイッチ PBS-1入を押すと，そのメーク接点 PBS-1入m が閉じる。

順 4　メーク接点 PBS-1入m が閉じると，回路1のコイル 42X-1 に電流が流れ，補助リレー 42X-1 が動作する。

順 5　補助リレー 42X-1 が動作すると，回路2のメーク接点 42X-1m が閉じる。

順 6　メーク接点 42X-1m が閉じると，回路2のコイル 42-1 に電流が流れ，電磁接触器 42-1 が動作する。

順 7　電磁接触器 42-1 が動作すると，回路3の主接点 42-1 が閉じる。

順 8　主接点 42-1 が閉じると，回路3の電動機 M-1 に電流が流れ，回転する（NO.1 コンベヤ運転）。

順 9　補助リレー 42X-1 の動作により回路4の自己保持メーク接点 42X-1m が閉じ，自己保持する。

順 10　自己保持メーク接点 42X-1m が閉じると，回路6に電流が流れ，赤色表示灯 RD-L1 が点灯する。

〔注〕赤色表示灯 RD-L1 の点灯は，NO.1 コンベヤが"運転中"であることを示す。

順 11　回路1の始動ボタンスイッチ PBS-1入を押す手を離すと，そのメーク接点 PBS-1入m は復帰して開く。

2 NO.2 コンベヤの始動動作

図 25.4 は，NO.2 コンベヤの始動の動作を示した図である。

次に，この始動の動作順序について説明しよう。

図 25.4 の動作順序

NO.1 コンベヤが始動後に，NO.2 コンベヤを始動する。

順 12　回路10の NO.2 コンベヤの電源の配線用遮断器 MCCB-2 を閉じる。

順 13　回路7の始動ボタンスイッチ PBS-2入を押すと，そのメーク接点 PBS-2入m が閉じる。

順 14　メーク接点 PBS-2入m が閉じると，回路7のコイル 42X-2 に電流が流れ，補助リレー 42X-2 が動作する。

順 15　補助リレー 42X-2 が動作すると，回路8のメーク接点 42X-2m が閉じる。

順 16　メーク接点 42X-2m が閉じると，回路8のコイル 42-2 に電流が流れ，電磁接触器 42-2 が動作する。

[順17] 電磁接触器 42-2 が動作すると，回路⑩の主接点 42-2 が閉じる。

[順18] 主接点 42-2 が閉じると，回路⑩の電動機 M-2 に電流が流れ，回転する（NO.2 コンベヤ運転）。

[順19] 補助リレー 42X-2 の動作により回路⑪の自己保持メーク接点 42X-2m が閉じ，自己保持する。

[順20] 自己保持メーク接点 42X-2m が閉じると，回路⑫に電流が流れ，赤色表示灯 RD-L2 が点灯する。

[順21] 回路⑦の始動ボタンスイッチ PBS-2入を押す手を離すと，そのメーク接点 PBS-2入m は復帰して開く。

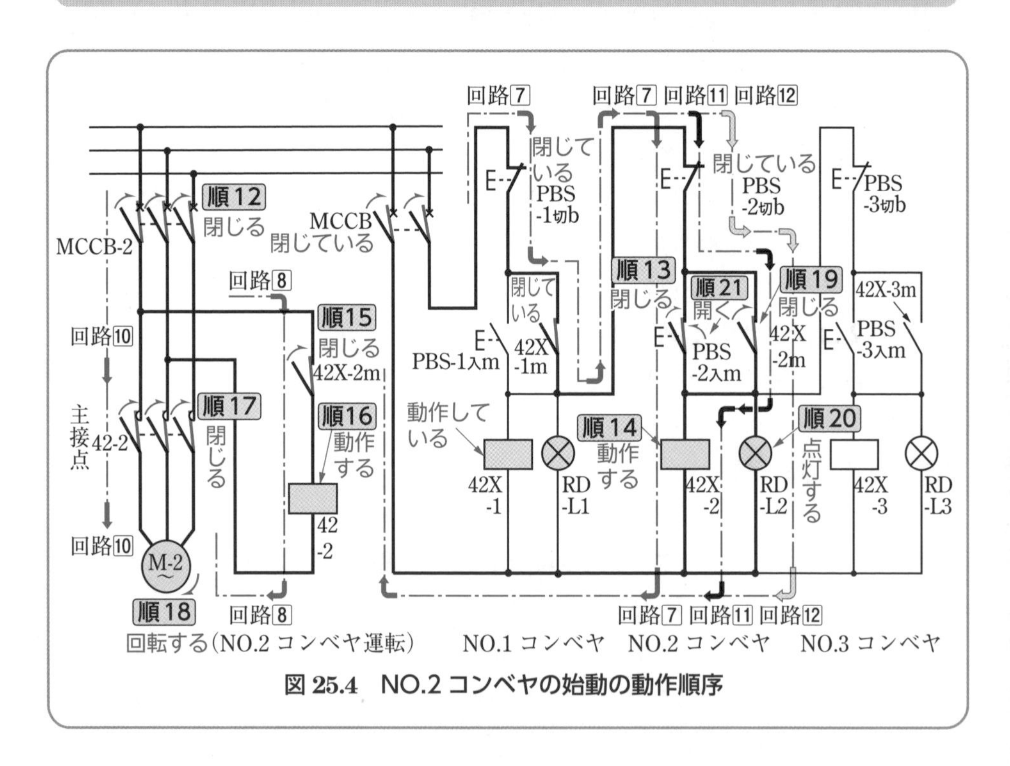

図 25.4　NO.2 コンベヤの始動の動作順序

3 NO.3 コンベヤの始動動作

NO.3 コンベヤの始動動作は，NO.2 コンベヤとまったく同じ順序で行われる。

25・3 コンベヤの順序停止の動作

コンベヤの停止は，NO.3，NO.2，NO.1の順序で行う。

1 NO.3 コンベヤの停止動作

図25.5は，NO.3コンベヤの停止の動作を示した図である。

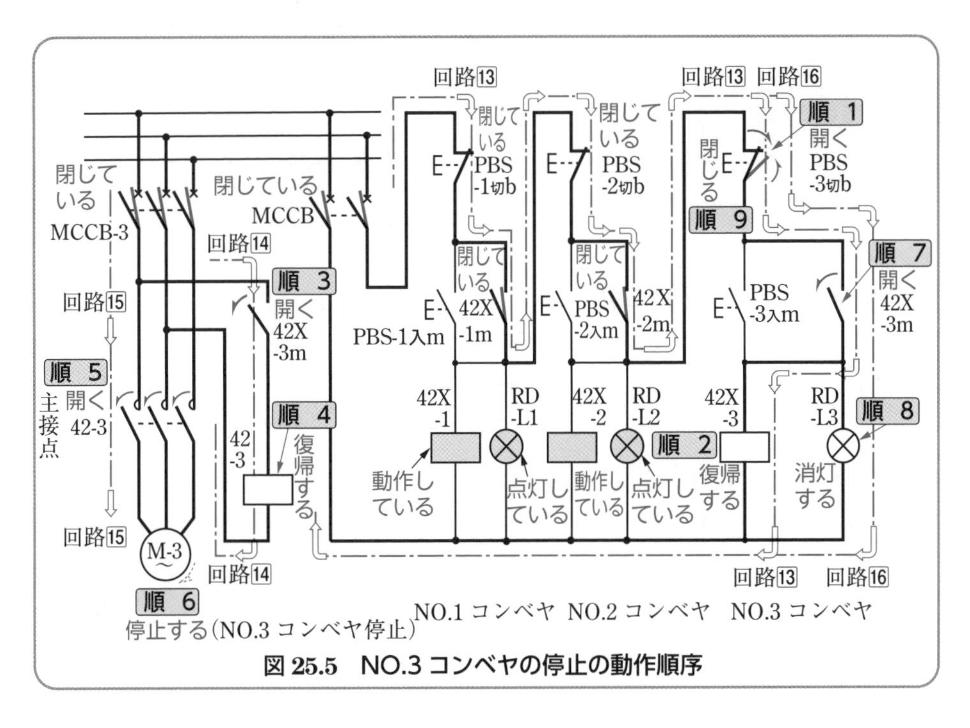

図 25.5　NO.3 コンベヤの停止の動作順序

次に，この停止の動作順序について説明しよう。

図25.5の動作順序

順 1　回路13の停止ボタンスイッチPBS-3切を押すと，そのブレーク接点PBS-3切bは開く。

順 2　ブレーク接点PBS-3切bが開くと，回路13のコイル42X-3に電流が流れなくなり，補助リレー42X-3が復帰する。

順 3　補助リレー42X-3が復帰すると，回路14のメーク接点42X-3mが開く。

順 4　メーク接点42X-3mが開くと，回14のコイル42-3に電流が流れず，電磁接触器42-3は復帰する。

順 5 電磁接触器 42-3 が復帰すると，回路15の主接点 42-3 が開く。

順 6 主接点 42-3 が開くと，回路15の電動機 M-3 に電流が流れず，停止する（NO.3 コンベヤ停止）。

順 7 補助リレー 42X-3 が復帰すると回路13の自己保持メーク接点 42X-3m が開き，自己保持を解く。

順 8 自己保持メーク接点 42X-3m が開くと，回路16に電流が流れず，赤色表示灯 RD-L3 が消灯する。

〔注〕赤色表示灯 RD-L3 の消灯は，NO.3 コンベヤが“停止”したことを示す。

順 9 回路13の停止ボタンスイッチ PBS-3切の押す手を離すと，そのブレーク接点 PBS-3切b は復帰して閉じる。

2 NO.2 コンベヤの停止動作

NO.2 コンベヤの停止動作は，図 25.5 において，停止ボタンスイッチ PBS-2切を押すことによって行われ，その後の動作は，NO.3 コンベヤの停止動作と同じである。

3 NO.1 コンベヤの停止動作

❶ NO.1 コンベヤの停止動作は，図 25.5 において，停止ボタンスイッチ PBS-1切を押すことによって行われる。その後の動作は NO.3 コンベヤの停止動作と同じである。

❷ 停止ボタンスイッチ PBS-1切を押すことは，図 25.5 の回路13をブレーク接点 PBS-1切b で“開く”ことであるから，NO.1，NO.2，NO.3 コンベヤが運転されていても（PBS-2切，PBS-3切が閉じている），全体を一括して停止することになる。したがって，PBS-1切は“**非常停止用ボタンスイッチ**”を兼ねることになる。

付　録　JISと旧JISの図記号の対比

本書における，シーケンス図に記載する図記号は，国際規格 IEC 60617（Graphical symbols for diagrams）を翻訳し制定した JIS C 0617（電気用図記号）で規定されている図記号を用いているが，現在，旧 JIS C 0301 系列 2 の図記号（わが国で慣用されていた図記号）も使われている場合もあり，読者が旧 JIS C 0301 系列 2 の図記号で記載されたシーケンス図を読む機会があると思われる。

そこで，この付録では，JIS C 0617 と旧 JIS C 0301 系列 2 の図記号を対比して表示してある。

以下，JIS C 0617 を “JIS”，旧 JIS C 0301 系列 2 を “ 旧 JIS” と記すことにする。

JIS と旧 JIS の図記号の対比

1　JIS 図記号の「接点機能図記号」と「操作機構図記号」

● JIS による開閉接点図記号は，接点図記号（次頁参照）に「接点機能図記号（限定図記号）」と「操作機構図記号」を組み合わせて表す。

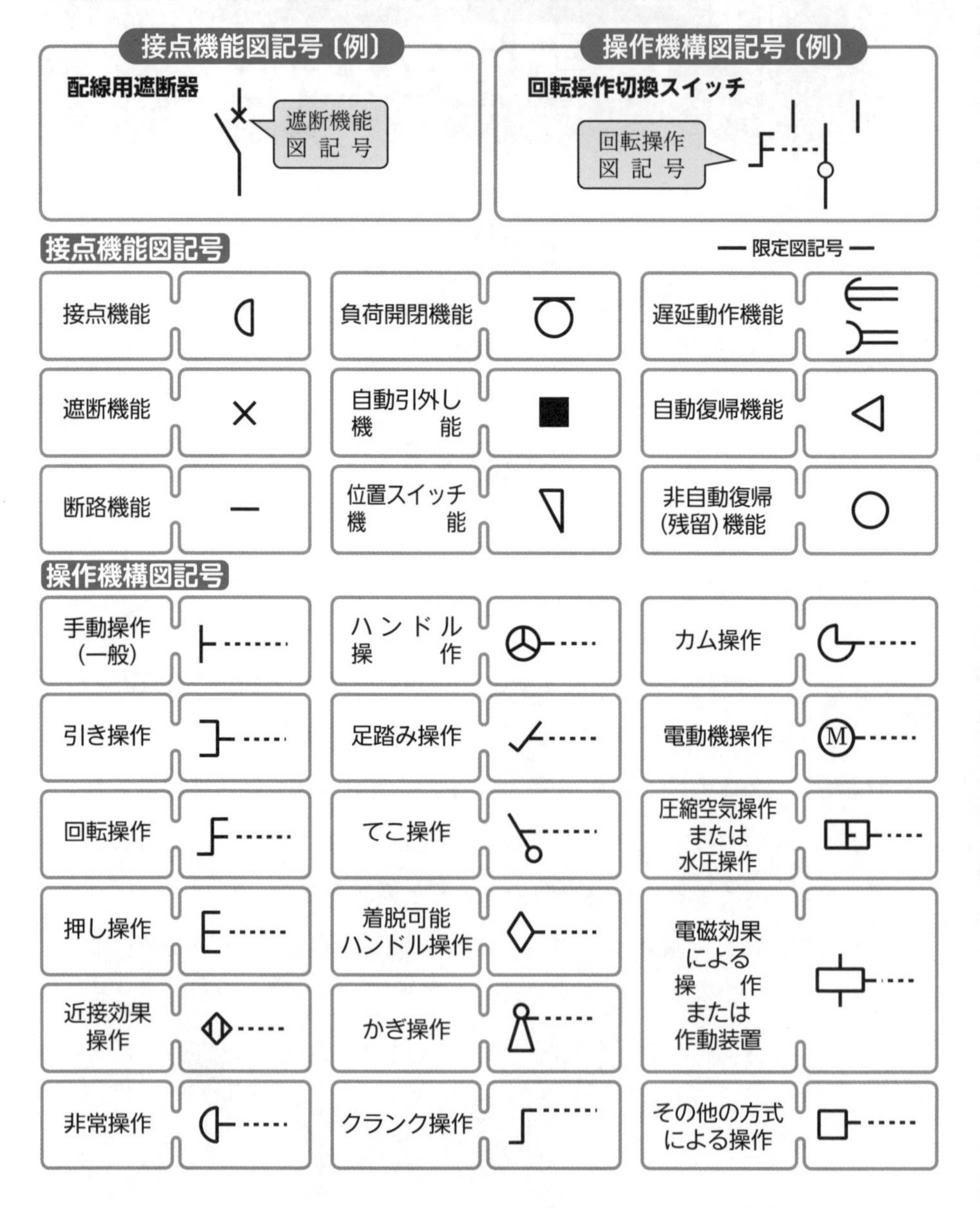

2　おもな「開閉接点」の JIS と旧 JIS の図記号の対比

	図記号			
	JIS C 0617		旧 JIS C 0301(系列 2)	
	メーク接点	ブレーク接点	a 接点	b 接点
手動操作自動復帰接点(押し形)	E E	E E		
非自動復帰接点				
リミットスイッチ接点				
電磁リレー接点				
電磁接触器接点				
限時動作瞬時復帰接点				
瞬時動作限時復帰接点				

3　おもな「制御機器」の JIS と旧 JIS の図記号の対比

機器名	押しボタンスイッチ  ON 始	リミットスイッチ 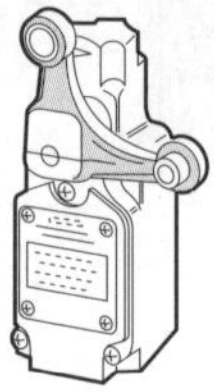
JIS図記号	(a)  E メーク接点　(b)  E ブレーク接点	(a)  メーク接点　(b)  ブレーク接点
旧JIS図記号	(a)  a 接点　(b)  b 接点	(a)  a 接点　(b)  b 接点

機器名	気中遮断器 （配線用遮断器） 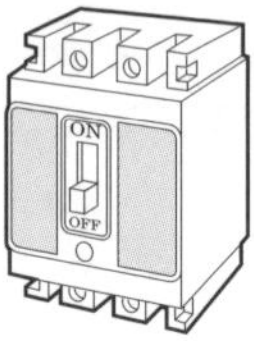 ON OFF	ナイフスイッチ 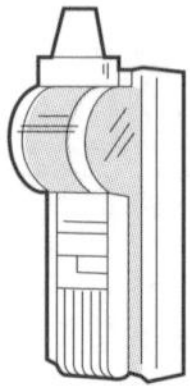
JIS図記号	(a) 　(b)（2極） 	(a) 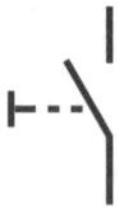　(b)（3極） 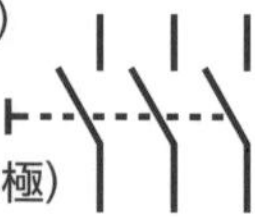
旧JIS図記号	(a) 　(b)（2極） 	(a) 　(b)（3極） 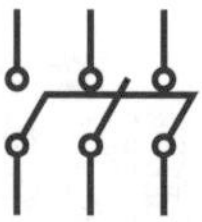

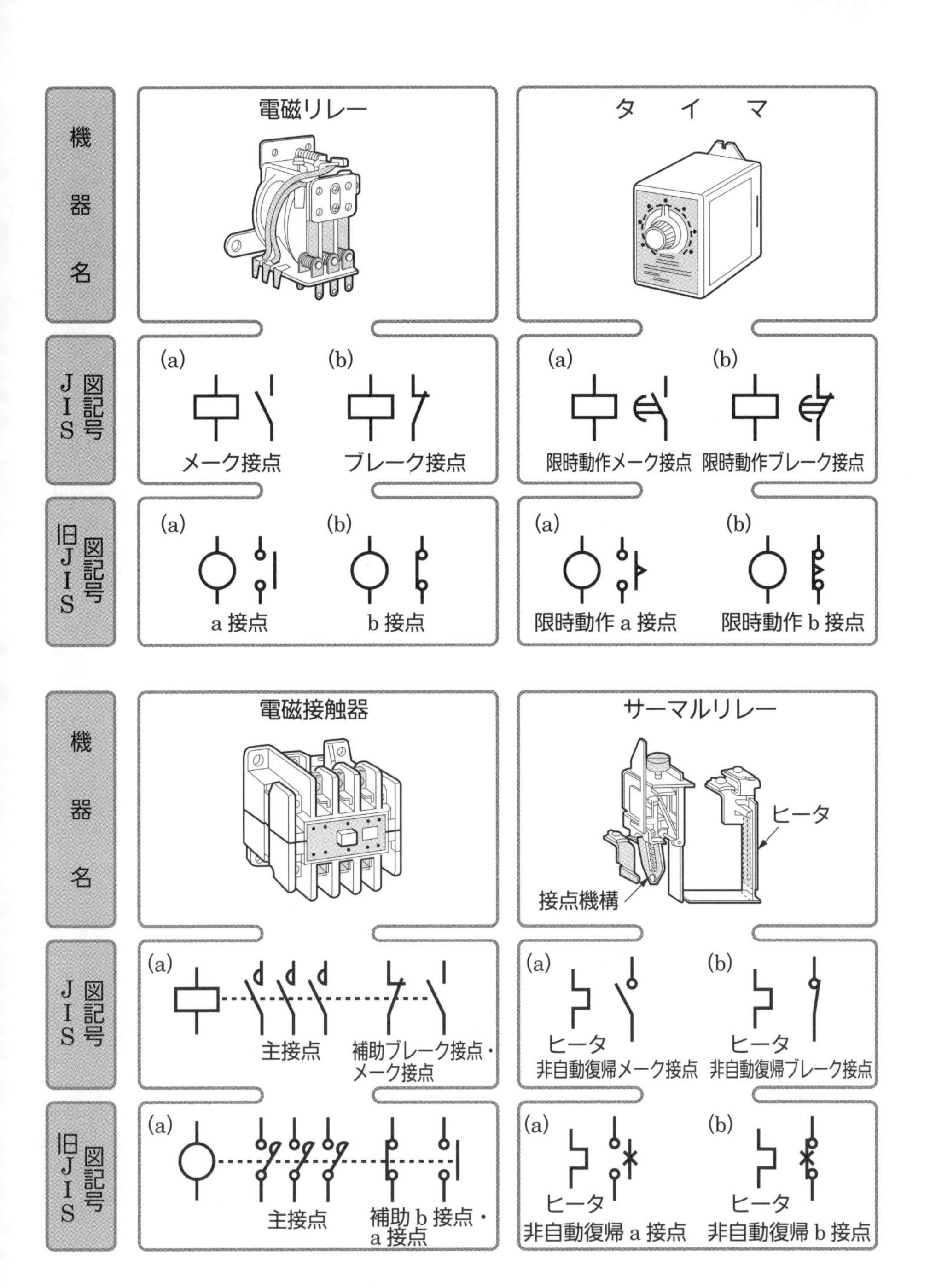
機器名
JIS図記号
旧JIS図記号
電磁リレー
(a)
メーク接点
(b)
ブレーク接点
(a)
a 接点
(b)
b 接点
タ　イ　マ
(a)
限時動作メーク接点
(b)
限時動作ブレーク接点
(a)
限時動作 a 接点
(b)
限時動作 b 接点
電磁接触器
(a)
主接点
補助ブレーク接点・メーク接点
(a)
主接点
補助 b 接点・a 接点
サーマルリレー
ヒータ
接点機構
(a)
ヒータ
非自動復帰メーク接点
(b)
ヒータ
非自動復帰ブレーク接点
(a)
ヒータ
非自動復帰 a 接点
(b)
ヒータ
非自動復帰 b 接点

索　引

さ　行

た 行

■■■ な 行 ■■■

■■■ は 行 ■■■

【著者紹介】

大浜庄司（おおはま・しょうじ）

学　歴　東京電機大学工学部電気工学科卒業（1957）
現　在　オーエス総合技術研究所・所長
　　　　保全・制御技術コンサルタント
　　　　IRCA 登録プリンシパル審査員（英国）
著　書　『図解 無接点シーケンス制御の考え方・読み方』東京電機大学出版局
　　　　『図解 シーケンスディジタル回路の考え方・読み方』東京電機大学出版局
　　　　『絵とき シーケンス制御読本（入門編）』オーム社
　　　　『絵とき シーケンス制御読本（実用編）』オーム社
　　　　『絵とき シーケンス制御読本（ディジタル回路編）』オーム社
　　　　『図解 シーケンス図を学ぶ人のために』オーム社
　　　　『完全図解 シーケンス制御のすべて』オーム社
　　　　『図解でわかる シーケンス制御』日本実業出版社

図解　シーケンス制御の考え方・読み方　第5版
初歩から実際まで

1976年5月30日　第1版1刷発行　　ISBN 978-4-501-11840-2 C3054
1984年10月20日　第1版13刷発行
1985年2月20日　第2版1刷発行
1985年12月20日　第2版2刷発行
1987年1月20日　第3版1刷発行
2002年3月20日　第3版17刷発行
2002年9月20日　第4版1刷発行
2016年12月20日　第4版11刷発行
2020年3月30日　第5版1刷発行

著　者　大浜庄司

発行所　学校法人 東京電機大学　〒120-8551 東京都足立区千住旭町5番
東京電機大学出版局　Tel. 03-5284-5386（営業） 03-5284-5385（編集）
Fax. 03-5284-5387 振替口座 00160-5-71715
https://www.tdupress.jp/

印刷：三美印刷（株）　製本：誠製本（株）　装丁：齋藤由美子
落丁・乱丁本はお取り替えいたします。　Printed in Japan